Thurid S. Gspann

Ein neues Konzept für die Anwendung von einwandigen Kohlenstoffnanoröhren für die pH-Sensorik

Schriftenreihe des

Instituts für Angewandte Informatik / Automatisierungstechnik

am Karlsruher Institut für Technologie

Band 36

Eine Übersicht über alle bisher in dieser Schriftenreihe erschienenen Bände
finden Sie am Ende des Buchs.

Ein neues Konzept für die Anwendung von einwandigen Kohlenstoffnanoröhren für die pH-Sensorik

von
Thurid S. Gspann

Dissertation, Karlsruher Institut für Technologie
Fakultät für Maschinenbau
Tag der mündlichen Prüfung: 03. Februar 2011
Referenten: Prof. Dr.-Ing. habil. G. Bretthauer, Prof. Dr. rer. nat. V. Saile

Impressum

Karlsruher Institut für Technologie (KIT)
KIT Scientific Publishing
Straße am Forum 2
D-76131 Karlsruhe
www.ksp.kit.edu

KIT – Universität des Landes Baden-Württemberg und nationales
Forschungszentrum in der Helmholtz-Gemeinschaft

Diese Veröffentlichung ist im Internet unter folgender Creative Commons-Lizenz
publiziert: http://creativecommons.org/licenses/by-nc-nd/3.0/de/

KIT Scientific Publishing 2011
Print on Demand

ISSN: 1614-5267
ISBN: 978-3-86644-641-0

Ein neues Konzept für die Anwendung von einwandigen Kohlenstoffnanoröhren für die pH-Sensorik

Zur Erlangung des akademischen Grades eines

Doktors der Ingenieurwissenschaften

an der Fakultät für Maschinenbau des
Karlsruher Institut für Technologie (KIT)

genehmigte

Dissertation

von

Dipl.-Ing. Thurid Susanne Gspann

aus Karlsruhe

Tag der mündlichen Prüfung	:	03. Februar 2011
Hauptreferent	:	Prof. Dr.-Ing. habil. G. Bretthauer
Korreferent	:	Prof. Dr. rer. nat. V. Saile

Sag Atome, sage Stäubchen.
Sind sie auch unendlich klein,
Haben sie doch ihre Leibchen
Und die Neigung dazusein.

Haben sie auch keine Köpfchen,
Sind sie doch voll Eigensinn.
Trotzig spricht das Zwerggeschöpfchen:
»Ich will sein, so wie ich bin.«

Suche nur, sie zu bezwingen,
Stark und findig, wie du bist.
Solch ein Ding hat seine Schwingen,
Seine Kraft und seine List.

Wilhelm Busch, aus „Die Kleinsten“ 1904

Vorwort

Die vorliegende Arbeit entstand am Institut für Angewandte Informatik des Karlsruher Instituts für Technologie (KIT). Ich möchte mich an dieser Stelle bei all jenen bedanken, die mir mit Rat und Tat zur Seite standen und damit zum Gelingen dieser Arbeit beitrugen.

Mein besonderer Dank gilt meinem Doktorvater Herrn Prof. Dr. G. Bretthauer für die Ermöglichung und intensive Förderung der Dissertation. Herrn Dr. U. Gengenbach möchte ich für seine Unterstützung danken und für die großen Freiräume meiner Arbeit. Ebenfalls zu Dank verpflichtet bin ich Herrn Prof. Dr. V. Saile für die Übernahme des Korreferats. Den Herren Dr. M. Jagiella, Dr. M. Hanko und Dr. T. Pechstein danke ich für die Betreuung meiner Arbeit seitens Endress+Hauser conducta.

Mein herzlicher Dank gebührt den Kollegen, die mich beim Anfertigen von zahlreichen Spektren und Analysen unterstützt haben, insbesondere Dr. M. Bruns (IMF III) für die XPS-Spektren, U. Geckle (IMF III) und P. Abaffy (IMT) für die REM-Aufnahmen sowie S. Heissler und Dr. W. Faubel (IFG) für die Raman- und UV-vis-NIR-Absorbanzspektren. Ich danke allen Kollegen vom IBG, insbesondere Dr. E. Gottwald, Dr. T. Scharnweber und Frau Dr. C. Richter, die mir so oft durch die Bereitstellung von Arbeitsmaterialien und Laborausstattung unter die Arme gegriffen haben. Des Weiteren gilt meiner großer Dank Dr. H. Leiste, K. Seemann und S. Zils (IMF I) für das Besputtern meiner Proben. Zudem möchte ich Dr. H. Hölscher, Dr. K. Bade, Dr. D. Maas und Dr. H. Moritz (IMT), sowie Dr. S. Schuppler (IFP) für ihre Diskussionsbereitschaft danken. Sie gaben mir mit ihrem fundierten Fachwissen viele Anregungen für meine wissenschaftliche Arbeit.

Allen Kollegen und studentischen Mitarbeitern am IAI danke ich für ihre Hilfsbereitschaft. Mein besonderer Dank gilt Dr. H. Guth, M. Grube, A. Hellmann, A. Hofmann, B. Hummel, A. Kolew, J. Nagel, Dr. C. Pylatiuk, R. Scharnowell und

S. Vollmannshauser. Sie unterstützten mich durch Diskussionen, die Bereitstellung von Softwaremodulen oder Bauteilen sowie im Rahmen von Diplomarbeiten.

Mein herzlicher Dank geht an meine Eltern, die mich stets bestärkt haben, selbst wenn ich gezweifelt habe. Aus diesem Grund möchte ich ihnen diese Arbeit widmen.

Inhaltsverzeichnis

Abkürzungen

AFM	Rasterkraftmikroskop (engl. atomic force microscope)
a.u.	Willkürliche Einheiten (engl. arbitrary units)
BE	Bindungsenergie
CNT	Kohlenstoffnanoröhre (engl. carbon nanotube)
CoMoCat	CVD mit Kobalt Molybdän Katalysator (engl. Cobalt Molybdenum catalyst)
CVD	Chemische Gasphasen-Abscheidung (engl. chemical vapor deposition)
DGU	Dichtegradienten-Ultrazentrifugation (engl. density gradient ultracentrifugation)
DI H_2O	Deionisiertes Wasser
DOS	Elektronische Zustandsdichte (engl. density of states)
HiPCO	Hochdruck-CVD mit Kohlenstoffmonoxid (engl. high-pressure Carbonmonoxide)
HOPG	Hochorientierter pyrolitischer Graphit
ISFET	Ionenselektiver Feldeffekt-Transistor (engl. ion sensitive field effect transistor)
FET	Feldeffekt-Transistor (engl. field effect transistor)
LO	Optischer Longitudinalmode (engl. longitudinal optical modes)
LSM	Laser Mikroskop (engl. laser scanning mikroscope)
MOSFET	Engl. metal oxide field effect transistor
MWCNT	Mehrwandige Kohlenstoffnanoröhren (engl. multi walled carbon nanotube)
PECVD	Plasma unterstütztes CVD (engl. plasma enhanced CVD)
pH	Kraft des Wasserstoffes (lat. potentia Hydrogenii)

R	Pearsonscher Korrelationskoeffizient
REM	Rasterelektronenmikroskop
SC	Natriumcholat (engl. Sodium cholate)
SDBS	Natriumdodecylbenzolsulfonat (engl. Sodium Dodecylbenzene Sulfonate)
SDC	Natriumdeoxycholat (engl. Sodium deoxycholate)
SDS	Natriumdodecylsulfat (engl. Sodium Dodecyl Sulfate)
SGNT	Engl. super-growth nanotube
SWCNT	Einwandige Kohlenstoffnanoröhren (engl. single walled carbon nanotube)
TEM	Transmissionselektronenmikrospkop
TO	Optischer Transversalmode (engl. transversal optical modes)
UZR	Ultrazentrifugenröhrchen
XPS	Röntgen-Photoelektronenspektroskopie (engl. X-ray photoelectron spectroscopy)

Symbole

a_{C-C}	Bindungsabstand zwischen C-Atomen
$\mathbf{a}_i$	Basisvektoren von CNTs
c	Konzentration gelöster Teilchen
C_h	Chiralitätsvektor
C'_e	Kapazität der elektrochemischen Doppelschicht pro Einheitslänge CNT
C'_G	Gate-Kapazität pro Einheitslänge CNT
C'_q	Chemische Quantenkapazität pro Einheitslänge CNT
d_{CNT}	Durchmesser der CNT
e	Elementarladung $e = 1,602176487 \cdot 10^{-19}\,\mathrm{C}$
E_f	Fermi-Energie
E_g	Bandlücke (engl. band gap)
F	Faraday-Konstante
f_a	Aktivitätskoeffizient
G_0	ballistische Leitfähigkeit
G_{CNT}	Elektrische Leitfähigkeit einer CNT
g(E)	Elektronische Zustandsdichte
h	Plancksches Wirkungsquantum $h = 4,13566733 \cdot 10^{-15}\,\mathrm{eVs}$
$\hbar$	reduziertes Plancksches Wirkungsquantum $\hbar = \dfrac{h}{2\pi}$
I_G	Gate-Strom (Verluststrom)
I_{OFF}	Source-Drain-Strom im OFF-Zustand
I_{ON}	Source-Drain-Strom im ON-Zustand
I_{SD}	Source-Drain-Strom
l_{CNT}	Länge der SWCNT

(n,m)	Linearfaktoren
M_{ii}	Übergang der i-ten van-Hove-Singularitäten metallischer SWCNTs
q	Ionenladung
R	Universelle Gaskonstante
R_{SD}	Ohmscher Widerstand zwischen Source und Drain
S_{ii}	Übergang der i-ten van-Hove-Singularitäten halbleitender SWCNTs
t	Zeit
T	Temperatur
V_G	Gate-Spannung
v_{mess}	Messgeschwindigkeit
V_{p-p}	Spannung zwischen zwei Peaks (engl. peak-to-peak voltage)
V_{SD}	Source-Drain-Spannung
V_{th}	Schwellspannung (engl. threshold voltage)
V_0	Spannung bei pH 7
γ	Überlappungsintegral
λ	Dicke der Helmholtz-Doppelschicht
λ_{eff}	Effektive Streulänge der Elektronen
μ	Ladungsträgermobilität
ν	Licht-Frequenz
ν_F	Fermi-Geschwindigkeit

1 Einleitung

1.1 Motivation

Neben den Kohlenstoff-Allotropen Diamant und Graphit ist seit 1985 das so
genannte Buckminster-Fulleren C_{60} durch Smalley bekannt geworden [1], ein
Molekül, bei dem die Kohlenstoffatome nach dem Muster einer Fußball-Hülle in
Fünf- und Sechsecken angeordnet sind. 1991 wurden von Iijima [2] bei der TEM-
Untersuchung von Graphitelektroden, die bei Bogen-Entladungen benutzt wurden,
mehrwandige Kohlenstoffnanoröhren (engl. multi walled CNTs - MWCNTs) auf
der Oberfläche entdeckt (Abb. 1.1a). Obwohl es bereits seit 1952 Veröffentlichungen
über Kohlenstoffnanoröhren gab, allerdings in russischer Sprache und somit lange
Zeit unbeachtet [3], wird Iijima in den meisten wissenschaftlichen Artikeln als der
Entdecker der Kohlenstoffnanoröhren zitiert.

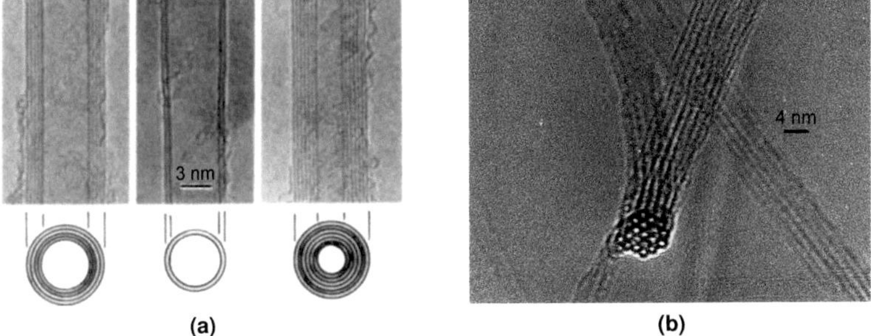

Abb. 1.1: TEM-Aufnahmen von (a) mehrwandigen CNTs mit fünf, zwei bzw. sieben Wänden [2] und
(b) einem Bündel von einwandigen CNTs [4].

Seit Iijimas Veröffentlichung stieg das Interesse an Kohlenstoffnanoröhren rapide an und wurde durch die Vorhersage von Mintmire *et al.* [5] noch bestärkt, CNTs würden in einwandiger Form (engl. single walled CNTs - SWCNTs) bemerkenswerte elektronische Eigenschaften aufweisen, wie beispielsweise Ladungsträgerdichten von 10^{22} - 10^{23} cm^{-3}, vergleichbar mit Ladungsträgerdichten in Metallen, und hohe Ladungsträgermobilitäten entlang der Röhrenachse, die den Mobilitäten in graphitischen Systemen entsprechen.

1993 wurden dann die einwandigen Kohlenstoffnanoröhren unabhängig voneinander von Iijima und Bethune nachgewiesen [6; 7]. Die Durchmesser einwandiger CNTs liegen im einstelligen Nanometer-Bereich zwischen 0,4 - 2 nm [8–11], während ihre Längen von einigen Hundert Nanometern bis zu mehreren Zentimetern reichen [8; 9; 12] .

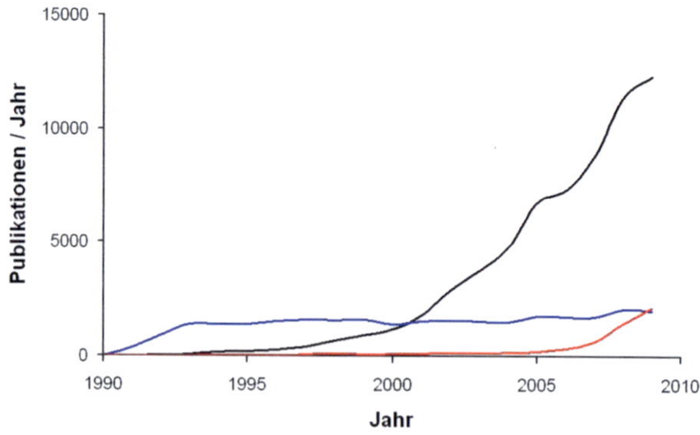

Abb. 1.2: Die Anzahl der Artikel wurde anhand der Zitationsdatenbanken SCI und CPCI-S des Web of Science ermittelt und soll als grober Messwert für den Anstieg der wissenschaftlichen Veröffentlichungen über Kohlenstoffnanoröhren (schwarz) gelten. Zum Vergleich sind die Publikationszahlen von Graphen (rot) und Fullerenen (blau) dargestellt.

Die Zahl der Publikationen pro Jahr wächst seither stetig (Abb. 1.2). Angesichts der Tatsache, dass die Existenz der CNTs gerade erst seit zwanzig Jahren bekannt ist, sind der aktuelle Forschungsstand und das zu erwartende breite Anwendungsfeld der CNTs beeindruckend. Die Tabelle 1.1 soll einen Überblick über die oft außergewöhnlichen Eigenschaften von Kohlenstoffnanoröhren liefern, die entweder von der engen Beziehung zwischen CNTs und einlagigen Graphitschichten abstammen oder auf der Eindimensionalität der CNTs beruhen.

Eigenschaften	SWCNT	Quelle
Durchmesser	0,4 - 2 nm	[8–11]
Länge	<1 μm - 2,5 mm	[8; 9; 12]
Hybridisierung	sp^2	[13]
C-C-Bindungslänge	0,144 nm	[13]
Dichte	1,3 - 1,4 $^g/_{cm^3}$	[8; 14; 15]
E-Modul	1 - 5 TPa	[8; 9; 16–19]
Zugfestigkeit	~100 - 200 GPa	[16; 17; 20]
Bruchdehnung	5,3 - 5,8 %	[14; 20]
Verformbarkeit	flexibel, kann sehr weit verformt werden Änderung der elektrischen Eigenschaften	[8; 9]
Wärmeleitfähigkeit	~6000 $^W/_{mK}$ bei RT	[8; 15; 17; 21]
Elektronische Bandlücke	0 (metallisch), >0 - 2eV (halbleitend)	[9; 22]
Dotierung	n- und p-dotierbar, ambipolar an Luft p-dotiert	[9]
Ladungsträgermobilität	~10^5 $^{cm^2}/_{Vs}$ (p-typ)	[17; 23–26]
Maximale Stromdichte	10^7 - 10^9 $^A/_{cm^2}$	[8; 15; 17; 27]
Hub $^{I_{ON}}/_{I_{OFF}}$ in Single-Tube-FETs	10^5 - 10^9	[28–31]
Löslichkeit	gering in allen Lösungsmitteln	[9]
Funktionalisierbarkeit	kovalent und nicht-kovalent, exo- und endohedral	[9]

Tab. 1.1: Zusammenstellung von Eigenschaften einwandiger Kohlenstoffnanoröhren.

CNTs sind mechanisch extrem stabil und chemisch beständig. Insbesondere aufgrund des hohen E-Moduls von ~1 TPa [16; 17; 19], der etwa fünfmal höher ist als der E-Modul von Stahl, wird der Einsatz von CNTs in Kompositen zur Änderung der Materialeigenschaften untersucht. Weiterhin reicht das Spektrum der Einsatzgebiete aufgrund der chemischen Stabilität [32] und Funktionalisierbarkeit [33] von CNTs, sowohl endo- als auch exohedral, bis zu Drug-Delivery-Systemen.

Vor allem sind es jedoch die elektronischen Eigenschaften, die die CNTs so interessant machen, denn je nach Struktur und Durchmesser können sie halbleitend oder metallisch sein. Metallische CNTs sind hervorragende Leiter sowohl für Strom als auch für Wärme. Die Stromdichten können 10^9 $A/_{cm^2}$ [15; 17; 27; 32] betragen, im Vergleich zu 10^5 $A/_{cm^2}$ von Kupfer, und die thermische Leitfähigkeit ist mit 6000 $W/_{mK}$ bei Raumtemperatur etwa doppelt so hoch wie die von Diamant [15; 17; 21].

Halbleitende SWCNTs gelten aufgrund ihrer geringen Größe und der hohen Ladungsträgermobilitäten als vielversprechende Kandidaten für Halbleiterbauelemente. Für die siliziumbasierten Technologien begannen sich seit den frühen 1990er Jahren Grenzen für die weitere Miniaturisierung abzuzeichnen. Dies motivierte viele Wissenschaftler, Silizium durch andere Halbleiter zu ersetzen, um weiterhin der Miniaturisierung nach dem Mooreschen Gesetz folgen zu können [22]. Die Ladungsträgermobilität von SWCNTs von bis zu 10^5 $cm^2/_{Vs}$ übersteigt die größte bisher bekannte Ladungsträger-Mobilität von Indiumantimonid InSb (77000 $cm^2/_{Vs}$) [34]. Im Vergleich dazu liegt die Elektronen-Mobilität von Silizium, wie es in MOSFETs eingesetzt wird, bei ca. 1450 $cm^2/_{Vs}$ [22; 34].

Aufgrund des extrem hohen Oberfläche-Volumen-Verhältnisses gelten halbleitende SWCNTs zudem als ein ideales Material für ultrakleine Sensoren [35]. Da alle Atome einer einwandigen SWCNT an der Oberfläche liegen, können umgebende Medien direkt auf elektrische oder optische Eigenschaften Einfluss nehmen, beispielsweise durch eine Protonierung der SWCNTs [36].

Der pH-Wert ist einer der am häufigsten geforderten Parameter in der Flüssiganalytik, z.B. für klinische Analysen, Umgebungsanalysen oder für die Prozesskontrolle. Bisher dominieren auf dem Gebiet der pH-Messung potentiochemische pH-Glassensoren. Aber obwohl die pH-Glaselektrode seit mehr als hundert Jahren optimiert wurde und für die meisten Prozesse mit Erfolg eingesetzt werden kann, gibt es immer noch parallel Anstrengungen die Glaselektrode zu ersetzen. Eine deutliche Miniaturisierung wird durch die notwendige Elektrolytfüllung verhindert, auch die geringe mechanische Festigkeit der Glasmembran ist für viele Anwendungen problematisch. Durch den Einsatz von CNT-basierten pH-Sensoren sollen neue Anwendungsgebiete, beispielsweise für Labor- oder klinische Anwendungen eröffnet werden, vor allem auch speziell für kontinuierliche Prozesse mit sehr kleinen Probenvolumina.

1.2 Grundlagen und Entwicklungsstand

1.2.1 Grundlagen - Kohlenstoffnanoröhren

1.2.1.1 Morphologie

Die ideale Struktur einer Kohlenstoffnanoröhre kann gedanklich als nahtlos geschlossene Mono-Lage Graphit, eine so genannte Graphenschicht, visualisiert werden (Abb. 1.3). Diese Zylinder können durch fullerenartige Halbkugeln abgeschlossen sein, wobei die zweidimensionale Krümmung dieser Halbkugeln wie beim Buckminster-Fulleren durch Kohlenstoff-Pentagone erzeugt wird, die in die Hexagonstruktur des Graphens eingefügt sind.

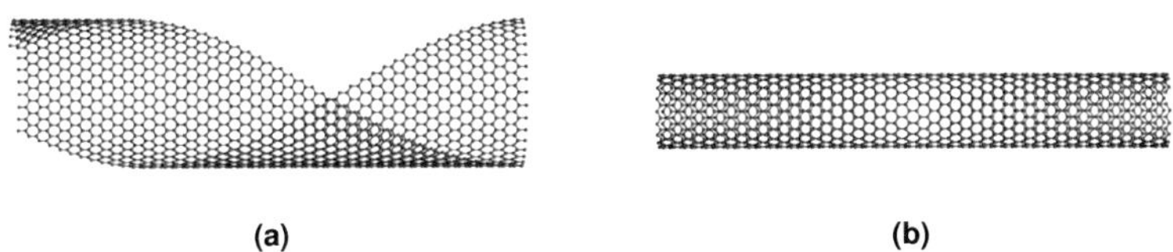

(a)   **(b)**

Abb. 1.3: Schematische Darstellung einer (a) teilweise aufgerollten Graphen-Schicht und (b) einer komplett aufgerollten Graphen-Schicht bzw. Kohlenstoffnanoröhre [37].

Die CNTs haben einen Durchmesser von wenigen Nanometern, können jedoch in Längen von mehreren Hundert Nanometern bis sogar zu Zentimetern hergestellt werden. Damit weisen sie ein außerordentlich hohes Aspektverhältnis auf. Kohlenstoffnanoröhren können einwandig oder mehrwandig, d.h. koaxial ineinander geschachtelt, sein. In dieser Arbeit werden die MWCNTs jedoch nicht weiter betrachtet, da die Separation von MWCNTs nach ihrem elektrischen Verhalten aufgrund der Schachtelung halbleitender und metallischer Nanoröhren technisch nicht möglich ist. Umfassende Darstellungen der MWCNTs sind in [38] zu finden.

Die Orientierung des Graphens relativ zur Röhrenachse und der Durchmesser
bestimmen die elektronische Struktur der Nanoröhre. Der so genannte Chirali-
tätsvektor C_h kann als Aufrollvektor verstanden werden, der als Anfangs- und
Endpunkt die beiden C-Atome hat, die nach dem Aufrollen genau übereinander
zu liegen kommen (Abb. 1.4).

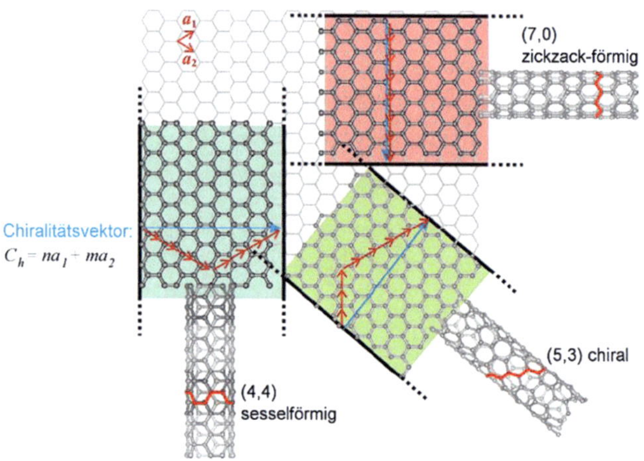

Abb. 1.4: Je nach Orientierung der Graphenebene relativ zur Röhrenachse werden die Nanoröhren
unterteilt in sesselförmig, zickzackförmig und chiral [39].

C_h verläuft entlang dem Umfang der Röhre und ermöglicht eine Beschreibung der
SWCNT-Struktur auf Grund einer Linearkombination aus den Gittervektoren $\mathbf{a}_1$
und $\mathbf{a}_2$. Durchmesser und Chiralität sind damit eindeutig benannt.

$$C_h = n \cdot \mathbf{a}_1 + m \cdot \mathbf{a}_2$$
$$|\mathbf{a}_i| = \sqrt{3} \cdot a_{c-c}$$

mit   n, m: Linearfaktoren

    $\mathbf{a}_1$, $\mathbf{a}_2$: Basisvektoren

    a_{c-c}: Bindungslänge, kürzester Abstand zwischen zwei Kohlenstoffatomen;
    bei CNTs ist $a_{c-c} = 1,44\,\text{Å}$

Nach dieser Formel werden die zugehörigen (n,m)-Nanoröhren in drei Gruppen unterteilt: Sesselförmig (n,n) (engl. armchair) und zickzackförmig (n,0) (engl. zigzag) beschreiben die Form der Schnittkante eines Querschnittes senkrecht zur Rotationsachse. Kann das Spiegelbild einer Nanoröhre nicht durch Drehung mit dem Original zur Deckung gebracht werden, wird die Nanoröhre als chiral (n,m) bezeichnet. In diesem Fall nehmen die Hexagone aus Kohlenstoffatomen eine beliebige Orientierung zur Rotationsachse zwischen den Grenzfällen sesselförmig und zickzackförmig ein. In der Realität zeigen die Nanoröhren meist Defektstrukturen, z.B. fehlende C-Atome, 5- oder 7-Ringe. Dadurch kommt es zu Veränderungen der elektronischen Struktur sowie der chemischen Reaktivität, aber auch der morphologischen Struktur, da sich Krümmungen (Abb. 1.5a) oder sogar Heteroübergänge mit Änderungen der (n,m)-Struktur ergeben können (Abb. 1.5b).

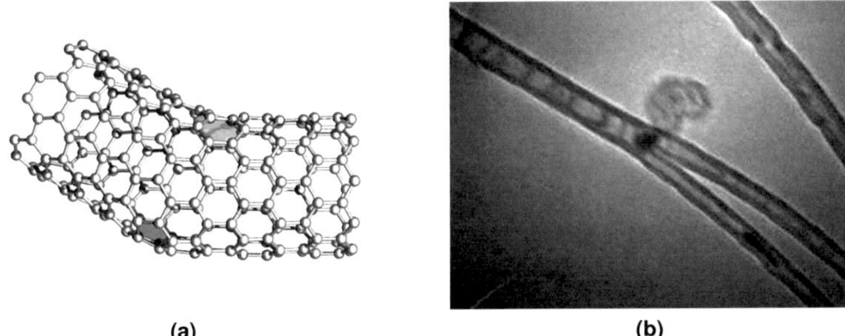

(a)   (b)

Abb. 1.5: Heptagon-Pentagon-Defekte können zu (a) Deformationen, Knicks, Chiralitätsänderungen [37] oder sogar (b) so genannten Y-Junctions [40] führen.

1.2.1.2 Herstellungsverfahren

Die ersten CNTs waren zufällige Nebenprodukte der Fulleren-Forschung. Inzwischen haben sich drei grundsätzliche Verfahren zur Herstellung von Kohlenstoffnanoröhren etabliert:

- Bogenentladung (engl. arc discharge),

- Laserablation und

- Abscheidung aus der chemischen Gasphase (engl. chemical vapor deposition, CVD), teilweise Plasma-unterstützt (engl. plasma enhanced CVD, PECVD).

Alle drei Methoden gestatten die Herstellung sowohl ein- als auch mehrwandiger CNTs. Nanoröhren in einer typischen Probe differieren in Länge, Durchmesser, Chiralität, Anzahl der Wände und ganz allgemein in ihrer atomaren Struktur [8]. Zudem enthalten die CNT-Proben unterschiedlicher Herstellungsmethoden verschiedene Defektdichten sowie Nebenprodukte wie amorphen Kohlenstoff oder Katalysatorpartikel. Das ideale Herstellungsverfahren sollte defektfreie, lange und saubere, also katalysatorfreie CNTs von gleichem Durchmesser und mit möglichst derselben Chiralität erzeugen. Es sollte zudem die Möglichkeit eröffnen, das Verfahren auf eine industrielle Produktion skalieren zu können.

Alle oben genannten Anforderungen zu erfüllen, ist bisher mit keinem Verfahren gelungen, bei einzelnen Anforderungen wurden jedoch bereits deutliche Erfolge erzielt, z.B. bei der kontrollierten Herstellung von ein-, doppel- oder mehrwandigen CNTs. Der Durchmesser der CNTs kann während ihrer Synthese teilweise kontrolliert werden, nicht jedoch ihre Chiralität [24]. Für die Herstellung und den Einsatz von CNT-Anordnungen, vor allem für elektronische Bauteile, die stark von der elektronischen Struktur der CNT abhängen, stellt das Unvermögen, Größe und Chiralität während des Herstellungsprozesses beeinflussen und somit sortenreine CNT-Materialien in größerem Umfang herstellen zu können, die größte Hürde dar [38; 41].

Jedes Verfahren zur Herstellung von einwandigen CNTs benötigt eine Kohlenstoffquelle, einen metallischen Katalysator und eine kontrollierte Atmosphäre, in der die Gaszusammensetzung, der Druck und die Temperatur optimal eingestellt werden müssen, um ein Nanoröhren-Wachstum zu ermöglichen. Als Katalysatoren werden vorzugsweise Eisen, Kobalt, Nickel oder Legierungen von diesen verwendet. Die CNTs wachsen von den Katalysatorkeimen auf [24].

Je nach Prozessbedingungen und verwendetem Katalysator gibt es zwei grundsätzliche Wachstumsmechanismen (Abb. 1.6). Beim so genannten Root-Growth-Prozess verbleibt der Katalysator am Substrat, während beim Tip-Growth der Katalysator an der Spitze der Nanoröhre sitzt [8; 42]. Beim Root-Growth-Prozess

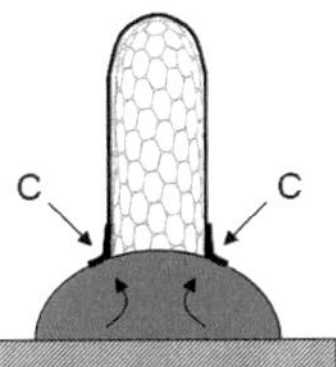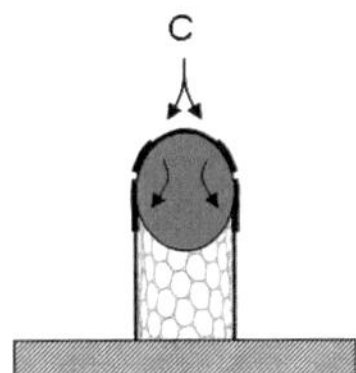

Abb. 1.6: Schematische Darstellung der Wachstumsszenarien: (a) Root-Growth-Prozess, (b) Tip-Growth-Prozess (nach [42]).

gibt es keinen Zusammenhang zwischen Katalysatorgröße und Nanoröhren-Durchmesser. Die Katalysatorpartikel haben Durchmesser von einigen 10 nm und es wachsen mehrere CNTs auf der Oberfläche eines Partikels auf. Beim Tip-Growth-Prozess dagegen kann der Durchmesser der entstehenden Nanoröhre durch die Größe der Katalysatorpartikel beeinflusst werden. Um Katalysator-Partikel mit Durchmessern unter 5 nm bildet sich zunächst eine graphitische Schale [43]. Aufgrund der starken Grenzflächenenergie zwischen Schale und Katalysatorpartikel kommt es zur Ablösung. Der Katalysator bleibt an der Kappe der Nanoröhre und wird durch das Nanoröhrenwachstum immer weiter vom Substrat entfernt. Die Nanoröhre wächst, solange Kohlenstoffatome an die losen Bindungen eingebaut werden können [30; 44].

Bogenentladung

Bei der Bogenentladungs-Synthese [4] wird durch einen Lichtbogen zwischen Graphitelektroden ein Plasma erzeugt. Der Katalysator ist in den Graphitelektroden eingebettet. Im direkten Bogen erreicht das Plasma 3000 – 4000 °C. In der Regel liegen die Katalysatoren daher in Form von mit Kohlenstoff gesättigten, flüssigen Tropfen vor. Gelangt dieser Tropfen in kühlere Bereiche, kommt es zur Übersättigung. Schalen- oder halbkugelförmige Kohlenstoffverbindungen bilden einen Keim und werden zur Kappe einer Nanoröhre, die aus dem übersättigten Katalysatortropfen herauswächst. Bei diesem Root-Growth-Prozess dienen die Katalysatorpartikel als Kohlenstoffreservoir, daher endet das Wachstum der Nanoröhren, sobald der Kohlenstoff aufgebraucht ist. Das per Bogenentladung hergestellte Material besteht aus ineinander verwickelten Nanoröhren, Bündeln, sowie einem großen Anteil an Beiprodukten wie amorphem Kohlenstoff, Graphit,

Fullerenen und Katalysator-Partikeln. Die Ausbeute an einwandigen CNTs ist dabei üblicherweise gering und liegt bei 20 % bis maximal 80 % bei einer pro Tag produzierten Materialmenge von bis zu 10 g [14].

Laserablation

Bei der Laserablation wird in einem Ofen bei 900 - 1200 °C durch einen Laserstrahl (CO_2 [45–47] oder Nd:YAG [48; 49]) Graphit verdampft. Das entstehende Plasma ist regelmäßiger als bei der Bogenentladung. Abgesehen von der Art der Verdampfung entspricht der weitere Prozess der Bogenentladung: die CNTs entstehen durch Kondensation aus dem heißen Plasma. Das Laserverdampfen erzeugt hochgradig verwobene CNT-Bündel. Die Anzahl der Beiprodukte ist gegenüber der Bogenentladung wesentlich geringer und die CNT-Ausbeute kann 70 - 90 % erreichen, jedoch bei einer Tagesproduktion unter 1 g. Sowohl bei Bogenentladung als auch bei Laserablation entstehen in Anwesenheit geeigneter Katalysatoren einwandige CNTs. Ob MWCNTs oder SWCNTs gebildet werden, hängt neben der Partikelgröße auch vom Gasdruck und vor allem von der Temperatur ab. SWCNTs entstehen generell bei höheren Temperaturen als MWCNTs [50].

Um dünne, möglichst defektfreie CNTs zu erzeugen, sind Bogenentladung und Laserablationsprozesse die besten zur Verfügung stehenden Methoden. Die so hergestellten Materialien enthalten jedoch viele Verunreinigungen. Das CNT-Material muss daher durch chemische und aufspaltende Methoden aufgereinigt werden. Keine dieser beiden Herstellungstechniken ist jedoch skalierbar, um die industriell benötigten Quantitäten für Anwendungen wie z.B. Compositmaterialien herzustellen. Dadurch geriet die Forschung in diesen Bereichen in einen Engpass.

Chemical Vapor Deposition

Heutzutage fokussiert sich die Arbeit auf CVD-Techniken. Im Gegensatz zur Bogenentladung und Laserablation wachsen beim CVD-Prozess die CNTs von Katalysatorpartikeln auf, die auf einem Substrat positioniert sind. Das Substrat wird in einem Ofen bei 700 - 1000 °C mit kohlenstoffhaltigem Gas umspült. In Abhängigkeit von dem Katalysatormaterial und vor allem von der Substrattemperatur kann es sich um Root-Growth oder um Tip-Growth handeln.

Mittels CVD können sehr lange CNTs erzeugt werden, denn solange es möglich ist, dem Substrat durch Diffusion Kohlenstoff zuzuführen, wächst die Nanoröhre weiter. Die CVD-Methoden ermöglichen die Produktion von über 1 kg pro Tag. Nachteilig ist dabei die üblicherweise schlechtere Qualität der CNTs, deren Strukturen große Defektdichten zeigen. Der Grund dafür liegt hauptsächlich in den niedrigeren Temperaturen verglichen mit denen bei Bogen- oder Laserprozessen [38].

Ein Sonderfall des CVD-Prozesses ist der so genannte HiPCO-Prozess (engl. High-Pressure Carbonmonoxide). Die SWCNTs wachsen unter hohem Druck (30 - 50 bar) und bei für CVD-Prozesse relativ hoher Temperatur (900 - 1100 °C) in Kohlenmonoxid heran. Dem Prozessgas wird Eisen in Form von $Fe(CO)_5$ beigefügt. Durch Erhitzen dissoziiert $Fe(CO)_5$ und die Eisenatome bilden Cluster. Die Cluster dienen als Katalysatorpartikel, an denen SWCNTs in der Gasphase aufwachsen können. So können einwandige CNTs mit einer Reinheit an Kohlenstoff von bis zu 97 mol-% erzeugt werden [51]. Zudem ermöglicht der Prozess weiterhin die Herstellung von CNTs in verhältnismäßig großem Umfang von bis zu 10 g pro Tag.

Metallische und halbleitende Kohlenstoffnanoröhren liegen nach bekannten Herstellungsverfahren immer gemischt vor. Bemühungen, Kohlenstoffnanoröhren eines Typs zu fertigen, haben bisher nicht zu überzeugenden Erfolgen geführt. Die einzig nennenswerte Methode in diesem Zusammenhang ist eine zweite Unterart der CVD-Prozesse: das CoMoCat-Verfahren (engl. Cobalt Molybdenum Catalyst). Durch die Wahl der Katalysatorpartikel Kobalt und Molybdän können die Chiralitäten in gewissem Umfang kontrolliert werden, so dass 57 % der halbleitenden Kohlenstoffnanoröhren vom Typ (6,5) bzw. (7,5) sind. Es sind jedoch weiterhin zu einem Drittel metallische Kohlenstoffnanoröhren in dem Rohmaterial enthalten.

Sogenannte Super-Growth-Nanotubes können durch wasserunterstüzte CVD-Prozesse [12] hergestellt werden. Der Wasserdampf dient als mildes Oxidationsmittel dazu, amorphen Kohlenstoff auf den Katalysatorpartikeln zu eliminieren und schützt dadurch die Katalysatorpartikel vor einer Umhüllung mit amorphem Kohlenstoff. Durch den geringen Anteil an Wasserdampf, der dem Prozessgas beigemischt wird, werden so Aktivität und Lebensdauer des Katalysators gesteigert. Es ergibt sich ein extrem schnelles Wachstum von sehr dichten, vertikal ausgerichteten CNTs, mit Wachstumsraten von bis zu 2,5 mm in zehn Minuten. Der Nanoröhren-Wald kann dann vom Substrat abgelöst werden, wobei die Katalysator-Schicht auf dem Substrat verbleibt. Es ergibt sich dadurch extrem reines CNT-Material mit einem Kohlenstoffanteil von über 99,9 %. Nachteil der beschriebenen Methode ist jedoch, dass bisher nur CNTs mit großem Durchmesser und folglich kleiner Bandlücke gezüchtet werden können. Dies kann sich für die Anwendungen als Halbleiter-Bauteile negativ auswirken. Zudem verschwimmen die Grenzen zu metallischen CNTs, eine nachträgliche Separation nach der elektrischen Leitfähigkeit ist daher schwierig.

1.2.1.3 Elektronische Eigenschaften

Die elektronischen Eigenschaften der CNTs stammen von der Elektronenstruktur des zweidimensionalen Graphen, auf das die CNTs zurückgeführt werden können. Die Bandstruktur von Graphen ist ungewöhnlich. Als Null-Bandlücken-Halbleiter (engl. zero-bandgap semiconductor) ist Graphen in einigen Richtungen metallisch, in anderen halbleitend [24]. Auch die Nanoröhren sind daher je nach Aufrollrichtung metallisch oder halbleitend.

Neben der Chiralität ist die elektrische Leitfähigkeit abhängig vom Durchmesser der Kohlenstoffnanoröhre. Als allgemeine Regel gilt ein umgekehrt proportionaler Zusammenhang zwischen Durchmesser (d_{CNT}) und Bandlücke (E_g, engl. gap). Die Größe der Bandlücke lässt sich näherungsweise, ohne Berücksichtigung der Chiralität, mit Hilfe des Überlappungsintegrals der Wellenfunktion von Graphit $\gamma \approx 3{,}0\,eV$ [13; 52; 53] und des Bindungsabstandes[1] $a_{c-c} = 1{,}44\,\text{Å}$ abschätzen [24; 54]:

$$E_g = \frac{2 \cdot \gamma \cdot a_{c-c}}{d_{CNT}} \approx \frac{0{,}9eV}{d_{CNT}[nm]}$$

Je größer der Durchmesser, desto kleiner die Bandlücke. Daraus kann weiterhin geschlossen werden, dass in Materialien mit kleinem mittlerem Durchmesser die elektrischen und reaktiven Unterschiede zwischen metallischen und halbleitenden Kohlenstoffnanoröhren besonders groß sind, während in Materialien mit großem

---

[1]Der Bindungsabstand von Graphit ist $a_{c-c} = 1{,}42\,\text{Å}$, durch die Krümmung vergrößert sich der Bindungsabstand für Nanoröhren zu $a_{c-c} = 1{,}44\,\text{Å}$ [13].

mittlerem Durchmesser die Bandlücke der halbleitenden Kohlenstoffnanoröhren so klein wird, dass die Unterschiede zu metallischen CNTs verschwimmen.

Anhand ihrer Chiralität lassen sich die Nanoröhren in drei Kategorien einteilen: metallische Nanoröhren, quasi-metallische Nanoröhren, die aufgrund ihrer sehr kleinen Bandlücke von wenigen meV bereits bei sehr geringer (thermischer) Anregung eine metallische Leitfähigkeit zeigen, und halbleitende Nanoröhren mit einer Bandlücke E_g von 0,5 - 1 eV [55]. Metallisch sind nur die sesselförmigen (n,n)-Nanoröhren; die zickzackförmigen (n,0)- und chiralen Nanoröhren sind halbleitend. Röhren, für die $\dfrac{n-m}{3} = q$ (mit $q \in \mathbb{Z}\setminus\{0\}$) gilt, werden als quasi-metallisch bezeichnet. Werden alle möglichen Kombinationen der Indices n und m berücksichtigt, so sind etwa ein Drittel aller CNTs metallisch oder quasi-metallisch und zwei Drittel halbleitend (Abb. 1.7).

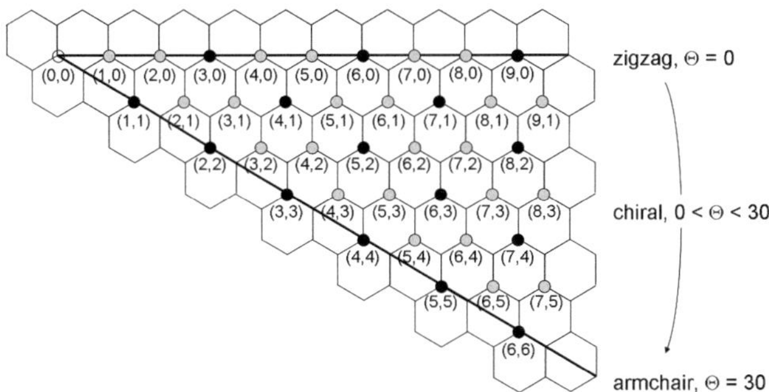

Abb. 1.7: Darstellung möglicher Linearkombinationen: In schwarz sind die metallischen und quasi-metallischen Nanoröhren markiert, die ein Drittel der Gesamtzahl darstellen. Die halbleitenden SWCNTs sind grau markiert.

Zustandsdichte - Density of States DOS

Das Schaubild der elektronischen Zustandsdichte DOS (engl.: density of states) zeigt die Besetzungswahrscheinlichkeit der Elektronenzustände in einem bestimmten Energieintervall E bei Absoluttemperatur 0 K. Ein $\left(^{1}/_{\sqrt{E-E_F}}\right)$-Verhalten der DOS in den Energieintervallen wie in Abb. 1.8 ist charakteristisch für eindimensionale Strukturen wie Nanoröhren.

Die so genannten van-Hove-Singularitäten, in Abb. 1.8 als S_{11}, S_{22}, M_{11} etc. markiert, dominieren wegen ihrer extrem hohen Besetzungswahrscheinlichkeiten die physikalischen Eigenschaften. Bei CNTs bilden die Singularitäten Paare, die für $T = 0$ K symmetrisch zur Fermi-Energie E_F liegen. Die Energiedifferenz der ersten van-Hove-Singularitäten halbleitender CNTs S_{11} entspricht der Bandlücke und stellt den energetischen Abstand zwischen Valenz- und Leitungsband im Halbleiter dar.

Für $T = 0$ K ist das Valenzband eines Halbleiters (Abb. 1.8a), d.h. die elektronischen Zustände, die energetisch tiefer liegen als die Fermi-Energie, bis zur ersten van-Hove-Singularität mit Elektronen gefüllt. Dagegen ist das Leitungsband unbesetzt. Die elektrischen und optischen Eigenschaften eines Halbleiters werden wesentlich durch die Größe der Bandlücke bestimmt. Sie stellt das Energieminimum dar, das durch thermische oder elektromagnetische Anregung aufgebracht werden muss, um Elektronen über die Fermi-Energie aus dem Valenzband in das Leitungsband anzuheben. So ist die optische Absorption sehr stark, wenn die Energie eines eingestrahlten Lichtquants genau die Energiedifferenz zwischen zwei van-Hove-Singularitäten abdeckt.

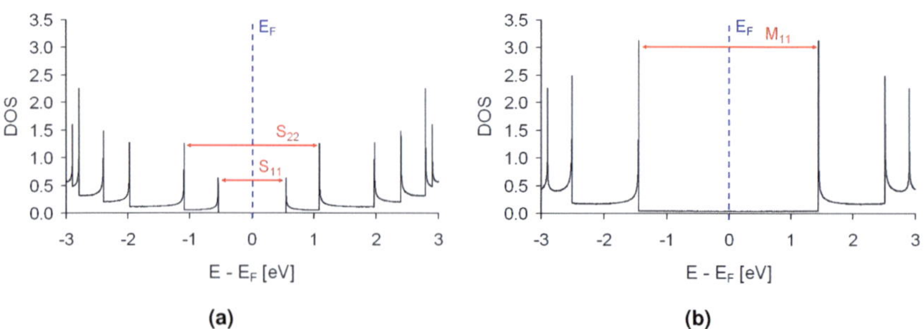

Abb. 1.8: Elektronische Zustandsdichte DOS (a) einer halbleitenden (6,5)-CNT und (b) einer metallischen (6,6)-CNT [56].

Metallische Leiter, wie die (6,6)-Nanoröhre in Abb. 1.8b, weisen dagegen im Bereich des Ferminiveaus eine nicht-verschwindende konstante Zustandsdichte auf. Das entspricht der Beschreibung von überlappenden Valenz- und Leitungsbändern, so dass keine thermische oder elektromagnetische Anregung aufgebracht werden muss, um einen Elektronenfluss zu ermöglichen.

Die komplexen Berechnungen über den Zusammenhang zwischen den DOS und dem Durchmesser der Nanoröhren wurden von Kataura und Maruyama [56] durchgeführt. Der so genannte Kataura-Plot (Abb. 1.9) stellt abhängig vom Durchmesser die Energiedifferenzen dar. So kann vor allem bei optischen Analysemethoden leicht abgeschätzt werden, von welchem Nanoröhrentyp bei einer bestimmten Anregung eine Bande stammt. Beispielsweise sprechen in einem Material mit einem vom Hersteller angegebenen Durchmesser von 1,2 - 1,7 nm halbleitende CNTs bei einer Anregung mit 1,58 eV an, metallische CNTs reagieren hingegen bei 2,33 eV.

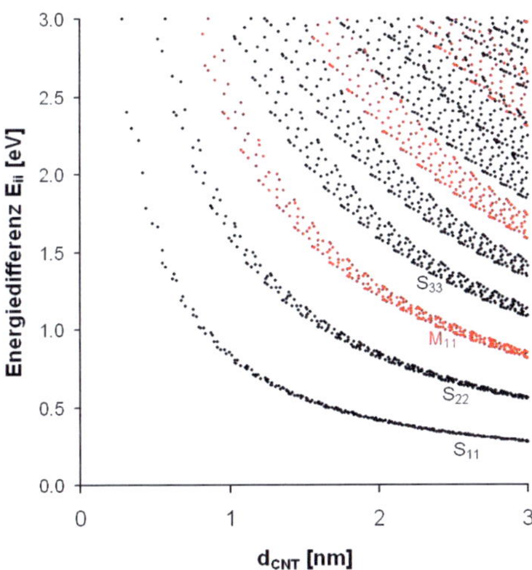

Abb. 1.9: Kataura-Plot: Energiedifferenz E_{ii} zwischen den symmetrischen van-Hove-Singularitäten als Funktion des Nanoröhrendurchmessers (rot: metallische CNTs, schwarz: halbleitende CNTs).

1.2.1.4 CNT-FETs

Die ersten CNT-FETs (Abb. 1.10) wurden von Tans [57] und Martel [58] unabhängig voneinander im Jahre 1998 veröffentlicht, gleichzeitig wurde dabei auch erstmalig halbleitendes Verhalten einer Nanoröhre nachgewiesen, da die Leitfähigkeit der Nanoröhre abhängig von einer Gate-Spannung an- und abgeschaltet werden konnte.

Abb. 1.10: AFM-Aufnahme und schematische Seitenansicht des CNT-FET aus [57]

Das Prinzip der Ladungsdetektion mit Hilfe eines Halbleiters ist von MOSFETs (engl. Metal Oxide Semiconductor Fieldeffect Transistor) bekannt.

MOSFET

Transistoren sind prinzipiell Widerstände, die durch eine äußere Spannung gesteuert werden [59]. Konventionelle MOSFETs (Abb. 1.11) bestehen aus einem schwach dotierten Halbleitermaterial, z.B. p-dotiertem Silizium, in das zwei entgegengesetzt hochdotierte Gebiete eingelassen sind (z.B. n^+-dotiert), die den Source- und Drain-Anschluss erzeugen. Zwischen Source und Drain ist zunächst kein Stromfluss möglich. Über den Elektroden und dem dazwischenliegenden schwach dotierten Bereich befindet sich eine metallische Gate-Elektrode, die durch eine Isolatorschicht elektrisch von den Elektroden und dem Halbleiterkanal getrennt ist. Diese Isolatorschicht wird zumeist durch Oxide realisiert.

Durch Anlegen einer positiven Gate-Spannung werden negativ geladene Minoritätsträger in Richtung der Gate-Elektrode gezogen, wo sie mit den dort vorhandenen positiv geladenen Majoritätsträgern rekombinieren. Dies wird oft als scheinbare Verdrängung der Majoritätsträger aus dem Bereich zwischen den Elektroden beschrieben. Der so entstandene negativ geladene Kanal nahe der

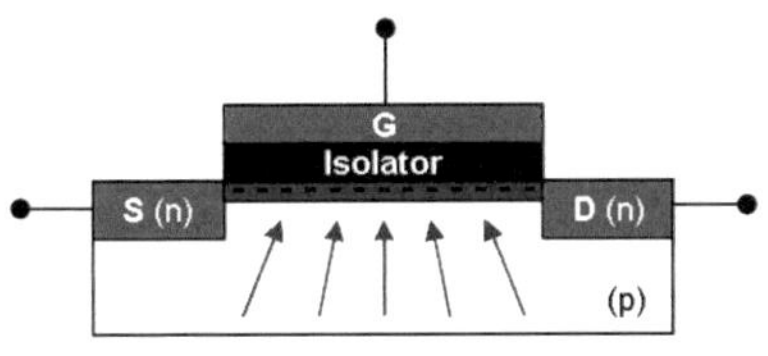

Abb. 1.11: MOSFET

Isolatorschicht verbindet die beiden Elektroden, wodurch Ladungsträger beinahe ungehindert von Source zu Drain fließen können.

Der halbleitende Kanal im Silizium zwischen Source und Drain wird in den CNT-FETs durch eine oder mehrere halbleitende CNTs ersetzt.

Bauformen CNT-FET

CNT-FETs bestehen aus mindestens einer Kohlenstoffnanoröhre, die als Halbleiterkanal die beiden Elektroden (Source und Drain) kontaktiert. Ebenso ist auch ein Netzwerk von CNTs möglich, auch als Buckypaper bezeichnet, wobei die Kanäle zwischen Source und Drain durch Kontakte der CNTs untereinander realisiert werden. Die CNTs oder das CNT-Netzwerk sind durch eine isolierende Schicht von der Gate-Elektrode getrennt. Ist die Nanoröhre bzw. das Netzwerk halbleitend, so ändert sich der zwischen Source und Drain gemessene Strom abhängig von der anliegenden Gate-Spannung. Metallische CNTs zeigen dagegen keine Gate-Abhängigkeit des Stromes.

Die folgenden Abschnitte beziehen sich zur Vereinfachung auf Single-Tube-FETs, also CNT-FETs, deren Halbleiterkanal aus einer einzelnen halbleitenden Kohlenstoffnanoröhre besteht. Nach dem heutigen Stand der Technik enthalten die meisten Anordnungen einzelne CNTs, aber die Ergebnisse können auf CNT Arrays für größere Ströme übertragen werden. Dies setzt allerdings die Entwicklung entsprechender Herstellungsprozesse für die Synthese von homogenen CNT-Proben voraus [29].

Die CNT-FETs werden nach der Position der Gate-Elektrode benannt, deren wichtigsten Vertreter Backgate- [57; 58; 60–62], Topgate- [63–65] und Liquid-Gate-Anordnungen [24; 35; 60; 66–68] sind. Bei einem Backgate-FET (Abb. 1.12a) dient

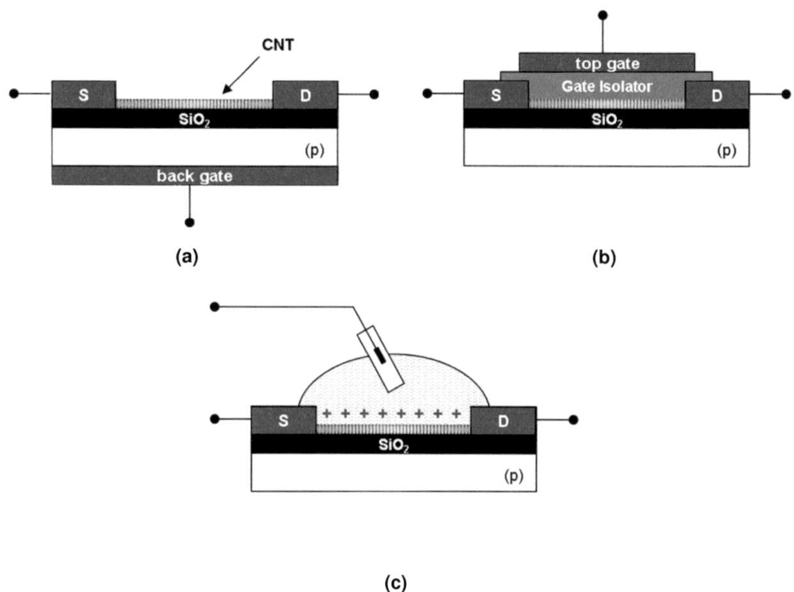

Abb. 1.12: CNT-FET mit (a) Backgate, (b) Topgate, (c) Liquid Gate.

das Substrat, z.B. hoch dotiertes Silizium, selbst als Gate-Elektrode, SiO_2 als Gate-Isolator mit Schichtdicken von üblicherweise 50 - 500 nm [63; 69]. Hohe Gate-Oxid-Schichtdicken bedingen dabei hohe erforderliche Gate-Spannungen [29]. Für einen Topgate-FET (Abb. 1.12b) muss über den Nanoröhren eine Isolatorschicht aufgebracht werden, über die die Gate-Elektrode positioniert wird.

Bei Liquid-Gate-FETs (Abb. 1.12c) stehen die Nanoröhren meist in direktem Kontakt mit einem Elektrolyten und die Gate-Elektrode taucht in den Elektrolyten ein. Der Liquid-Gate-Aufbau wird hauptsächlich für sensorische Anwendungen verwendet und entspricht im Grunde dem ISFET-Aufbau (ionenselektiver FET), der in Abschnitt 1.2.2.2 beschrieben wird. Bei in direktem Kontakt mit dem Elektrolyten stehenden CNTs übernimmt die elektrolytische Doppelschicht die Funktion der Gate-Oxidschicht [70].

Die elektrische Leitfähigkeit G_{CNT} einer CNT in einem Single-Tube-CNT-FET ergibt sich nach [66] zu:

$$G_{CNT} = C'_G \, |V_G - Vth| \, \frac{\mu}{l_{CNT}}$$

mit C'_G: Gate-Kapazität pro Einheitslänge der CNT

V_G: angelegte Gate-Spannung

V_{th}: Schwellspannung

μ: Ladungsträgermobilität in der CNT

l_{CNT}: Länge der CNT

Bei einem Liquid-Gate setzt sich die Gate-Kapazität pro CNT-Einheitslänge aus der Kapazität der elektrolytischen Doppelschicht C'_e und der chemischen Quantenkapazität der CNTs C'_q zusammen, die in Reihe geschaltet sind [35; 66; 68; 70]:

$$\frac{1}{C'_G} = \frac{1}{C'_e} + \frac{1}{C'_q}$$

Die Quantenkapazität ist gegeben durch [66]:

$$C'_q = e^2 g(E) = e^2 \frac{4}{\pi \hbar v_F} \frac{\sqrt{E^2 - (\frac{E_g}{2})^2}}{E}$$

mit   g(E): Elektronische Zustandsdichte der SWCNT

E: Energie des gemessenen Elektrons relativ zur Mitte der Bandlücke $\frac{E_g}{2}$

$\hbar = \dfrac{h}{2\pi}$: reduziertes Plancksches Wirkungsquantum

v_F: Fermi-Geschwindigkeit

Die Kapazität der elektrolytischen Doppelschicht kann durch ein einfaches Modell der elektrostatischen Kapazität zwischen der CNT und den Ionen des Elektrolyten abgeschätzt werden: Ist eine CNT in Kontakt mit einem Elektrolyten, so akkumulieren an ihrer Oberfläche solvatisierte Ionen, die entgegengesetzt zur CNT-Oberfläche geladen sind. Nach dem Helmholtz-Modell bilden die CNT-Oberfläche und die äußere Helmholtzfläche eine starre Doppelschicht, die im einfachsten Fall dem Bild eines aufgeladenen Kondensators entspricht [71].

Die Doppelschichtkapazität ergibt sich unter der Auffassung der CNT und der äußeren Helmholtzfläche als zwei koaxiale Zylinder zu [66]:

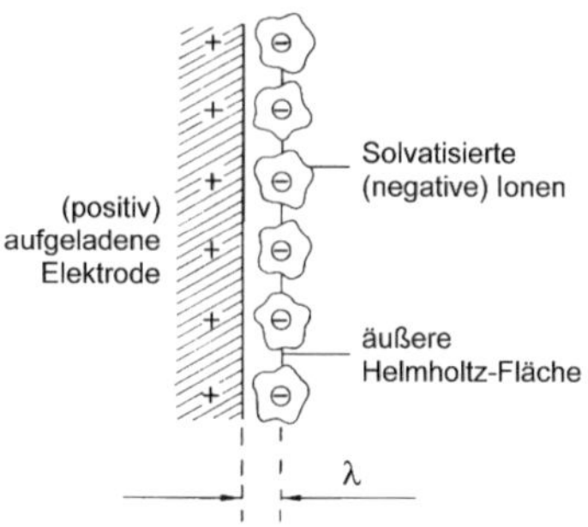

Abb. 1.13: Schematische Darstellung der starren elektrolytischen Doppelschicht nach Helmholtz [71]. Hier ersetzt eine CNT die Elektrode. Die Dicke der Doppelschicht wird aus der Summe des van der Waals-Radius der C-Atome und dem halben Durchmesser der solvatisierten Ionen auf 1 nm geschätzt [70].

$$C'_e = \frac{2\pi\epsilon\epsilon_0}{ln\left(1 + \frac{2\lambda}{d_{CNT}}\right)}$$

mit ϵ, ϵ_0: Dielektrizitätskonstante im Elektrolyt bzw. im Vakuum

λ: Abschirmlänge, Dicke der Helmholtzschicht

Die Dicke der Helmholtzschicht λ wird nach [70] aus der Summe des van der Waals-Radius eines C-Atoms und dem Radius eines solvatisierten Ions auf ~1 nm geschätzt.

Beim Vergleich der CNT-FET-Publikationen untereinander ergeben sich deutliche Unterschiede. Die Herstellungsverfahren beeinflussen die elektronischen Eigenschaften der CNTs. Anzahl und Anordnung der CNTs - ob Single-Tube-FET, ein FET mit mehreren parallel angeordneten CNTs oder Buckypaper-FET - haben deutlichen Einfluss auf die Transistor-Charakteristik und die angewandten Herstellungsprozesse. Bei Single-Tube-FETs hängen die Eigenschaften und die Funktionsfähigkeit des FET von der zufälligen Chiralität und Defektdichte der Kohlenstoffnanoröhre ab. Damit eignen sie sich vor allem zur Untersuchung der Eigenschaften der kontaktierten Nanoröhre. Die Charakteristik ist eindeutig, das Schalten des FET vollzieht sich in einem kleinen Gate-Spannungsbereich und über mehrere Größenordnungen von I_{ON}/I_{OFF} hinweg (Abb. 1.14).

In ungünstigen Fällen ist die CNT metallisch und damit als Kanal eines FET unbrauchbar. FETs mit mehreren integrierten CNTs sind robuster, der Stromfluss

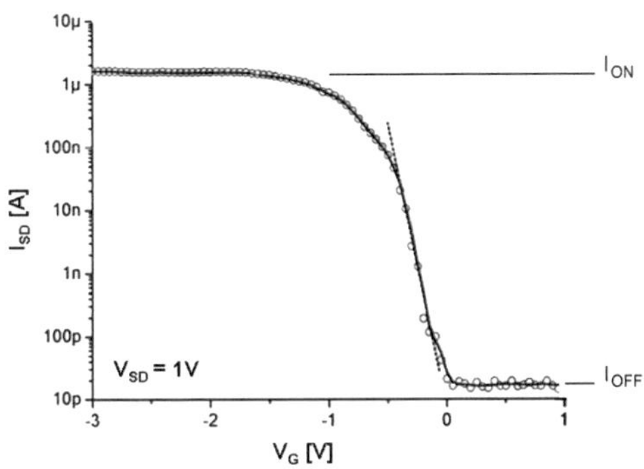

Abb. 1.14: Das Verhältnis $^{I_{ON}}/_{I_{OFF}}$ eines Topgate-FET nach [72] beträgt $\sim 10^5$.

erfolgt entweder durch beidseitig kontaktierte CNTs oder durch Perkolation durch das CNT-Netzwerk [29]. Das Schaltverhalten ändert sich jedoch durch das Gemisch an Bandlücken, das sich aus der CNT-Herstellung ergibt. Dadurch wird die Streuung der Eigenschaften der Proben geringer, da sie von der Mittelung über ein Röhrengemisch bestimmt werden. Der Anteil an integrierten metallischen CNTs muss dabei so gering wie möglich sein, um die Funktion nicht durch Kurzschlüsse (Abb. 1.15a) oder durch eine starke Reduzierung der schaltbaren Kanallänge (Abb. 1.15c) zu beeinträchtigen.

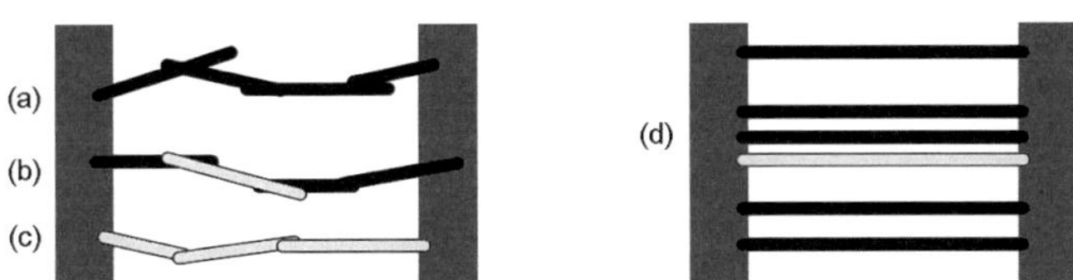

Abb. 1.15: CNT-Netzwerk-FET: (a) rein halbleitender Kanal, (b) Reduzierung der aktiven Kanallänge (c) Kurzschluss durch rein metallischen Kanal, (d) Multi-Tube-FET mit parallelen, beidseitig kontaktierenden CNTs, kurzgeschlossen durch eine einzelne metallische CNT.

In der Herstellung des FET und vor allem in der Prozessreihenfolge zur Integration der CNTs in den Aufbau gibt es deutliche Unterschiede. Die CNTs können direkt auf einem Substrat aufwachsen oder nach Herstellung abgeschieden werden.

Danach richtet sich, ob die Erzeugung der Elektroden vor oder nach Aufbringen der Nanoröhren stattfindet (Abb. 1.16). Der Kontakt zwischen Nanoröhren und Elektroden ist bei nachträglicher Erzeugung von Elektroden über den Enden der Nanoröhren wesentlich besser. Allerdings ist die Fertigung schwieriger und zeitaufwendiger, besonders für Single-Tube-FETs, bei denen jede CNT einzeln gefunden und kontaktiert werden muss. Es gibt bisher für die Erzeugung von Multi-Tube-FETs mit parallelen CNTs, die beide Elektroden kontaktieren, kein geeignetes Verfahren zur gerichteten Abscheidung von halbleitenden CNTs [24]. Üblich ist hier eine nachträgliche Entfernung nicht kontaktierter CNTs durch Ätzprozesse. CNT-Netzwerke für Buckypaper-FETs können entweder per CVD-Verfahren aufgewachsen oder aus einer Suspension abgeschieden werden, über die dann die leitenden Elektroden aufgebracht werden. Werden die CNTs aus einer Suspension über einer vorher erzeugten Elektrodenstruktur abgeschieden, müssen die CNTs zuvor funktionalisiert worden sein, um die hydrophoben CNTs überhaupt in Suspension bringen zu können.

Abb. 1.16: FET-Bauform mit (a) nach der Elektrodenerzeugung integrierten CNTs und (b) mit zuerst abgeschiedenen oder aufgewachsenen CNTs und darüber erzeugten Elektroden.

Funktionalisierungen und Defekte haben Einfluss auf die Elektronenstruktur der Nanoröhren. Die Materialien der kontaktierten Elektroden beeinflussen die Schottky-Barrieren. Zudem bestimmen das Substrat und der Gate-Isolator sowie die Isolator-Dicke und eine optionale Isolierung der CNTs von ihrer Umgebung die Funktion bzw. Charakteristik der CNT-FETs [24; 35; 57; 58; 60; 60–68].

Die Charakteristiken von CNT-FETs erinnern an konventionelle MOSFETs, die Physik dahinter ist jedoch eine deutlich andere. Die Funktionsweise wird durch die so genannten Schottky-Barrieren an den Metall-Halbleiter-Kontakten bestimmt, sowie durch den ballistischen Transport innerhalb der kontaktierten Nanoröhre.

Schottky-Barrieren

Schottky-Barrieren treten auf, wann immer Halbleiter mit Metallen in direkten Kontakt kommen, hier also am Kontakt zwischen Nanoröhre und Elektrode. Nach der Kontaktierung findet ein Ladungsaustausch statt, bis die Fermi-Energien angeglichen sind. Dieser Ladungsaustausch erzeugt eine Verbiegung der Bänder (engl. band bending) des Halbleiters in der Raumladungszone nahe des Kontaktes[2]. Abb. 1.17 zeigt den Kontakt eines Metalls mit einem p-Halbleiter. Die Fermi-Energie wird hier durch Elektronen, die vom Metall in den Halbleiter fließen, angehoben. An der Metalloberfläche bildet sich eine positive Oberflächenladung aus. Die Schottky-Barriere ist in diesem Fall eine Potentialbarriere für freie positive Ladungsträger (Löcher).

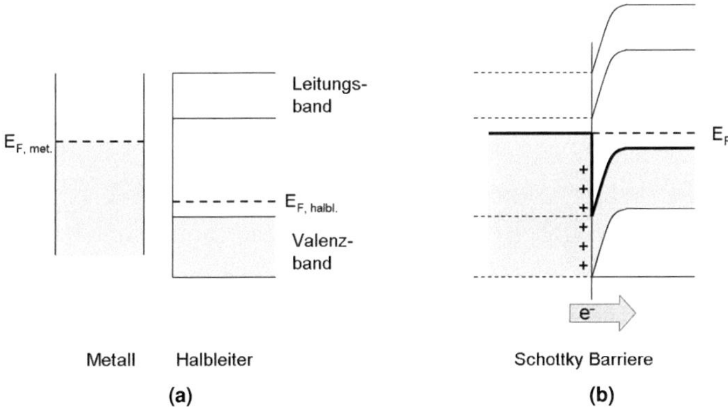

Abb. 1.17: Formation der Schottky-Barriere durch den Kontakt zwischen Metall und Halbleiter.

Üblicherweise sind die Nanoröhren in CNT-FETs p-leitend, somit ist hier das Valenzband das zu betrachtende Gebiet. Der Transistor wird zur genaueren Betrachtung in drei Gebiete aufgeteilt (Abb. 1.18): (i) und (iii) beschreiben die Situation nahe den Elektroden Source und Drain, d.h. die Schottky-Barrieren, während (ii) den „Bulk"-Bereich der Nanoröhre darstellt.

---

[2]Nach allgemeiner Konvention werden die Energiebänder verbogen dargestellt, nicht die Fermi-Energie.

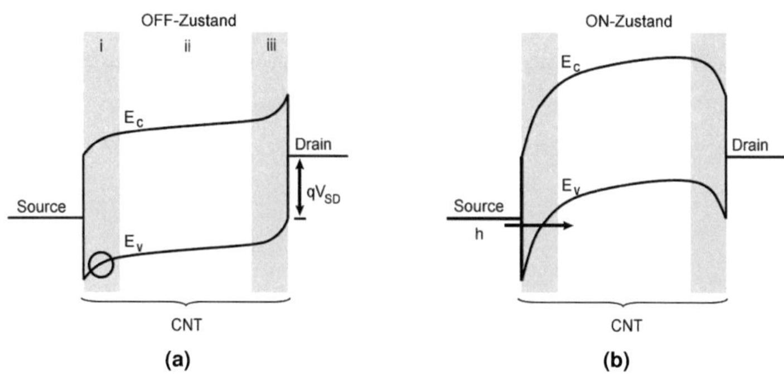

Abb. 1.18: Schematische Darstellung der Bandstruktur im Bereich der Schottky-Barrieren zwischen einer Nanoröhre und den Elektroden einer CNT-FET-Anordnung (a) im OFF-Zustand und (b) im ON-Zustand [73].

In Abb. 1.18a ist die Anordnung im OFF-Zustand, es sind keine Ladungsträger in der Nanoröhre akkumuliert und der Strom von Source zu Drain ist durch die Schottky-Barriere blockiert (I_{OFF}). Die Größe der Schottky-Barriere kann durch die Gate-Spannung moduliert werden. In Abb. 1.18b ist der Betrag der Gate-Spannung so hoch, dass die Bänderstruktur verzerrt wird. Die Schottky-Barriere wird schmaler und die Löcher können von der Elektrode aus ins Valenzband der Nanoröhre tunneln [74]. Solange weitere Löcher der Nanoröhre zugeführt werden, steigt der Strom durch die Nanoröhre linear mit dem Betrag von V_G. Bei höheren Gate-Spannungen hört der Strom auf zu steigen und bleibt stattdessen auf einem konstanten Wert (I_{ON}). Der Transistor ist nun im ON-Zustand.

Bei CNTs gilt, dass je größer der Nanoröhren-Durchmesser ist, desto ähnlicher ist die Elektronenstruktur den Metallen und desto kleiner ist die Schottky-Barriere.

Ballistischer Transport

Der wesentliche Streueffekt in der Nanoröhre ist die Wechselwirkung der Elektronen mit Gitterschwingungen, sogenannten Phononen. Aufgrund der eindimensionalen Struktur und der starken Bindungen sind jedoch nur geringe Wechselwirkungen zwischen Elektronen und Phononen[3] innerhalb der Nanoröhren

---

[3]Ein Phonon ist ein Quasiteilchen der theoretischen Festkörperphysik. Es ist das Energiequant, das die Gitterschwingungen in einem Kristall mit Hilfe eines vereinfachten Modells beschreibt [75].

möglich [76]. Sind die Dimensionen des Leiters viel größer als die freie Weglänge der Elektronen, findet ohmscher Transport statt, d.h. der Widerstand nimmt proportional zur Länge des Leiters zu. Beim ballistischen Transport dagegen findet praktisch keine Streuung statt.

Aufgrund der Eindimensionalität der CNTs ist den Elektronen auf der Oberfläche der CNTs nur eine Vorwärts- oder Rückwärts-Bewegung erlaubt. Im Fall von Streuung innerhalb der CNTs kann eine effektive Streulänge λ_{eff} zur Beschreibung der Streuung verwandt werden. Die effektive Streulänge setzt sich dabei aus der freien Weglänge für elastische Streuung und den freien Weglängen für akustische und optische Phononen zusammen. In defektfreien, sauberen CNTs können Elektronen sehr weite Strecken zurücklegen, bevor sie gestreut und abgebremst werden. Das Ergebnis ist eine nur schwache Streuung. Experimentell wurde bei geringer Anregung ballistische Leitung über Längen von 1 μm in metallischen und mehreren Hundert Nanometern in halbleitenden CNTs ermittelt [28; 29; 77; 78]. Die Erwärmung des Leiters ist minimal und man kann beachtlichen Strom erzielen. Die maximale ballistische Leitfähigkeit ergibt sich nach [79] zu $G_0 = h/4e^2$.

In den meisten Anwendungen kann jedoch wegen der real vorhandenen Defekte von klassischem, diffusen Transport ausgegangen werden, d.h. nach der mittleren freien Weglänge kommt es zur Streuung der Elektronen. Je länger die Nanoröhre ist, desto stärker ist der Ladungstransport durch Streueffekte innerhalb der CNT dominiert [63].

Generell gilt der ballistische Transport nur innerhalb der einzelnen CNTs. Bei elektrischer Kontaktierung eines CNT-Netzwerkes erhöhen die Kontakte der CNTs untereinander den elektrischen Widerstand. Adsorbierte Ionen und Funktionalisierungen können zudem als Streuzentren fungieren und den Ladungsfluss senken. Daher kann üblicherweise, wie auch bei allen Experimenten in der vorliegenden Arbeit, von ohmschem Transport in den CNTs ausgegangen werden.

Kennlinien-Charakteristik

CNT-FETs können p-, n- oder ambipolares Verhalten zeigen. Bei p-Typ-Halbleitern wird die Leitfähigkeit durch Löcher-Leitung (Defektelektronen-Leitung) im Valenzband dominiert. Beim Anlegen einer negativen Gate-Spannung wird der Transfer von Löchern aus der Source-Elektrode in die Nanoröhre verstärkt, die

Ladungsträger sammeln sich in der Nanoröhre an und es kommt zu einem erhöhten Stromfluss. Je positiver die Gate-Spannung ist, desto geringer ist die Leitfähigkeit. Umgekehrt werden n-Typ-Halbleiter durch Elektronen-Leitung im Leitungsband dominiert, die Leitfähigkeit wird somit bei Anlegen einer positiven Gate-Spannung verstärkt. Ambipolare Halbleiter erlauben sowohl Elektronen- als auch Lochleitung und können bei negativer sowie bei positiver Spannung in einen leitenden Zustand geschaltet werden.

Kohlenstoffnanoröhren ohne weitere Behandlung sind an Luft p-leitend und unipolar, was auf eine Verschiebung des Fermi-Levels in Richtung des Valenzbandes zurückgeführt wird. Das geschieht entweder durch Adsorption von Sauerstoff, der als schwacher p-Dotand wirkt, oder durch die Modulation der Schottky-Barrieren aufgrund von Sauerstoff in der Übergangsregion von Nanoröhre zu Elektrode. So kann beispielsweise durch Glühen in Vakuum der ursprünglich p-leitende CNT-FET ambipolar und schließlich n-leitend werden (Abb. 1.19a). Die Schwellspannung wird dabei nicht verschoben. Als Erklärung wurde postuliert, der Effekt sei durch den Elektronentransfer zwischen der CNT und dem atmosphärischen O_2 bedingt, jedoch ohne ein explizites Dotieren der CNTs [29; 80].

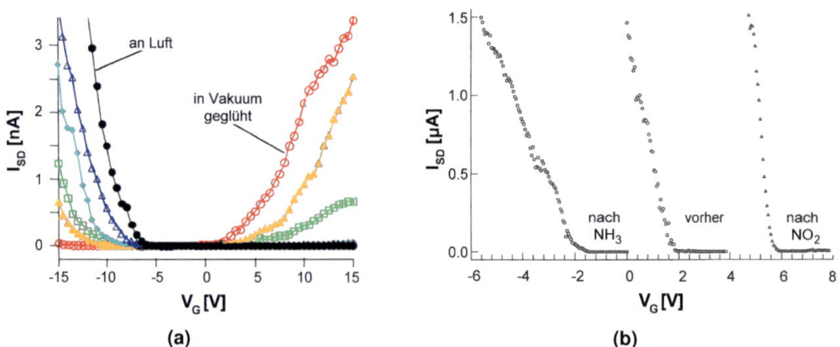

Abb. 1.19: Durch Glühen in Vakuum (a) wird aus einer an Luft p-leitenden CNT (schwarz) eine n-leitende (rot). Unter Einfluss von Sauerstoff wird die CNT ambipolar (Übergang gelb zu grün) und schließlich wieder p-leitend (blau, schwarz) [80; 81]. Wird die CNT Gas-Molekülen ausgesetzt (b), so bewirkt der Elektronendonator NH_3 eine Auslöschung der Löcher und damit eine V_{th}-Verschiebung um -4 V. Exposition der CNT an NO_2 führt dagegen zu einer Anreicherung an Löchern [82].

Einige Nanoröhren, vor allem CNTs mit großem Durchmesser, zeigen ein ambipolares Verhalten. Es tritt dann auf, wenn die Schottky-Barrieren an Source bzw. Drain die gleiche Transparenz für das Tunneln von Löchern und Elektronen zeigen. Sie leiten daher sowohl bei positiven als auch bei negativen Spannungen. Lediglich im Bereich um $V_G = 0$ V sind sie ausgeschaltet.

n-Typ-Charakteristiken können auch durch das Dotieren mit Elektronendonatoren wie beispielsweise Kalium erzeugt werden [80; 83]. Aufgrund der gitterartigen Röhrenstruktur der CNTs, bei der alle Atome sich an der Oberfläche befinden, reagieren sie sehr empfindlich auf umgebungsbedingte Störungen. Die Anlagerung von Elektronendonatoren oder -akzeptoren führt zu einer Verschiebung der Kennlinien parallel zur V_G-Achse, d.h. die Schwellspannung wird verschoben (Abb. 1.19b). Üblicherweise sind Halbleiter bei einer Gate-Spannung von 0 V nicht leitend. An einer halbleitenden CNT kann bereits aufgrund der Anlagerung von Sauerstoff an Luft bei einer Gate-Spannung von 0 V ein bestimmter Stromfluss gemessen werden.

An der Nanoröhre adsorbierte Spezies können zu zwei grundsätzlichen Effekten führen [60] (Abb. 1.20). Entweder die Nanoröhre wird dotiert, es findet also eine Ladungsübertragung von adsorbierter Spezies auf die CNT statt, dann verschiebt sich die Kennlinie bei Elektronentransfer ins Positive, bei Lochtransfer ins Negative. Oder die adsorbierten Moleküle wirken als Streuzentren, dann wird die Ladungsträgermobilität gesenkt und die Kennlinie flacher.

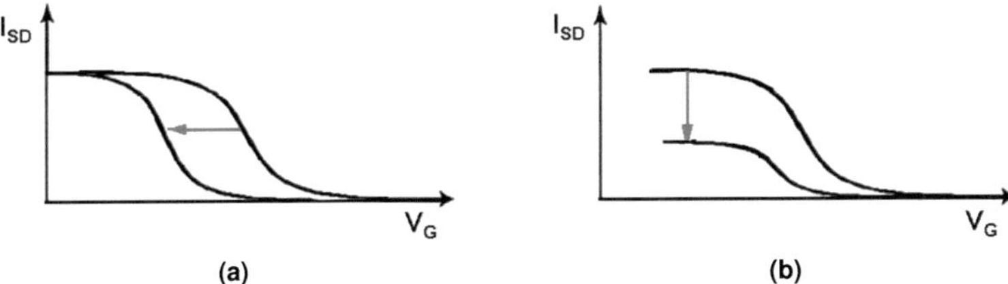

Abb. 1.20: Moleküle können (a) als Dotanden oder (b) als Streuzentren wirken. Der direkte Ladungsübertrag führt zu einer Verschiebung der Schwell-Spannung, während die Streuung durch die adsorbierten Moleküle zum Absenken der Kennlinie führt [60].

Bei CNT-Netzwerk-FETs, die sowohl metallische als auch halbleitende CNTs enthalten, liegt I_{OFF} nicht bei Null (Abb. 1.21), da die Leitfähigkeit der metallischen CNTs nicht durch die Gate-Spannung beeinflussbar ist. Sind die halbleitenden CNTs im OFF-Zustand, entspricht I_{SD} dem Strom durch die metallischen CNTs.

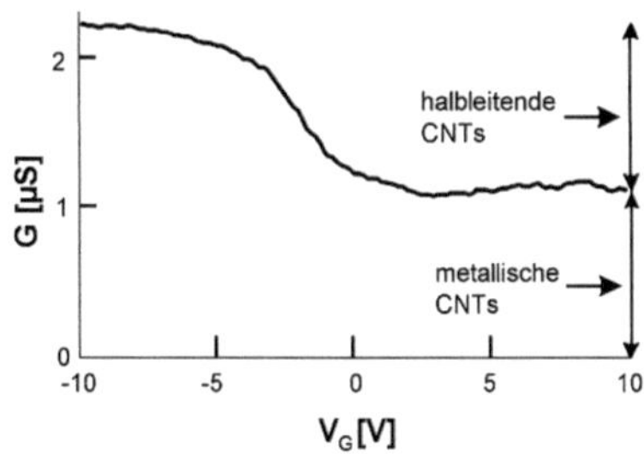

Abb. 1.21: In CNT-Bündeln, die sowohl halbleitende als auch metallische CNTs enthalten, bestimmen die metallischen CNTs die Leitfähigkeit im OFF-Zustand [28].

Vergleich MOSFET und CNT-FET

Obwohl die Charakteristiken von CNT-FETs an MOSFETs erinnern, differiert die zugrunde liegende Physik deutlich. Das einfachste Bild zur Beschreibung der Funktionsweise eines MOSFET beruht auf der Ansammlung von Minoritätsträgern im Bereich zwischen den Elektroden. Dagegen beruht die Funktion eines CNT-FET auf der Modulierung der Schottky-Barrieren am CNT-Elektroden-Übergang und auf ballistischem Transport innerhalb der CNT. Daher ist die Funktionsweise grundsätzlich nicht vergleichbar. Bei beiden Konzepten geht es aber um eine Leitfähigkeitsänderung durch einen von der Gate-Spannung ausgehenden Feldeffekt.

Durch den Einsatz von CNTs kann die Länge des halbleitenden Kanals im Transistor auf bis zu 5 nm gesenkt werden, bevor Tunneln zwischen den Elektroden bei Raumtemperatur unakzeptable Leckströme verursacht. Die Breite wird durch die Anzahl der CNTs bzw. bei Single-Tube-FETs durch den CNT-Durchmesser

(<1 - 10 nm) bestimmt [84]. Das bedeutet, durch den Einsatz der CNTs kann die Baugröße von Transistoren erheblich verkleinert werden. Allerdings ist für die meisten Anwendungen Redundanz erforderlich, was bedeutet, dass mehrere CNTs im FET oder mehrere CNT-FETs parallel betrieben werden, um den Einfluss einzelner geschädigter CNTs zu mindern.

Ein wichtiger Faktor für FETs ist das sogenannte I_{ON}/I_{OFF}-Verhältnis, auch als Hub bezeichnet. Es handelt sich hierbei um das Verhältnis zwischen den fließenden Strömen im ON-Modus, d.h. bei angelegter Spannung am Gate, und im OFF-Modus. Für technische Anwendungen ist ein möglichst hohes I_{ON}/I_{OFF}-Verhältnis wünschenswert. Für CNT-FETs werden in der Literatur üblicherweise Werte von über 10^5 beschrieben, was etwa dem Hub von MOSFETs entspricht [29; 30]. Es wird aber auch von Werten bis über 10^9 berichtet [31].

Die intrinsische Mobilität ist ein Maß dafür, wie schnell eine Schaltung des FETs erfolgen kann. Halbleiter mit hoher Mobilität sind in der Lage, sehr schnell anzusprechen. Die Ladungsträgermobilität bestimmt auch die Sensitivität, mit der FETs auf Änderungen einer Gate-Spannung oder im Falle von Sensoranordnungen auf chemische Spezies in der Umgebung reagieren. Halbleitenden CNTs kommt die Bandstruktur zugute, die grundsätzlich zu der gleichen effektiven Masse für Elektronen und Löcher führt. Das sollte gleiche Mobilitäten für p- und n-Leiter bedingen [29]. Für die gewöhnlich p-leitenden CNT-FETs wurden durch Simulation für die Lochmobilität für SWCNTs mit verschiedenem Durchmesser Werte von 2900 bis 140000 $^{cm^2}/_{Vs}$ bestimmt [25; 85]. Experimentell wurden Werte über 100000 $^{cm^2}/_{Vs}$ nachgewiesen [24; 85]. Dabei steigt die Ladungsträgermobilität mit dem Durchmesser der CNTs.

Der Halbleiter Indiumantimonid weist die größte bisher bekannte Ladungsträger-Mobilität von 77000 $^{cm^2}/_{Vs}$ [23; 34] auf, wobei es sich hier um Elektronen-Mobilität handelt, die in den meisten Halbleitern wesentlich höher ist als die Loch-Mobilität. Silizium, wie es in MOSFETs eingesetzt wird, besitzt eine Elektronen-Mobilität von ca. 1450 $^{cm^2}/_{Vs}$ und eine Loch-Mobilität von 435 $^{cm^2}/_{Vs}$ [22; 34]. Das bedeutet, die Mobilität in halbleitenden CNTs kann je nach Durchmesser größer sein als die jedes anderen bekannten Halbleiters. In jedem Fall übersteigt sie die Loch-Mobilität von Silizium um ein Vielfaches.

Multi-Tube-FETs haben generell geringere $^{ON}/_{OFF}$-Verhältnisse verglichen mit Single-Tube-FETs. Die Ladungsträgermobilität ist ebenfalls drastisch reduziert durch die CNT-CNT-Kontakte. Andererseits sind die Multi-Tube-FETs wesentlich robuster und die Streuung zwischen den FETs nimmt ab. Es gibt hier jedoch großen Raum für Leistungsverbesserung, so dass mehr der intrinsischen elektrischen Charakteristiken einzelner CNTs zurückgewonnen werden können [41]. Eine Möglichkeit kann die Nutzung rein halbleitender CNTs sein, sowie eine Minimierung der Durchmesserverteilung [41].

1.2.1.5 Molekülchemie

Die Bindungsverhältnisse des Graphen lassen sich in den eng verwandten Kohlenstoffnanoröhren wiederfinden. Die hexagonale Struktur wird durch eine sp^2-Hybridisierung des Kohlenstoffs ermöglicht, die dazu führt, dass drei der Bindungsorbitale in einer Ebene mit einem Bindungswinkel von 120° liegen. Das vierte Elektron befindet sich in einem Orbital, das senkrecht zu dieser Ebene steht (Abb. 1.22).

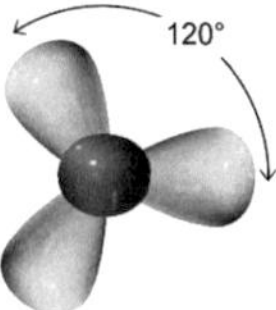

Abb. 1.22: Seiten- und Aufsicht eines sp^2-hybridisierten Atoms. Die hell dargestellten Orbitale liegen in einer Ebene und sind für die Bindung entlang der CNT-Seitenwände zuständig, während die dunkelgrau dargestellten Orbitale senkrecht zur Ebene für van-der-Waals-Wechselwirkungen mit anderen Molekülen verantwortlich sind [86].

In Nanoröhren wird wie allgemein in Molekülen zwischen bindenden und antibindenden Molekülorbitalen unterschieden, gleichzusetzen mit dem Valenz- bzw. Leitungsband des Festkörpers. Dabei können Wellenfunktionen mit gleichem Vorzeichen überlappen und zur Bindung im Molekül beitragen (Abb. 1.23). Die Vorzeichen der Orbitale sind in Abb. 1.23 mit Schwarz und Weiß gekennzeichnet

[87]. Die Überlappungen der σ-Orbitale formen das hexagonale Gitter entlang der Nanoröhre, während die senkrecht stehenden bindenden Orbitale (π-Orbitale) für die van-der-Waals-Wechselwirkungen[4] mit anderen Molekülen verantwortlich sind.

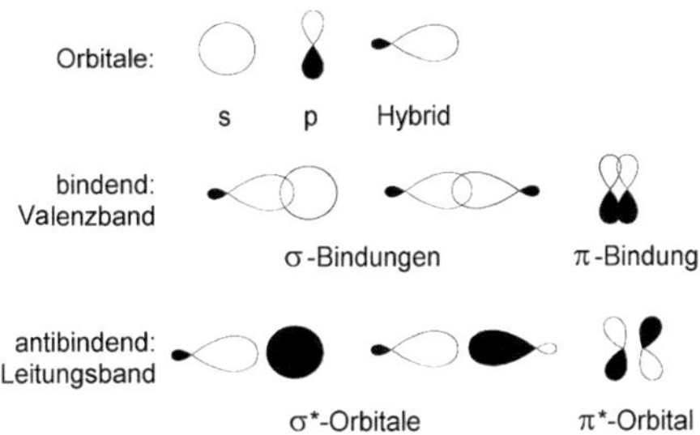

Abb. 1.23: Darstellung der bindenden und antibindenden Orbitale von sp^2-hybridisierten Atomen. Verschiedene Vorzeichen der Orbitale werden in schwarz und weiß dargestellt. Eine Orbitalüberlappung zur Bindung im Molekül kann sich nur bei gleichem Vorzeichen der Wellenfunktion einstellen.

Ähnlich wie Graphit sind auch CNTs chemisch nicht sehr reaktiv. Allerdings werden durch die Krümmung der Graphenebene zum Zylinder die Bindungen der Kohlenstoffatome aus ihrer bevorzugten Lage gebracht. Der so genannte Pyramidalwinkel zwischen dem π- und den σ-Orbitalen wird größer und die Überlappungen der σ-Bindungsorbitale werden verringert. Dies führt zu einer höheren Reaktivität der Kohlenstoffnanoröhren, je kleiner die Durchmesser sind [89].

Chemisch und physikalisch ist zwischen den Seitenwänden der Kohlenstoffnano- röhren und den Endkappen zu unterscheiden. Die Endkappen werden durch in die Hexagonstruktur eingeschobene Pentagone gebildet. Dort ist die Spannung in der Bindungsstruktur besonders hoch und die Bindung dadurch besonders

---

[4]Bei kleinem Abstand zweier Atome entstehen durch die wechselseitige Beeinflussung der Elektronenorbitale Dipol-Dipol-Wechselwirkungen. Eine solche Wechselwirkung hat eine Anziehung zwischen den beiden Atomen zur Folge [88].

instabil. Bei Suspensions- oder Reinigungsprozessen werden die Endkappen daher besonders schnell angegriffen und abgespalten. In der vorliegenden Arbeit gilt die Aufmerksamkeit hauptsächlich den Seitenwänden der Kohlenstoffnanoröhren.

Die Elektronen der antibindenden Molekülorbitale (Wellenfunktionen mit entgegengesetzten Vorzeichen) stehen dagegen zur Elektronenleitung zur Verfügung. Voraussetzung dafür ist, dass die bindenden und antibindenden Molekülorbitale, also Valenz- und Leitungsband am Fermi-Niveau überlappen. Die σ-Orbitale sind energetisch zu weit vom Fermi-Level entfernt, um für den elektronischen Transport eine Rolle zu spielen; sie dienen nur der Bindung im Molekül. Da im Gegensatz dazu die bindenden π- und antibindenden π^*-Bänder am Fermi-Niveau überlappen können, sind die π^*-Elektronen für die Leitfähigkeit der Nanoröhre verantwortlich. Eine Überlappung der π^*-Orbitale ist zu allen Nachbaratomen möglich, was zu einer Delokalisierung der π^*-Elektronen über die gesamte Nanoröhre führt.

1.2.1.6 Funktionalisierung

Für fast alle Bereiche der Handhabung der Nanoröhren und die meisten Anwendungsgebiete ist eine Funktionalisierung notwendig. Beispielsweise erfordert die Suspendierung der natürlicherweise hydrophoben CNTs, die als Rohmaterial in Pulverform vorliegen, eine Funktionalisierung zur Solubilisierung. Für die Separation nach elektronischen Eigenschaften muss die Funktionalisierung selektiv auf die gewünschten elektronischen Eigenschaften der Nanoröhren abgestimmt sein.

Der Begriff Funktionalisierung beschreibt die Modifizierung der Nanoröhren durch Anbinden oder Anlagern von Molekülen. Ursprünglich stammt der Begriff aus der organischen Chemie und wird dort nur auf kovalente Vorgänge angewendet, ansonsten wird von einer nicht-kovalenten Adsorption oder Physisorption gesprochen. In den Publikationen über Nanotechnologie wird die Verwendung des Begriffs weniger streng gehandhabt, eine funktionalisierte Nanoröhre kann daher sowohl kovalent als auch nicht-kovalent modifiziert sein.

Grundsätzlich gibt es drei Regionen unterschiedlicher Reaktivität: die intakten Seitenwände der Nanoröhren, die wegen der stabilen C-C-Bindungen sehr reaktionsträge sind, Defekte in den Seitenwänden und die Endkappen. Die

Reaktivität ist dabei abhängig vom Pyramidalwinkel, dem Röhrendurchmesser und der elektronischen Struktur (Abschnitt 1.2.1.5).

Kovalente Funktionalisierung hat ihren Ausgangspunkt zumeist an Defekten, da hier die Reaktivität besonders hoch ist. Eine theoretisch unendlich lange Nanoröhre mit intakten Seitenwänden ist grundsätzlich sehr inert. Die Pentagone in den Endkappen, die für die Krümmung sorgen, stellen im Grunde Fehlstellen in dem Hexagongitter dar. Die Suspendierungs- oder Reinigungsprozesse führen zumeist zu einem Öffnen der Nanoröhrenenden, die Chemie der Fullerenkappen ist daher bisher noch wenig untersucht. An den freien Nanoröhrenenden wie an anderen Defekten heften sich dann Carboxylgruppen an (Abb. 1.24 a), die ihrerseits als Anker für weitere Moleküle dienen.

Neben der Defektgruppenfunktionalisierung gibt es die kovalente Seitenwand-funktionalisierung (Abb. 1.24 b). Hier werden zusätzlich Defekte in den Seitenwänden erzeugt oder Fremdatome in die Gitterstruktur eingebaut (Dotierung). Eine kovalente Funktionalisierung ist also eine Addition von Atomen oder Molekülen an C-C-Bindungen, die eine lokale Formation von sp^3-Bindungen zur Folge hat. Dadurch kommt es zu einer Lokalisierung der freien π^*-Elektronen, anders ausgedrückt zu Bildung neuer σ-Bindungen auf Kosten der π^*-Elektronen. Dabei kann es z.B. bei Oxidation metallischer Nanoröhren zum Öffnen einer Bandlücke kommen, so dass metallische zu halbleitenden Nanoröhren werden [90]. Der elektrische Widerstand steigt proportional zur Flächendichte der kovalent gebundenen Anteile [17; 55].

Die nicht-kovalente Funktionalisierung ist dagegen nicht destruktiv, die sp^2-gebundene Netzwerkstruktur bleibt erhalten. Die mechanischen und elektronischen Eigenschaften der Nanoröhren bleiben somit weitgehend erhalten. Die Wechselwirkungsstärke zwischen den nicht-kovalent adsorbierten Spezies und den Nanoröhren reicht von schwacher Physisorption bis zu starker gerichteter Ionenbindung. Je nach Art können daher Nanoröhren mit nicht-kovalenten Gruppen wieder defunktionalisiert werden. Die nicht-kovalente Funktionalisierung wird unterteilt in endohedrale Funktionalisierung, d.h. das Füllen der Nanoröhren (Abb. 1.24 c), und exohedrale Funktionalisierung mit Tensiden oder mit organischen Molekülen. Da die endohedrale Funktionalisierung nach heutigem Stand nur für Konzeptideen, wie z.B. Drug-Delivery-Systeme [92], eine Rolle spielt, nicht jedoch für die Hand-

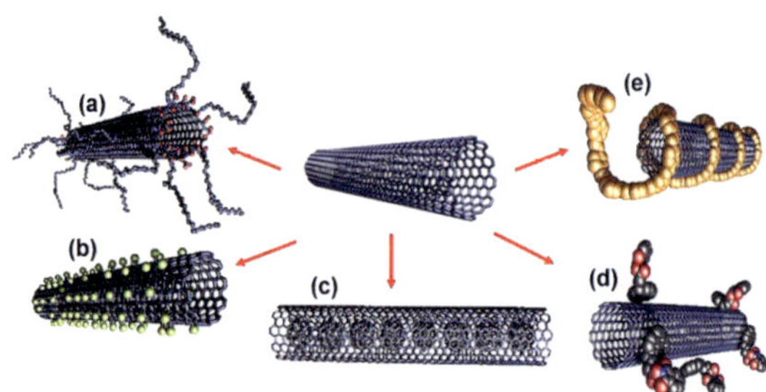

Abb. 1.24: Übersicht über Funktionalisierungsvarianten: (a) Defektgruppenfunktionalisierung, (b) kovalente Seitenwandfunktionalisierung, (c) endohedrale Funktionalisierung, (d) nicht-kovalente exohedrale Funktionalisierung mit Tensiden, (e) nicht-kovalente Funktionalisierung mit Polymeren [33; 91].

habung oder Anwendungen in der Flüssiganalytik, wird hier diese Funktionalisierungsart nicht weiter behandelt. Die bekannntesten Verfahren der exohedralen nicht-kovalenten Funktionalisierung sind das Anheften von Tensiden (Abb. 1.24 d) oder das Umwickeln mit Biopolymeren, z.B. Einzelstrang-DNA (Abb. 1.24 e). Die Adsorptionsstärke von organischen Komponenten hängt entscheidend von der Natur der funktionalen Gruppen im Molekül ab. Aromatische organische Moleküle beispielsweise sind von Natur aus mit einer beträchtlichen Affinität zu SWCNTs ausgestattet, die mit dem Anteil an delokalisierten π^*-Elektronen steigt. Sie lagern sich also vornehmlich an metallische CNTs an [17].

Sowohl kovalente als auch nicht-kovalente Funktionalisierung beeinflussen die elektronische Struktur der CNTs. Hauptunterschied zwischen kovalenter und nicht-kovalenter Funktionalisierung ist, dass durch nicht-kovalente Funktionalisierung die vorliegende Röhrenstruktur der CNT nicht angegriffen wird. Allerdings sind Defekte oder Dotierungen nicht generell als negativ einzustufen, sondern oftmals Grundlage für die gewünschte Beeinflussung der CNT-Eigenschaften.

1.2.1.7 Analyse

Raman

Die am weitesten verbreitete Methode zur spektroskopischen Untersuchung von CNTs ist die Raman-Streuung. Sie tritt als sehr kleiner Anteil des Streulichtes auf und beruht auf einer inelastischen Wechselwirkung des eingestrahlten Lichtes mit dem Kohlenstoffgitter. Das Photon gibt entweder einen Teil seiner Energie an die inneren Bewegungsmoden ab oder entnimmt daraus Energie. Dadurch ist die Frequenz des Raman-Streulichtes gegenüber dem eingestrahlten Licht verschoben.

Abb. 1.25: Schematische Dastellung (a) der radialen (RBM) und (b) der tangentialen Schwingungsmoden (G) nach [93].

Die drei bedeutendsten Moden im Raman-Spektrum von SWCNTs sind die „Radial Breathing Mode" RBM im Bereich 100 - 300 cm^{-1}, die defektinduzierte D-Mode um 1300 cm^{-1} und die Moden der Bindungsstreckungen in der Ebene (G-Moden) zwischen 1500 und 1650 cm^{-1} [17].

Die am besten untersuchte Raman-Mode ist die RBM im Bereich 120 - 250 cm^{-1} (für CNTs mit 1 nm < d_t < 2 nm), die als einzige Raman-Mode von CNTs kein Pendant in Graphit besitzt. Es handelt sich um eine Atmungsschwingung der CNTs: die Kohlenstoffatome schwingen kohärent radial zur CNT-Achse (Abb. 1.25a). Die Ramanverschiebung der RBM-Schwingung ist proportional zum Nanoröhrendurchmesser. Nach [94] kann der Durchmesser aus der Wellenzahl der RBM nach der Formel

$$\omega_{RBM} = \frac{C_1}{d_t} + C_2$$

mit ω_{RBM}: Wellenzahl der RBM-Mode

d_t: CNT-Durchmesser

für SWCNT-Bündel mit d_t = 1,5 $\pm$ 0,2 nm gilt nach [95]

C_1 = 234 cm^{-1} · nm, C_2 = 10 cm^{-1}

bestimmt werden.

Die zweite bedeutsame Schwingungsmode ist eine Defektmode bei 1250 - 1450 cm^{-1}, die so genannte D-Mode (engl. disorder). Sie ist charakteristisch für Defekte in der hexagonalen sp^2-Struktur, wie Fehlstellen, 5-7-Ringstruktur-Paaren, Dotierungen, Röhrenenden und sp^3-Hybridisierungen [16].

Die G-Mode tritt bei SWCNTs als eine Aufspaltung der tangentialen Graphen-Mode auf. Während die G-Mode in Graphit (1582 cm^{-1}) oder Graphen (1591 cm^{-1}) eine einzelne Mode ist, besteht die G-Mode von SWCNTs grundsätzlich aus zwei starken Moden, G^+ und G^-. Die beiden Moden sind unterschiedlich ausgeprägt, je nach dem, ob es sich um metallische oder halbleitende CNTs handelt. Die G^+-Mode über 1580 cm^{-1} wird nach vereinfachten Beschreibungen den axialen Schwingungen (Longitudinalmoden LO) zugeschrieben, während die G^--Mode unter 1580 cm^{-1} den Umfangsschwingungen (Transversalmoden TO) senkrecht zur Röhrenachse zugeordnet wird [96] (Abb. 1.25).

Die Form der G^+-Mode ist unabhängig von CNT-Durchmesser oder Chiralität und kann durch eine Lorentz-Kurve angenähert werden [94; 97]. Ebenso ist ω_{G+} unabhängig vom Durchmesser [98]. Dagegen ist die Form der G^--Mode stark vom CNT-Typ abhängig. Bei halbleitenden Nanoröhren wird die G^--Mode ebenfalls durch eine Lorentz-Kurve angepasst, bei metallischen ist sie dagegen asymmetrisch verbreitert und wird durch eine Breit-Wigner-Fano-Kurve angefittet [17; 94; 99]. Mit steigendem Durchmesser verschiebt sich ω_{G-} zu höheren Frequenzen (Abb. 1.26b) und geht für $d_t \to \infty$ gegen ω_{G+} [98].

Das Verhältnis der Intensitäten von G^+ zu G^- gibt Aufschluss über den elektronischen Charakter der CNTs. Bei halbleitenden CNTs ist die G^+-Mode wesentlich intensiver als die G^--Mode, bei metallischen ist dagegen das Intensitätsverhältnis ca. 1 (Abb. 1.26a) [9; 96].

Die Theorie sagt für die G-Mode chiraler SWCNTs sechs Raman-aktive Moden voraus, je zwei Moden von Phononen-Eigenvektoren mit A_1, E_1, und E_2 Symmetrien (Abb. 1.27). Achirale SWCNTs haben dagegen nur drei Moden (A_{1g}, E_{1g}, E_{2g}) [17; 94]. Eine genauere Analyse beweist, dass G^+ und G^- tatsächlich aus jeweils drei Peaks zusammengesetzt sind, wobei die A_1- und E_1-Eigenvektoren bei ähnlichen Wellenzahlen auftreten und überlappen können. Die ($A_1 + E_1$)-Banden sind bei G^+ und G^- dominierend, die E_2-Banden sind etwas breiter und wesentlich kleiner [93; 96].

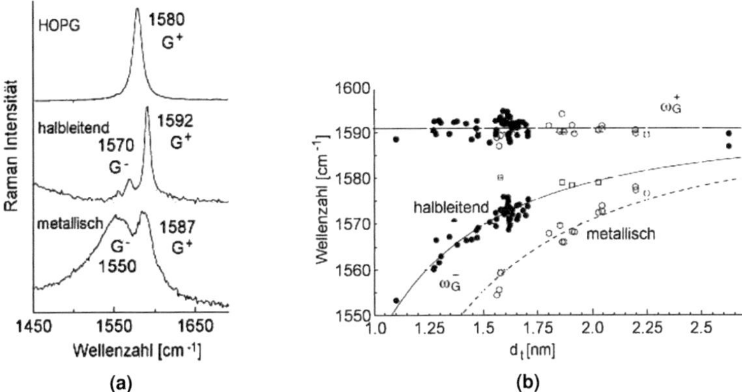

Abb. 1.26: (a) G-Mode von hochorientiertem pyrolitischem Graphit (HOPG), einer isolierten halbleitenden und einer isolierten metallischen SWCNT [93], (b) Durchmesserabhängigkeit von ω_{G+} und ω_{G-} für mehrere halbleitende (schwarz) und metallische SWCNTs (weiß) [93].

Bei halbleitenden SWCNTs wird die G-Mode üblicherweise durch vier, manchmal fünf Peaks angepasst [98], wobei der $(A_1 + E_1)$-Peak bei G^+ noch schwerer aufzutrennen ist als bei G^- [96]. Teilweise werden nur die beiden intensivsten G-Peaks als G^+ bzw. G^- bezeichnet [93].

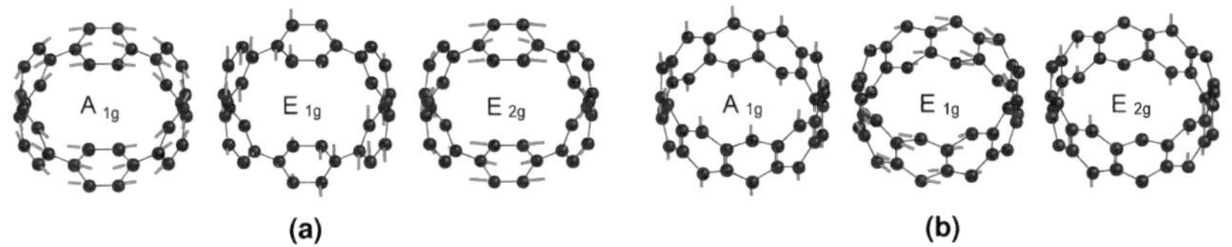

Abb. 1.27: Raman aktive A_{1g}, E_{1g} und E_{2g} hochenergetische Moden (a) einer sesselförmigen (6,6) CNT und (b) einer zickzack-förmigen (10,0) CNT [100].

Aus Abb. 1.27 [100] ergibt sich aus dem Vergleich der Phononen-Eigenvektoren einer sesselförmigen- und einer zickzack-CNT, dass die Beschreibung der G^+-Mode als Axialschwingung (LO) und der G^--Mode als Tangentialschwingung (TO) nicht länger *a priori* gültig ist und besonders nicht für chirale CNTs, die einen gemischten

LO-TO-Charakter aufweisen. Gültig bleibt dagegen, dass die Form der G$^-$-Mode bzw. das Verhältnis der Intensität der G$^-$-Mode zur G$^+$-Mode eine Aussage über die Anreicherung an metallischen bzw. halbleitenden CNTs gibt.

Der hochfrequente Peak bei ~2600 cm^{-1} wird je nach Literatur entweder G'- oder D*-Mode genannt [101]. G' soll betonen, dass der Peak eine intrinsischer Mode von sp^2-Kohlenstoff ist, der keine Störung der Idealstruktur benötigt. Mit der Bezeichnung D* soll dagegen verdeutlicht werden, dass der Peak ein Oberton der D-Mode ist [102]. Bei der G'-Mode handelt sich um eine Atmungsschwingung der Hexagone im Kohlenstoff-Gitter [103], die bei allen sp^2-graphitischen Materialien auftritt [104; 105], auch bei defektfreien Materialien, die keine D-Mode zeigen.

Die Frequenz von G' ($\omega_{G'}$) liegt bei ~2 · ω_D [94; 103; 106] und verschiebt sich gleichermaßen wie die Frequenz der D-Mode linear abhängig von der Anregungsenergie [102; 104; 107] oder auch von Kompression bzw. Dehnung der SWCNTs [106]. Aus dem Verhältnis $\omega_{G'}/\omega_D$ kann nach [106] eine Aussage über den elektronischen Typ der CNTs abgeleitet werden, für metallische SWCNTs ist $\omega_{G'}/\omega_D$ minimal größer als 2, bei halbleitenden minimal kleiner 2.

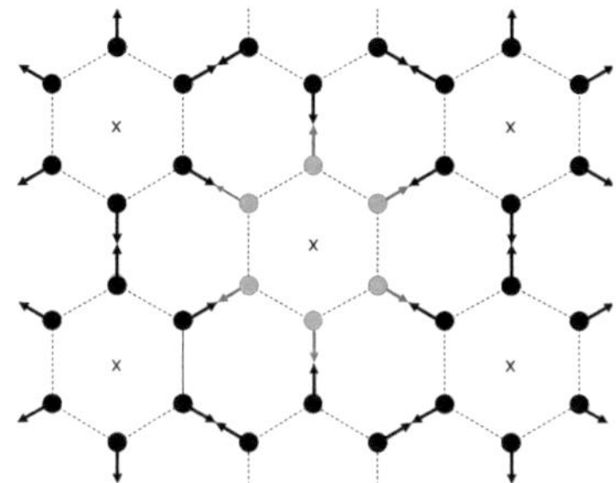

Abb. 1.28: Schematische Darstellung der atomaren Bewegungen (Pfeile) der Atome um die Hexagon-Zentren (mit x markiert) in der Graphen-Schicht (G'-Peak). (nach [103])

Die Intensität von G' ist immer wesentlich größer als die Intensität von D [104], da D nur bei Brüchen in der translatorischen Symmetrie auftritt. Änderungen der Intensität von G' werden in der Literatur für SWCNTs kaum diskutiert, es ist jedoch plausibel, dass sich bei Störungen der Hexagonstruktur die Intensität von G' ändert.

In [108] wurde bei Bor-dotierten MWCNTs mit steigender Defektkonzentration ein Absinken der Intensität der G′-Mode beobachtet, mit dem Absinken geht zugleich eine Steigerung des Intensitätsverhältnisses $^{I_D}/_{I_{G'}}$ einher.

XPS

Die Röntgen-Photoelektronenspektroskopie-Messung (engl. X-ray photoelectron spectroscopy - XPS) ist eines der am häuftigsten verwendeten Verfahren zur Oberflächenanalyse, durch das die quantitative Zusammensetzung oberflächennaher Schichten für alle Elemente mit Ausnahme von Wasserstoff und Helium bestimmt werden kann. Zudem können Informationen über Bindungszustände der Atome erhalten werden, daher wird das Verfahren zum Nachweis von Oberflächenreaktionen wie z.B. Oxidation eingesetzt.

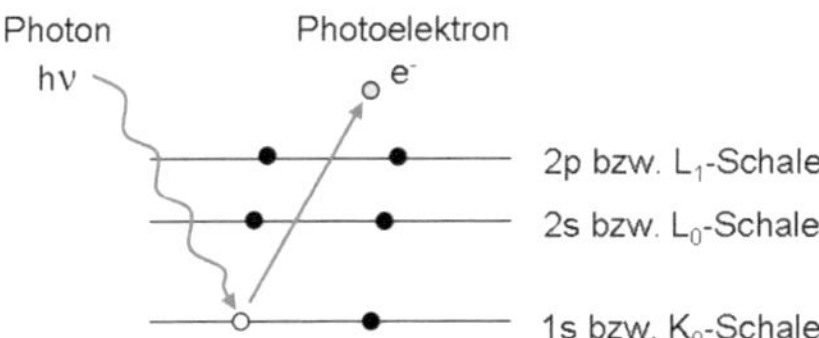

Abb. 1.29: Skizze des XPS-Prozesses: ein Photon verursacht die Aussendung eines Photoelektrons aus der 1s-Schale eines Atoms.

Durch die Röntgen-Bestrahlung der Probe erfolgt eine Emission von Photoelektronen aus kernnahen Bereichen der angeregten Atome (Abb. 1.29). Die in den Spektren dargestellte Bindungsenergie (BE) der emittierten Photoelektronen ergibt sich aus der Differenz der Photonenenergie hν der Röntgenstrahlung und der kinetischen Energie E_{kin} der emittierten Elektronen:

$$BE = h\nu - E_{kin}$$

Die Spektren sind ein Hinweis auf den Ursprungsort der Elektronen: C1s bedeutet, dass die Elektronen aus dem 1s-Orbital von Kohlenstoffatomen stammen.

1.2.2 Stand der Technik - pH

1.2.2.1 Grundlagen - pH-Wert

Der pH-Wert dient zur Messung der Azidität der Lösung, die durch die Aktivität[5] der Wasserstoffionen bestimmt wird. Der pH-Wert gibt somit an, ob es sich um eine neutrale, saure oder basische Lösung handelt. Dabei gilt ein Stoff, der fähig ist, ein Proton abzugeben bzw. aufzunehmen, nach Brønsted als Säure bzw. als Base. Die Wasserstoffionen liegen in wässriger Form stets in hydratisiertem Zustand als H_3O^+ vor. Die Anlagerung des Wassers an das H^+-Proton ist dabei jedoch keine dauernde Verbindung, vielmehr muss ein fortwährender, außerordentlich rascher Austausch der H_2O-Moleküle angenommen werden. H_3O^+ soll im Folgenden daher kurz als Wasserstoffionen H^+ bezeichnet werden [109].

Der pH-Wert wird durch den negativen dekadischen Logarithmus der Wasserstoffionenaktivität definiert.

$$pH = -\log \left[H^+ \right]$$

Aus dem Ionenprodukt des Wassers ergibt sich nach logarithmischer Umwandlung die konstante Summe von pH und pOH [110].

$$\left[H^+ \right] \cdot \left[OH^- \right] = 10^{-14} \text{mol}^2 / \text{l}^2$$
$$pH + pOH = 14$$

Bei Flüssigkeiten mit pH 7 stehen die H^+- und OH^--Ionen im Gleichgewicht, sie werden als neutral bezeichnet. Basen enthalten einen Überschuss an Hydroxidionen und haben daher pH-Werte größer 7, Säuren enthalten einen Überschuss an Wasserstoffionen und haben daher pH-Werte kleiner 7 [111].

Standardlösungen, die zur Kalibrierung und zum Justieren von pH-Messsystemen eingesetzt werden, müssen ihren pH-Wert auch im Falle kleiner Verunreinigungen durch Säuren oder Basen konstant halten. Diese Eigenschaft haben so genannte Pufferlösungen. Typische Puffer sind Mischungen einer schwachen Säure mit einem

---

[5]Die Aktivität ist die wirksame Konzentration der gelösten Teilchen in einer Lösung. Die Aktivität ist stets kleiner als die Konzentration ($a = f_a \cdot c$). Ursache dafür ist, dass nur bei einer idealen, d.h. unendlich verdünnten Lösung die gelösten Teile einander nicht beeinflussen. Bei einer realen Lösung sind die gelösten Teilchen nicht mehr völlig frei beweglich, dadurch werden geringere Konzentrationen vorgetäuscht. Deshalb sind stets die Aktivitäten, nicht die Konzentrationen zu betrachten.

Salz, welches die Säure mit einer starken Base bildet, oder aus einer schwachen Base mit einem Salz, welches die Base mit einer starken Säure bildet. Die Wirkung des Puffers beruht auf der Umsetzung der durch die verunreinigende Säure (bzw. Base) zugeführten H_3O^+ (bzw. OH^-) durch die Puffersubstanz. Sie reagieren zu der entsprechenden korrespondierenden bzw. konjugierten Säure oder Base des Puffers. Die Säuren und korrespondierenden Basen eines Puffers liegen im Gleichgewicht. Durch Verdünnen durch Zugabe von Wasser wird daher nur die Konzentration des Puffers gesenkt, nicht jedoch der pH-Wert verändert. Allerdings ist die Pufferkapazität größer, je höher die Konzentration ist.

1.2.2.2 Konventionelle pH-Messmethoden

Die konventionelle pH-Messung umfasst eine Vielzahl von verschiedenen Messmethoden; von der Messung mit Glaselektroden oder ISFETs bis zur Messung von pH-abhängigen Redox-Reaktionen oder optischen Methoden mittels Farbindikatoren oder Optroden. Im Folgenden soll nun die colorimetrische Messung sowie die elektrochemische Messung mittels Glaselektrode bzw. ISFET kurz erläutert werden. Auf die Beschreibung anderer Messprinzipien wird hier verzichtet, da sie sich entweder bis heute nicht durchsetzen konnten oder für die vorliegende Arbeit von geringer Bedeutung sind. Weiterführende Informationen finden sich in [111].

Colorimetrische pH-Bestimmung

Colorimetrische Methoden nutzen pH-abhängige Farbumschläge von so genannten Farbindikatoren. Indikatoren sind organische Säuren, deren Farbänderung durch Einwirkung von Säuren oder Basen auf einer Umlagerung des Moleküls beim Aufnehmen oder Abspalten von Wasserstoffionen beruht [111, S.201]. Die Indikatoren wechseln bei einem bestimmten pH-Wert zumeist schlagartig ihre Farbe. So genannte Universalindikatoren werden durch Mischung von Indikatoren mit unterschiedlichen Umschlagsbereichen erhalten. Sie wechseln deshalb bei definierten pH-Werten die Farben. Farbindikatoren sind als Flüssigindikatoren wie auch als Indikatorpapier oder pH-Teststreifen erhältlich. Der pH-Wert wird durch visuellen Vergleich der Verfärbung mit einer Farbskala abgeschätzt.

Die colorimetrischen Messmethoden haben gegenüber den potentiometrischen Methoden heutzutage an Bedeutung verloren. Sie werden dennoch weiterhin eingesetzt, da sie billig und schnell durchzuführen sind. Die Genauigkeit reicht jedoch nur zu einer groben Überprüfung [112]. Zudem muss beim Einsatz von Flüssigindikatoren eine Probe aus dem System entnommen werden, da die Probe durch die Zugabe des Indikators verunreinigt wird.

pH-Glaselektrode

Bisher ist die am häufigsten eingesetzte Sensorvariante zur Messung des pH-Wertes die konventionelle Glaselektrode. Prinzipiell sind zum Aufbau der Messkette zwei Elektroden notwendig, die Messelektrode und die Referenzelektrode. Dabei sind die beiden Elektroden üblicherweise wie in Abb. 1.30 in einer so genannten Einstabmesskette zusammengefasst. Die eigentliche Messelektrode, z.B. ein mit Silberchlorid beschichteter Silberdraht, befindet sich in einer KCl-Pufferlösung, deren pH-Wert bekannt und konstant ist. Die Pufferlösung steht durch eine 150 - 500 μm dicke Glasmembran in Verbindung mit der Messlösung.

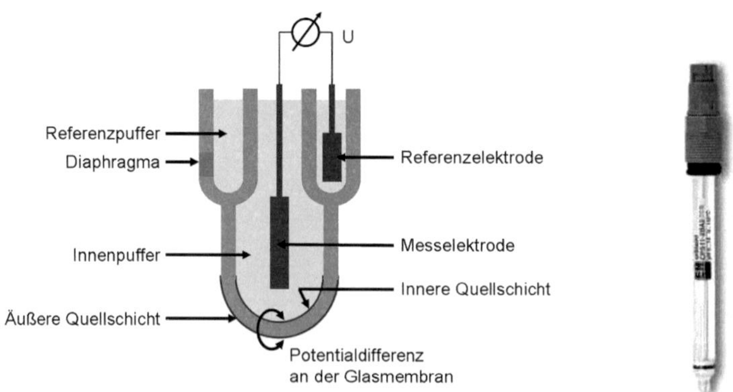

Abb. 1.30: Schematische Darstellung einer Glaselektrode in einer Ausführung als Einstabmesszelle (a). Aus der Potentialdifferenz, die sich zwischen der inneren und äußeren Quellschicht während einer Messung ergibt, wird auf den pH-Wert des zu messenden Mediums geschlossen. (b) Aufnahme einer Glaselektrode der Firma Endress+Hauser.

Die Membranen bestehen aus speziellen pH-Gläsern, zumeist natrium- oder lithiumreiche Silikatgläser[6], denen je nach Hersteller verschiedene Anteile an Alkalimetalloxiden beigefügt werden.

Die Glasmembran quillt bei Kontakt mit wässrigen Lösungen an der Oberfläche auf. In die etwa 0,1 - 0,5 μm dicke Quellschicht können die Wasserstoffionen einer Messlösung mit niedrigem pH-Wert eindiffundieren, während bei einem hohen pH-Wert die äußere Quellschicht an Wasserstoffionen verarmt. Auf der Innenseite der Glasmembran bildet sich ebenfalls eine Quellschicht aus, wobei die Wasserstoffionenkonzentration wegen der Pufferlösung im Innern der Glaselektrode konstant bleibt. Somit resultiert aus der Menge der in die Membran eindiffundierten Wasserstoffionen die dem pH-Wert proportionale Potentialdifferenz zwischen innerer und äußerer Quellschicht. Da die Glasmembran das sensitive Element der Glaselektrode darstellt, ist das Glas [113] ausschlaggebend für die pH-Sensitivität.

Die Referenzelektrode, z.B. ein mit Silberchlorid beschichteter Silberdraht wie die Messelektrode in einer konstanten Pufferlösung, steht über ein Diaphragma in elektrischem Kontakt mit der Messlösung. Somit ergibt sich die elektrochemische Reihe der Messkette:

Messelektrode | Puffer | Glasmembran | Messlösung | Diaphragma | Puffer | Referenzelektrode

Die gesamte elektrochemische Reihe besteht aus mehreren Einzelpotentialen. Gemessen wird die Spannung zwischen den beiden Elektroden, die der Potentialdifferenz an der Glasmembran entspricht. Die Nernst-Gleichung beschreibt die Konzentrationsabhängigkeit der Spannung:

$$V = V_0 + \frac{RT}{qF} \cdot ln[H^+]$$

mit V_0 als Spannung bei pH 7. Der ideale Steilheitsfaktor ergibt sich aus der universellen Gaskonstante R, der Temperatur T in Kelvin, der Ionenladung q = 1 bei H^+ und der Faraday Konstante F bei Raumtemperatur zu 0,059 V.

---

[6]Die Elektrodenfunktion wird entscheidend von der Glaszusammensetzung bestimmt, daher ist die Glaszusammensetzung „das Geheimnis" der Elektrodenhersteller. Die berühmtesten Glaser sind Jenaer Glas oder Alumo-Boro-Silikatgläser (B_2O_3, Al_2O_3 , BaO), Thüringer Glas (Na_2O, Ka_2O, CaO) und vor allem MacInnes-Glas, von Corning unter der Bezeichnung 015 hergestellt (CaO, Na_2O, teilweise wurde Na_2O durch Li_2O ersetzt) [109, S. 126].

Der reale Steilheitsfaktor ist materialabhängig und kann beispielsweise herstellungs- oder temperaturbedingt variieren. Er muss daher vor der Verwendung kalibriert werden, liegt jedoch immer nahe 0,059 V. Je näher die Steigung der U(pH)-Messkurve eines pH-Sensors dem idealen Steilheitsfaktor kommt, desto besser ist das verwandte Material.

Die Glaselektrode ist zwar durch langjährige Optimierung extrem selektiv und wenig querempfindlich verglichen mit anderen pH-Messmethoden, aufgrund ihrer Größe in Prozessen, die Messungen in kleinen Volumina erfordern, jedoch nicht einsetzbar [111].

Ionenselektive Feldeffekt-Transistoren

Ionenselektive Feldeffekt-Transistoren (ISFETs) wurden 1970 zum ersten Mal von Bergveld vorgestellt, der die ISFETs als Kombination der Prinzipien von MOSFET und pH-Glaselektrode beschrieb [114].

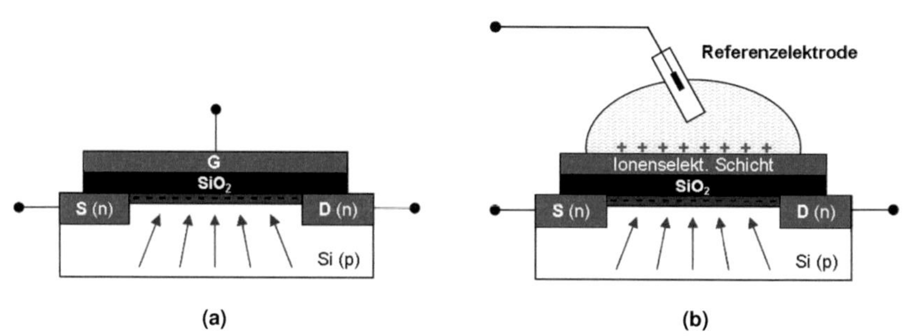

Abb. 1.31: (a) MOSFET, (b) ISFET nach [115].

An Stelle der Gate-Elektrode des MOSFETs (Abb. 1.31a) wird eine ionenselektive Schicht (Abb. 1.31b) aufgebracht, die direkt mit dem zu messenden Elektrolyten in Kontakt gebracht wird. Durch Yates [116] wurde ein Modell der Vorgänge an der Grenzfläche der selektiven Schicht, meist Oxiden, zum Elektrolyt beschrieben. Demnach besitzt das Oxid auf der Oberfläche amphotere Hydroxyl-Gruppen, die abhängig von dem pH-Wert des Elektrolyten neutral, protoniert (positiv geladen) oder deprotoniert (negativ geladen) sind. Die so erzeugte, von der Ionenaktivität des Elektrolyten abhängige Oberflächenladung bewirkt analog zu einer metallischen Gate-Elektrode eine Leitfähigkeitsänderung im Halbleiter.

Die Potentialkette lautet hier:

Source | Isolator | ionenselektive Schicht | Messlösung | Diaphragma | Puffer | Referenzelektrode

Bergveld ging zunächst davon aus, auf die Referenzelektrode verzichten zu können, und den FET nur aufgrund des elektrischen Potentials an der Oxid-Elektrolyt-Grenzfläche zu schalten. Allerdings hat sich im Lauf der weiteren Forschung herauskristallisiert, dass der Einsatz einer Referenzelektrode mit konstantem elektrochemischen Potential notwendig ist. Das Potential der zu messenden H^+-Ionen an der ionenselektiven Schicht wird von dem Potential der Flüssigkeit überlagert, während das Potential am Diaphragma nur von dem elektrochemischen Potential der Lösung abhängt. Daher kann durch den Einsatz einer Referenzelektrode der Einfluss des elektrochemischen Potentials der Messlösung aus dem Ergebnis eliminiert werden.

Sensitivität und Selektivität eines ISFETs hängen von der ionenselektiven Isolatorschicht ab. Als erste ionenselektive Beschichtung für pH-Messungen wurde SiO_2 eingesetzt, inzwischen ist jedoch bekannt, dass die sensorischen Eigenschaften von Al_2O_3 und Si_3N_4, vor allem aber von Ta_2O_5-Membranen deutlich überlegen sind [117]. Die meisten Arbeiten über ISFETs beziehen sich auf diese drei Schichten, wobei jedes der Materialien seine eigenen Vor- und Nachteile besitzt [118].

Obwohl SiO_2 eine gewisse pH-Sensitivität zeigt, ist die Antwort nicht-linear und geringer als die erwartete Nernstsche Steilheit. Zudem besitzt SiO_2 keine gute ionen-blockierende Materialeigenschaft, eine Eigenschaft, die für die hohe Drift und die hohe Natrium-Querempfindlichkeit verantwortlich ist. Die pH-Sensitivität von Si_3N_4 ist zwar besser als die von SiO_2, zusätzlich zeigt Si_3N_4 vor allem sehr gute isolierende Eigenschaften, allerdings fällt die pH-Sensitivität mit der Zeit ab, was auf die Transformation von Si_3N_4 in Oxinitrid beruht. Al_2O_3 zeigt bei optimalen Herstellungsparametern eine hohe pH-Sensitivität und ein sehr geringes Driftverhalten. Ein fast Nernstscher Steilheitsfaktor bei geringer Drift wurde mit

Ta$_2$O$_5$ erreicht [117; 119]. Allerdings treten an Ta$_2$O$_5$ nicht zu unterschätzende Effekte durch Photosensitivität auf [120].

Abhängig von den ionenselektiven Schichten können ISFETs nicht nur für pH-Messungen, sondern auch für Konzentrationsmessungen anderer Ionen oder Biomoleküle eingesetzt werden.

1.2.3 Stand der Forschung - pH-Messung auf Basis von CNTs

Jedes Atom einer SWCNT ist Teil der Oberfläche und damit in Kontakt mit dem umgebenden Medium. Die Elektronenzustände der gesamten CNT reagieren somit hoch sensitiv auf Ladungsänderungen in der Umgebung [121], deshalb und aufgrund der hohen Ladungsträgermobilität [24; 25; 85] wird von einem großen Anwendungspotential der Nanoröhren für die Sensorik ausgegangen.

Nur wenige Veröffentlichungen beschreiben explizit einen pH-Sensor auf Basis von CNTs [9; 67; 122–126]. Dafür gibt es mehrere Publikationen, die einen beobachteten Effekt an der verwendeten Funktionalisierung beschreiben oder Gas- [127–132] oder Biomolekül-Sensoren [35; 133; 134], aus denen sich geeignete Messgeometrien ableiten lassen. Die veröffentlichten Messprinzipien lassen sich in optische [36; 135–139] und elektrochemische Messmethoden [9; 35; 67; 122; 123; 125] unterteilen.

1.2.3.1 pH-abhängige optische Messungen an CNTs

Bei steigender Protonierung wurde an SWCNTs in Lösung, die entweder mit Carboxylgruppen oder Tensiden funktionalisiert sind, ein Absinken der Absorptionsintensität der ersten van-Hove-Singularität [36; 135] beobachtet, ebenso eine Reduktion der Ramanstreuung [36] und ein Unterdrücken der Fluoreszenzemission [36; 137; 138]. Die Erhöhung des pH-Wertes einer SWCNT-Suspension führt zu Reaktionen der H$^+$-Ionen mit Defektgruppen und den Seitenwänden, wodurch Valenzelektronen lokalisiert werden.

Die Sensitivität und Selektivität kann durch eine spezielle Funktionalisierung verstärkt werden, beispielsweise durch DNA-Einzelstränge (ss-DNA, engl. single-stranded DNA) [139]. Die Reaktionen funktionalisierter CNTs werden hauptsächlich durch die Funktionalisierung bestimmt.

Die optischen pH-Messungen mit CNTs lassen sich mit den konventionellen colorimetrischen pH-Messmethoden vergleichen, für die aus dem Prozess jeweils Proben entnommen werden müssen. Die Indikatorlösung, deren Rolle hier die CNTs übernehmen würden, verbleibt nach der Messung im Messmedium und muss mit der Probe entsorgt werden. Die optischen Verfahren weisen außerdem den Nachteil auf, dass sich die Nanoröhren frei und ohne Trägerstruktur in dem zu messenden Medium bewegen und nicht direkt handhabbar sind. Die optischen Verfahren erfüllen daher nicht den Wunsch nach einer reversibel arbeitenden Sensoranordnung.

1.2.3.2 Elektrische pH-Messung auf CNT-Basis

Es wurden bereits einige elektrochemische Konzepte zur pH-Messung mit CNTs veröffentlicht, wie z.B. RedOx-Potentialmessungen an einer mit SWCNTs und Enzymen besetzten Glaskohlenstoff-Elektrode (engl. glassy carbon) [125] oder Änderungen des elektrischen Widerstands durch aufgesprühte SWCNT-Netzwerke [122]. Meist basieren die elektrochemischen Sensoren jedoch auf einem FET-Aufbau, wie er bereits vorgestellt wurde. Dabei sind die CNTs mit Enzymen [35], Polymeren [9; 67] oder Carboxylgruppen [67; 123] funktionalisiert. Statt eines Backgates wird ein so genanntes Liquid-Gate in Form einer sich in der Messlösung befindenden konventionellen Referenzelektrode [140] realisiert. Ein elektrochemisch messender CNT-FET-Sensor mit entsprechender Funktionalisierung ist somit in seinem Aufbau den konventionellen ISFETs sehr ähnlich, wobei die Funktionalisierung der CNT der ionensensitiven Schicht des ISFETs entspricht.

Unabhängig von dem Messprinzip des Sensors ist die Funktionalisierung der Kohlenstoffnanoröhren ausschlaggebend für das Leistungsverhalten. Sensitivität, Selektivität, Empfindlichkeit gegenüber Quereinflüssen, Temperaturempfindlichkeit, Langzeitstabilität und Drift hängen hauptsächlich von der Funktionalisierung ab. Zwar ist auch mit nicht-funktionalisierten bzw. nicht-beschichteten Kohlenstoffnanoröhren eine Messung der Ionenstärke einer Messlösung möglich, eine Art Filterfunktion, wie sie z.B. von der Quellschicht einer Glaselektrode gewährleistet wird, erhöht die Selektivität jedoch entscheidend.

1.3 Zielsetzung der Arbeit

Ziel der vorliegenden Arbeit ist die Entwicklung eines Konzeptes zur Ionendetektion in Flüssigkeiten, speziell der pH-Messung, mit Hilfe von Kohlenstoffnanoröhren. Dazu wird eine Prozesskette vorgestellt, die eine möglichst einfache, reproduzierbare Herstellung solcher Sensoren ermöglichen soll. Mit Hilfe der entwickelten Prozesskette sollen Modellsensoren realisiert und anschließend in einem geeigneten Messaufbau getestet und charakterisiert werden. Das Gesamtziel der Arbeit lässt sich daher wie folgt untergliedern:

- Entwicklung eines Konzeptes für einen pH-Sensor auf Basis von Kohlenstoffnanoröhren

- Entwurf und Realisierung einer Prozesskette zur Herstellung von Modellsensoren

- Integration der Modellsensoren in einen Messaufbau und Charakterisierung der Modellsensoren

Es wird dazu in Kapitel 2 ein neuer Aufbau für einen pH-Sensor auf Basis von CNTs entwickelt, der reversibel arbeiten soll und Quereinflüsse soweit wie möglich ausschließt. Reversibilität ist eine wesentliche Voraussetzung für eine Sensoranwendung, damit der pH-Wert geändert werden kann, ohne dass die Nanoröhren oder ihre Funktionalisierung bleibende Beeinflussung erfahren. In der vorliegenden Arbeit wird daher grundsätzlich von der Notwendigkeit ausgegangen, die CNTs vom Analyten zu isolieren und die CNTs dadurch einerseits zu schützen und andererseits an dieser Stelle selektive Eigenschaften einzubringen. Es werden zwei Systemvarianten zum Einbringen der Selektivität gegenüber H^+-Ionen und der Isolierung der CNTs vom Analyten vorgestellt.

Das Konzept wurde auch unter dem Anspruch entwickelt, für die Herstellung einfache, soweit möglich Standardprozesse zu nutzen. Im Kapitel 3 werden die einzelnen Prozesse untersucht und wenn nötig angepasst. Für die Analyse und Bewertung der Prozessschritte kamen spektroskopische Analysemethoden wie Raman, XPS, REM und AFM zum Einsatz. Anschließend wird der Prozessablauf anhand der praktischen Untersuchungen festgelegt.

In Kapitel 4 werden der Liquid-Gate-Testaufbau sowie die ermittelten Belastungsfaktoren auf die elektrochemischen Messungen dargestellt und anhand der erhaltenen Erkenntnisse Messprotokolle festgelegt.

In Kapitel 5 werden die Ergebnisse der elektrochemischen Messungen mit Standardpuffern vorgestellt und der Funktionsnachweis für das Sensorkonzept erbracht.

Kapitel 6 fasst schließlich die wesentlichen Ergebnisse der Arbeit zusammen und gibt einen Ausblick für weitere Arbeiten.

2 Neues Konzept für den Einsatz von CNTs für die pH-Sensorik

Wie in Abschnitt 1.2.3.1 erläutert, ist die optische Messung für einen CNT-Sensor im Rahmen der derzeit zur Verfügung stehenden Technologien nicht geeignet. Entweder müssen für solche Messungen dem zu analysierenden Medium eines Prozesses Proben entnommen werden, um diese auszuwerten, wodurch eine kontinuierliche Prozessüberwachung nicht möglich ist. Oder im Falle von auf transparenten Substraten fixierten CNTs müssen die optischen Komponenten zur Auswertung so weit miniaturisiert werden, dass weder der große Vorteil des Nanomaßstabs der CNTs aufgehoben wird noch der Sensor ähnlich einem pH-Messstreifen je Messung aus dem Medium herausgezogen werden muss.

In den in Abschnitt 1.2.3.2 beschriebenen elektrochemischen Anordnungen sind die CNTs zwar in Messstrukturen integriert, wodurch zumindest die Grundvoraussetzung für reversible Messungen gegeben ist. Jedoch liegen in allen Konzepten außer [9; 67] die Nanoröhren ungeschützt in direktem Kontakt mit den Analyten. Grundsätzlich ist eine Funktionalisierung, welche die CNT vom Messmedium trennt, zu bevorzugen. So kommen allein die pH-sensitiven bzw. -selektiven Eigenschaften der Funktionalisierung zum Tragen, ohne unerwünschte Beeinflussungen der CNTs. Solch unerwünschte Beeinflussungen können zum Beispiel durch vorbeiströmende Medien induzierte elektrische Spannungen in den CNTs [141] sein oder - insbesondere bei auf Carboxylgruppen basierenden Messungen [67; 122; 123] - ungewollte zusätzliche Funktionalisierungen durch oxidative Medien.

Carboxylgruppen weisen zwar eine leicht verständliche pH-Sensitivität auf, allerdings kann sich die Anzahl der Gruppen beim Kontakt mit oxidierenden Medien und damit auch die sensitive Eigenschaft des Aufbaus ändern. Tenside oder Farbstoffe sind für längerfristige Messungen ungeeignet, denn die Funktionalisierung sollte so gewählt werden, dass das Wechseln der Messmedien, was einem wiederholten Umspülen des Sensors mit verschiedenen Medien entspricht, nicht zu einem Auswaschen der Funktionalisierung führt. Biomoleküle sind weder für große pH-Schwankungen noch für hohe Temperaturschwankungen geeignet und reagieren zudem auch auf andere Ionen sensitiv. In wässriger Umgebung quellende Polymere sind zwar oxidationsstabil, jedoch aufgrund des Quellens nicht selektiv. Dagegen verfügen die leitfähigen Polymere zwar über eine hohe Selektivität, sind jedoch sehr oxidationsanfällig.

Die Erfolg versprechendsten Materialien hinsichtlich Selektivität und Haltbarkeit scheinen pH-Gläser oder Keramiken zu sein, wie sie bisher bereits für die konventionelle pH-Sensorik eingesetzt werden. Weder pH-Gläser noch Keramiken wurden bisher für CNT-Sensoren untersucht.

Für das weitere Vorgehen wird ein elektrochemisches Konzept gewählt. Änderungen des pH-Wertes der Messlösung bewirken eine messbare Leitfähigkeitsänderung in den CNTs. Das Konzept wird dabei in das Sensorelement, das die grundsätzliche Funktion sicherstellen muss, und in die Komponenten zur Einbringung von Selektivität gegenüber einer bestimmten Ionensorte, hier dem pH-Wert, bzw. zum Schutz der CNTs vor Umgebungseinflüssen untergliedert. Die grundsätzliche Vorgehensweise des neuen Konzeptes ist in Abb. 2.1 dargestellt.

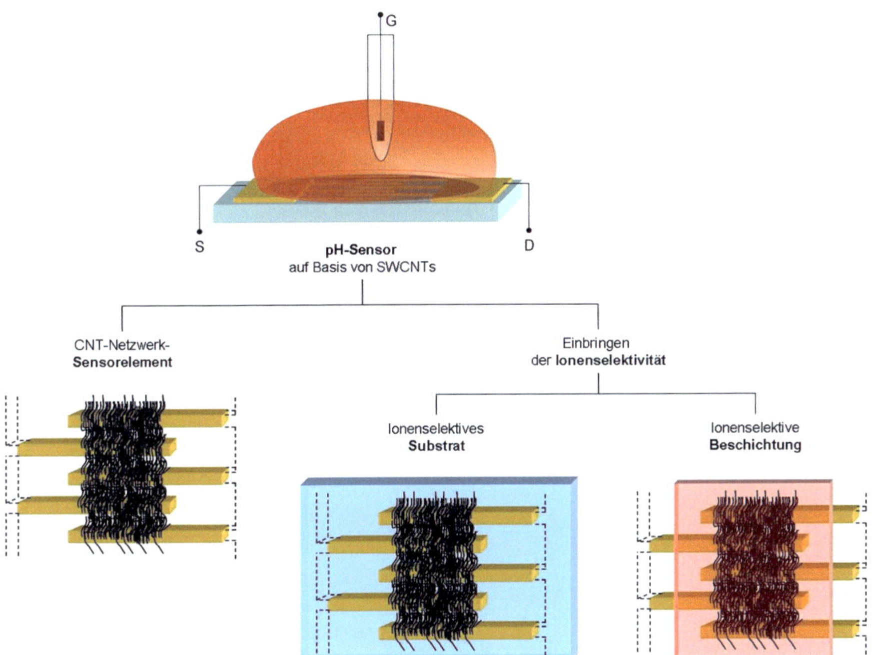

Abb. 2.1: Blockdiagramm des neuen pH-Sensor-Konzeptes basierend auf einwandigen Kohlenstoff-nanoröhren.

2.1 Sensorelement

Das eigentliche Sensorelement besteht aus einer metallischen Elektrodenstruktur und einem CNT-Netzwerk, das die einzelnen Elektroden elektrisch verbindet (Abb. 2.2). Die CNTs können dabei entweder beide Elektroden direkt berühren oder durch Bündelung mehrerer kurzer CNTs den leitenden Kanal formen. Aus Gründen, die in der Prozessentwicklung (Abschnitt 3.2.3) erläutert werden, werden in dem vorliegenden Konzept die CNTs in Form eines papierartigen Netzwerks aus einwandigen Kohlenstoffnanoröhren in den Aufbau integriert. Das CNT-Netzwerk wird über eine Elektrodenstruktur gelegt, die als Interdigitalstruktur ausgeführt sein kann. Das Substrat, auf dem sich die Elektrodenstrukturen befinden, ist entweder selbst isolierend oder durch eine isolierende Schicht elektrisch von den Elektroden und dem Buckypaper getrennt. Das CNT-Netzwerk muss überwiegend halbleitende CNTs beinhalten und stellt den Halbleiterkanal zwischen den Elektroden dar. Zusammen mit einer Gate-Elektrode bilden nun die Elektroden der Interdigitalstruktur, Source und Drain, eine Transistoranordnung. Das Sensorelement wird in Kontakt mit einem zu messenden Analyten gebracht. Die Gate-Elektrode wird durch eine Referenzelektrode im Analyten realisiert.

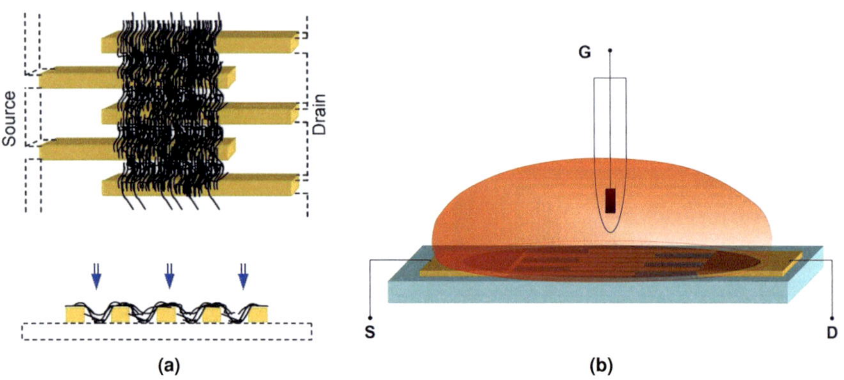

Abb. 2.2: Schematische Darstellung des Sensorelements (a) bestehend aus Elektroden und CNT-Netzwerk und (b) des Sensorelementes in Kontakt mit dem Messmedium. Eine Referenzelektrode dient als Liquid-Gate.

Liegt das Sensorelement in direktem Kontakt mit dem Messmedium, so bildet sich an der Grenzfläche von Buckypaper und Analyt eine elektrolytische Doppelschicht aus. Die Doppelschicht wirkt dabei als Gate-Isolator. Abhängig von den im Analyten vorliegenden Ladungsträgern bildet sich an der Grenzschicht eine Ladung aus, die über einen Feldeffekt die elektronischen Eigenschaften der Kohlenstoffnanoröhren verzerrt und so eine Änderung im Stromfluss durch die Kohlenstoffnanoröhren bewirkt. An Source und Drain wird eine vom Analyten abhängige Änderung des Stromes durch die Kohlenstoffnanoröhren detektiert.

Die elektrolytische Doppelschicht stellt den dünnsten möglichen Gate-Isolator dar. Der von den Ladungen bewirkte Feldeffekt ist hier also am größten. Allerdings sind die Kohlenstoffnanoröhren dem Messmedium direkt ausgesetzt und somit anfällig für oxidierende Medien, Strömungseinflüsse und Quereffekte durch andere im Analyten vorhandene Ionen. Die Anordnung kann daher als ionensensitiv, jedoch nicht als selektiv bezeichnet werden. Sie stellt die Basisanordnung dar, deren Funktionalität Grundlage für weitere Optimierungen oder Spezialisierungen ist.

Reproduzierbarkeit und Eindeutigkeit der Messung sind davon abhängig, inwieweit die Kohlenstoffnanoröhren in direktem Kontakt mit dem Messmedium stehen. Durch Angriff von oxidierenden Medien können einerseits Schädigungen an der Kohlenstoffnanoröhren-Struktur entstehen oder zusätzliche Funktionalisierungen gebildet werden, z.B. COOH-Gruppen. Diese nehmen durch Protonierung bzw. Deprotonierung durch Wasserstoffionen zusätzlich zu einer bewusst aufgebrachten Funktionalisierung unbeabsichtigten Einfluss auf den Messwert. Andererseits können durch Fluidströmungen elektrische Ströme in Kohlenstoffnanoröhren induziert werden [141] und dadurch ebenfalls das Messergebnis verfälschen.

2.2 Einbringen ionenselektiver Eigenschaften

Zum Einbringen von Selektivität gegenüber einem bestimmten Ionentyp im Analyten, hier H^+-Ionen, wurden zwei unterschiedliche Konzeptideen entwickelt. Es kann entweder über den Elektroden und dem Buckypaper eine ionenselektive Beschichtung aufgebracht werden, wobei der Analyt oberhalb der selektiven Beschichtung ist (Abb. 2.4), oder das Substrat selbst besteht aus einem ionenselektiven Material und der Analyt befindet sich unter dem Substrat (Abb. 2.3).

In beiden Fällen werden die Kohlenstoffnanoröhren vor direktem Kontakt mit dem Messmedium geschützt, was die Haltbarkeit und Reversibilität der Anordnung erhöht. Da sich die vorliegende Arbeit speziell mit der Bestimmung des pH-Wertes beschäftigt, werden vor allem Materialien eingesetzt, die aus den technischen Lösungen zur pH-Messung mit ISFETs (Abschnitt 1.2.2.2) bekannt sind.

2.2.1 Ionenselektives Substrat

Wird ein ionenselektives Substrat eingesetzt, so wird der Messaufbau gewissermaßen umgedreht (Abb. 2.3). Der Analyt kommt nicht mit der Kohlenstoffnanoröhren-Seite sondern mit der Substratseite in Kontakt. Hier bildet sich je nach Material, z.B. bei als pH-sensitiv bekannten Oxiden, wiederum eine Oberflächenladung aus. Wird pH-sensitives Glas eingesetzt, so bildet sich an der Grenzfläche zum Analyten eine Quellschicht aus, in die Ladungsträger des Analyten ein- und ausdiffundieren können.

In dem Fall ergibt sich eine zusätzliche Filterwirkung durch die Porengröße der Quellschicht. Gleichzeitig ergibt sich durch das Eindringen der Ionen in die Quellschicht eine Verringerung des Abstands zum Buckypaper, so dass die Wirkung des Feldeffekts vergrößert wird. Eine optionale Beschichtung des Buckypapers auf der dem Analyten abgewandten Seite dient nun einzig zur Erhöhung der Haltbarkeit durch Verkapselung.

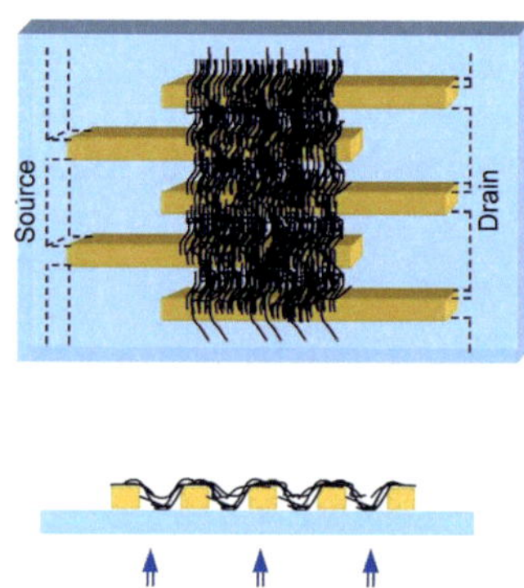

Abb. 2.3: Sensorelement auf selektivem Substrat: Das ionenselektive Substrat steht in Kontakt mit dem Elektrolyt, die Messung erfolgt „von unten".

Da es sich bei pH-Glas um das am intensivsten untersuchte Material für die pH-Messung handelt, scheint diese Konzeptidee zunächst besonders elegant. Es war jedoch im Rahmen der vorliegenden Arbeit nicht möglich, pH-Glas in Form von planen Wafern zu erwerben, die für das lithographische Aufbringen der Elektroden notwendig sind. (Corning015 beispielsweise, ein pH-sensitives Glas für Wafer, wird seit mehreren Jahren nicht mehr produziert. Insgesamt ist das Interesse an planen pH-Gläsern seit den 90-er Jahren stark zurück gegangen.) Es wurden einige Konzepte zur Herstellung von pH-Wafern angedacht, die Entwicklung der Prozesse zur Weiterverarbeitung wäre jedoch äußerst zeitaufwendig gewesen. Zudem sind die Eigenschaften der Quellschicht an gesägten und polierten pH-Glas-Oberflächen voraussichtlich nicht dieselben von geblasenen Kugelmembranen, daher wurden pH-Glas-Wafer im Rahmen der vorliegenden Arbeit nicht weiter betrachtet.

Statt pH-Glas können auch andere aus der pH-Literatur bekannte Materialien als Substrat eingesetzt werden, z.B. Al_2O_3-Substrate. Es hat sich jedoch experimentell erwiesen, dass Al_2O_3-Substrate von 430 μm zu dick sind, um einen Feldeffekt von auf der Außenseite angelagerten Ionen auf CNTs auf der Innenseite des Al_2O_3 zu messen. Für die vorliegende Arbeit wurde daher das Konzept eines Sensorelementes auf einem ionenselektiven Substrat nicht weiter verfolgt. Es wird jedoch weiterhin als lohnend angesehen, sobald plane pH-Gläser von genügend geringer Dicke und definierten pH-Eigenschaften erhältlich sind.

2.2.2 Ionenselektive Beschichtung

Auch eine spezielle Beschichtung über den CNTs und den Elektroden (Abb. 2.4) kann zum Einbringen der Ionenselektivität genutzt werden. Vorteilhaft für den Mess-Effekt ist, dass die Beschichtungsdicken im Nanometer-Bereich und damit weit unter den Dicken von erhältlichen ionenselektiven Substraten liegen. Die Beschichtung kann über Dünnschichttechniken wie z.B. chemische Gasphasenabscheidung (CVD) oder Sputtern aufgebracht werden. In der vorliegenden Arbeit werden sowohl gesputterte Schichten untersucht, als auch Schichten, die über einen einfachen Tauchbeschichtungsprozess aufgebracht wurden.

Als Beschichtung können z.B. Materialien verwendet werden, die aus der ISFET-Literatur bekannt sind. Es handelt sich dabei zumeist um Oxide wie Al_2O_3 oder Ta_2O_5. An Oxidoberflächen befinden sich dissoziierbare Gruppen, die vom pH-Wert abhängig positiv oder negativ geladen sind. Die so ausgebildete

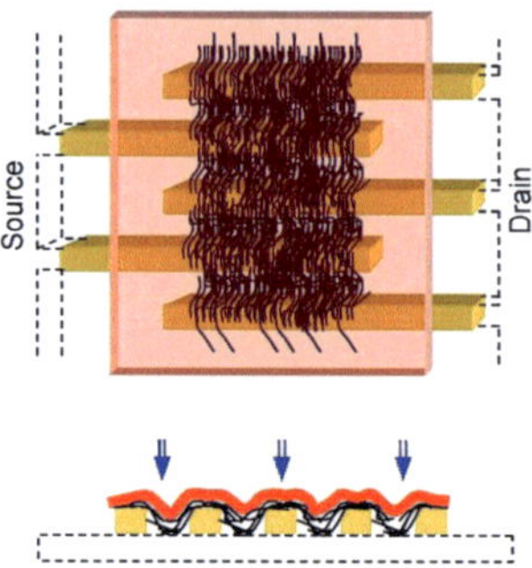

Abb. 2.4: Sensorelement mit selektiver Beschichtung: Die ionenselektive Beschichtung isoliert die CNTs und steht in Kontakt mit dem Elektrolyten.

Oberflächenladung bewirkt durch einen Feldeffekt eine Änderung des Stromes durch die Kohlenstoffnanoröhren.

Zudem sind die Kohlenstoffnanoröhren durch die ionenselektive Beschichtung vor direktem Kontakt mit der Umgebung geschützt und die Haltbarkeit des CNT-Netzwerks und damit des Sensors wird deutlich erhöht. Gleichzeitig werden die CNTs durch die Beschichtung umweltverträglich verkapselt.

3 Entwicklung der Prozesskette

Zum Aufbau von Modellsensoren wurde eine Prozesskette konzipiert, die auf bereits veröffentlichten Einzelprozessen zur Handhabung von CNTs aufgebaut wurde [9; 90; 122; 123; 136; 137; 142–160]. Dabei ist zu beachten, dass viele der publizierten Methoden, obgleich sie ein bestimmtes Problem weitgehend zufriedenstellend lösen, eine oder mehrere Eigenheiten aufweisen, die sich negativ auf die nachfolgenden Prozessschritte auswirken. Zudem muss für eine zusammengestellte neue Prozesskette Aufwand und Nutzen in einem ausgewogenen Verhältnis stehen.

Ausgehend von einem CNT-Rohmaterial in Pulverform, wie es kommerziell erhältlich ist, zeigt Abb. 3.1 den grundsätzlichen Ablaufplan des Prozesses sowohl im Hinblick auf eine möglichst einfache Prozessführung als auch auf gute elektrische Eigenschaften und Kontaktierung.

Kommerzielles CNT-Rohmaterial enthält große Mengen an Verunreinigungen wie amorphen Kohlenstoff, Katalysatorpartikel etc. Daher ist eine Reinigung des Rohmaterials erforderlich (Abschnitt 3.2.2). Für den Reinigungsprozess wird das CNT-Rohmaterial üblicherweise in einem Lösungsmittel oder in einer Tensidlösung suspendiert und individualisiert. Durch Ultrazentrifugation der Suspension setzen sich die Verunreinigungen ab.

Nach bisher bekannten Herstellungsprozessen besteht CNT-Rohmaterial immer aus einer Mischung von Nanoröhren unterschiedlicher Dicke und Chiralität und damit einer Mischung unterschiedlicher elektronischer Eigenschaften. Das Verhältnis von metallischen zu halbleitenden CNTs liegt bei etwa 1:2. Ein Separationsprozess, der die CNTs nach ihren elektronischen Eigenschaften trennt, ist also für elektronische Bauteile essentiell (Abschnitt 3.2.3). Suspensions- und Separationsprozess bedingen sich dabei gegenseitig. Wichtige Parameter sind hier

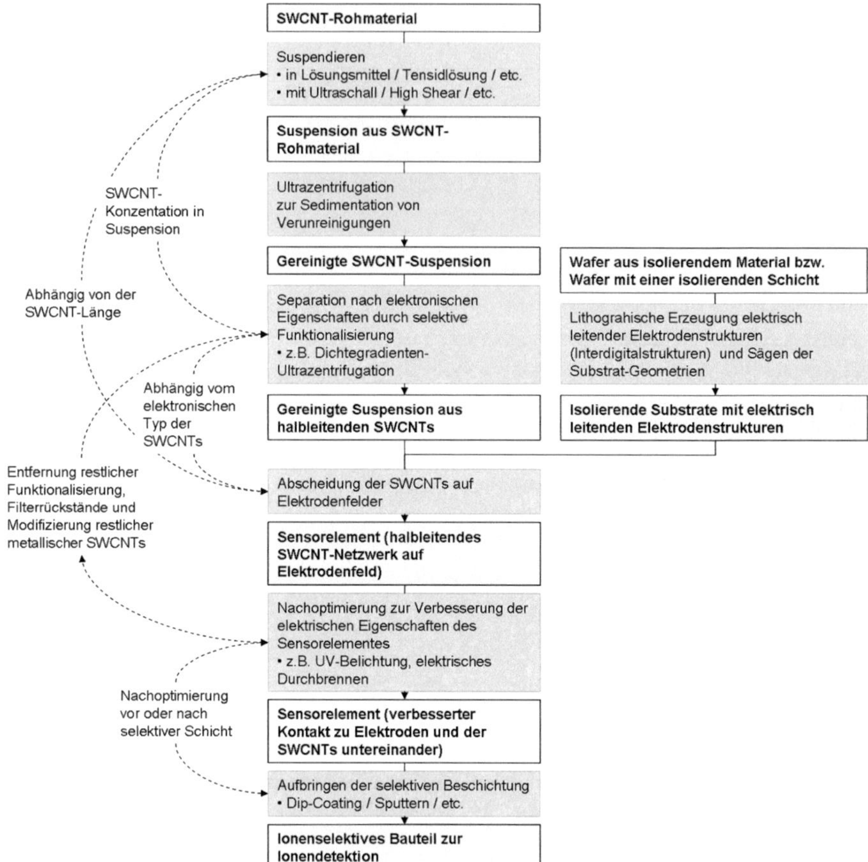

Abb. 3.1: Entwurf der neuen Prozesskette mit Bezug auf die gegenseitige Beeinflussung der Einzelprozesse.

die Länge der CNTs, die Art der Funktionalisierung und Schädigungen der CNTs, die sich aus den Prozessen ergeben und alle folgenden Prozessschritte beeinflussen.

Nach der Separation folgt die Abscheidung der CNTs, um sie in einen bestimmten Aufbau zu integrieren (Abschnitt 3.3.1). Die Art der Abscheidung sowie die sich ergebende Geometrie hängen von den elektronischen Eigenschaften der CNTs, der Methode der Suspendierung sowie der Separation ab.

Nach der Abscheidung müssen Funktionalisierungen, die für die Separation oder Suspendierung notwendig waren, wieder entfernt werden, da sie die elektronischen Eigenschaften des Aufbaus üblicherweise mindern. Zudem können die elektronischen Eigenschaften der CNTs selbst nochmals verbessert werden. Daher ist hier ein geeigneter Nachoptimierungsschritt zu wählen (Abschnitt 3.3.2), der je nach angewandter Methode entweder vor oder nach dem Aufbringen einer selektiven Schicht (Abschnitt 3.4) erfolgen muss. Schließlich folgt die Kontaktierung des Bauteils und der Einbau in die Messumgebung.

In den folgenden Unterkapiteln wird auf die verwendeten Materialien, die einzelnen Prozessschritte sowie auf ihre Auswirkung auf das Ergebnis bzw. auf folgende Prozessschritte genauer eingegangen und aus den theoretischen Betrachtungen und experimentellen Ergebnissen der Prozessablauf (Abschnitt 3.5) festgelegt.

3.1 Substrat

Das Substrat, auf dem die Modellsensoren aufgebaut werden sollen, besteht aus einem Saphir-Substrat (Al_2O_3) mit Interdigitalstrukturen aus Gold. Al_2O_3 wurde aus mehreren Gründen als Substrat gewählt. Zum einen aufgrund der Konzeptidee, das Sensorelement auf einem ionenselektiven Substrat aufzubauen, zum anderen, weil Leckströme, wie sie bei Siliziumchips wegen zu dünner oder schadhafter Siliziumoxid-Schicht auftreten können, ausgeschlossen sind.

Die Al_2O_3-Einkristall-Wafer mit einer Dicke von 500 μm wurden von MTI Corporation, VA, USA bezogen und beim Institut für Mikrotechnik Mainz GmbH (IMM) mit den Elektrodenstrukturen versehen (Abb. 3.2a). Dazu wurde als Haftvermittler eine 10 nm dicke Titan-Schicht aufgebracht und darüber 300 nm Gold als eigentliches Elektrodenmaterial aufgedampft. Per Lithographie und Lift-Off-Prozess wurden die Interdigitalstrukturen realisiert. Aus jedem Wafer wurden 20 Substrate erzeugt, auf jedem Substrat befinden sich vier Interdigital-Elektroden (Abb. 3.2b) mit je 3, 4, 5 und 6 μm Elektrodenabstand (E3 - E6). Es wurden hauptsächlich mit den Elektrodenfeldern mit 4 μm Abstand Untersuchungen durchgeführt (Abb. 3.2c), ein Vergleich der Ergebnisse für verschiedene Elektrodenabstände konnte im Rahmen der vorliegenden Arbeit aus Zeitgründen nicht durchgeführt werden.

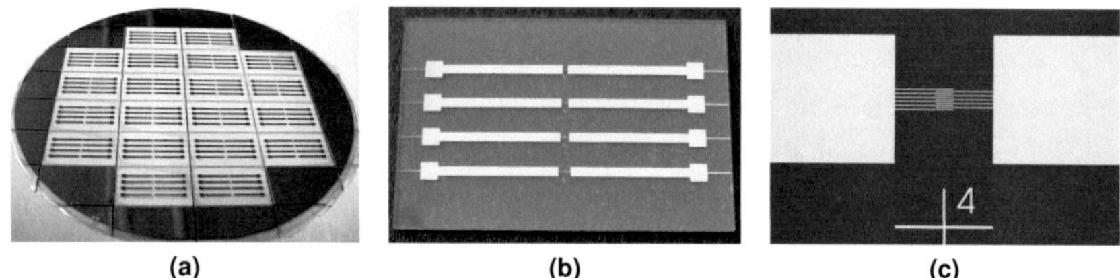

(a)   (b)   (c)

Abb. 3.2: (a) Strukturierter Al_2O_3 -Wafer mit 20 Substraten mit je vier Elektrodenstrukturen, (b) Al_2O_3 -Substrat mit Gold-Elektrodenstrukturen E3 - E6, (c) Elektrodenstruktur E4 mit einem Elektrodenabstand 4 μm.

Einzelne CNTs, die beide Elektroden kontaktieren sollen, müssen mindestens so lang sein wie der Elektrodenabstand, wenn sie senkrecht zu den Interdigital-Elektroden ausgerichtet sind, bzw. wesentlich länger als der Elektrodenabstand, wenn keine Ausrichtung vorliegt. Ausgehend davon, dass in CNT-Material zu einem Drittel metallische CNTs vorliegen, ist die Gefahr eines Kurzschlusses hier sehr hoch.

Sollen die CNTs senkrecht zu den Elektrodenstrukturen ausgerichtet abgeschieden werden, bietet sich die Dielektrophorese (DEP) an. Andererseits steigt hierdurch das Risiko eines Kurzschlusses noch weiter an, da die dielektrophoretische Kraft, die die Abscheidung und Ausrichtung der CNTs bewirkt, auch bei niedrigen Frequenzen für metallische CNTs stärker ist als für halbleitende CNTs [154; 161]. Metallische CNTs werden daher während der DEP generell schneller abgeschieden. Eine Separation der Ausgangssuspension nach elektronischen Eigenschaften ist also zwingend erforderlich. Durch die Separation bzw. die dafür benötigte Ultraschallbehandlung kommt es jedoch zu einer Längenverkürzung der CNTs durch Aufbrechen der C-C-Bindungen.

Sind die CNTs wesentlich kürzer als der Elektrodenabstand, so werden die leitenden Kanäle durch Perkolation, also das Aneinanderlagern der kurzen CNTs aneinander gebildet (Abb. 3.3). Bei einem Anteil von einem Drittel metallischer

CNTs ist dabei die Wahrscheinlichkeit gering, dass es zu einem Kurzschluss kommt, denn ein Kanal aus aneinander liegenden halbleitenden und metallischen CNTs ist insgesamt immer noch halbleitend. Zudem kann ein wesentlich einfacherer Abscheidungsprozess gewählt werden, da eine Ausrichtung der CNTs nicht unbedingt notwendig ist.

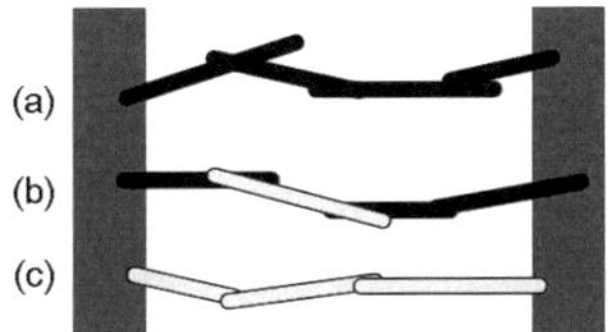

Abb. 3.3: Der elektrische Kanal zwischen den Elektroden wird durch Aneinanderlagerung von CNTs gebildet. Der Kanal kann (a) rein halbleitend sein oder er besteht (b) aus einem Gemisch aus halbleitenden und metallischen CNTs, wobei metallische CNTs die aktive Länge des halbleitenden Kanals verkürzen. Je größer der Anteil an metallischen CNTs ist, desto größer ist die Möglichkeit, (c) einen Kurzschluss zu erzeugen.

Allerdings besteht die sensitive Fläche des Bauteils aus den halbleitenden CNTs, da nur diese auf Änderungen der Elektronenstruktur reagieren. Ein Drittel metallischer CNTs stellt damit eine deutliche Verringerung der sensitiven Fläche dar. Sobald die Anzahl an CNTs zunimmt und das Buckypaper, z.B. aus Gründen der leichteren Handhabung (Abschnitt 3.3.1.3), dicker wird als eine CNT-Lage, steigt zudem auch die Gefahr eines Kurzschlusses wieder. Eine Separation der CNTs nach elektronischen Eigenschaften ist daher weiterhin wünschenswert.

Aufgrund der für die Separation notwendigen Ultraschallbehandlung zur Herstellung einer hochkonzentrierten CNT-Suspension und der dadurch bedingten Verkürzung der CNTs wurde die Integration der Nanoröhren in Form eines CNT-Netzwerkes („Buckypaper") gewählt.

3.2 Ausgangsmaterial

3.2.1 CNT-Rohmaterial

Versuche wurden mit CVD-, CoMoCat- und Bogenentladung-CNT-Rohmaterial durchgeführt. Im Abschnitt 1.2.1.2 wurden die Herstellungsmethoden und die grundsätzlichen Eigenschaften der jeweiligen CNT-Materialien bereits beschrieben. Das CVD- als auch das CoMoCat-CNT-Rohmaterial wurde in Pulverform bezogen und an beiden Materialien wurden Suspendierungs- und Separationsversuche durchgeführt.

Die CVD-CNTs von Chengdu Organic Chemicals Co., Chengdu, China, wurden aufgrund ihrer vergleichsweise hohen Länge von 5 - 30 μm gewählt, sowie wegen des geringen Preises bei vom Hersteller angegebenen 90 % SWCNTs im Material. Während der mit dem CNT-Material durchgeführten Suspensions- und Separationsprozesse zeigte sich jedoch, dass das Material nur schwer suspendiert werden kenn und nach vergleichsweise kurzer Zeit aus der Suspension ausfällt. Für die gewählte Separationsmethode ist es jedoch, wie in Abschnitt 3.2.3.2 erläutert, notwendig, dass eine hochkonzentrierte Suspension vereinzelter SWCNTs vorausgesetzt werden kann. Die Separation konnte keine überzeugenden Ergebnisse liefern, was auf eine starke Verflechtung der CNTs sowie einen hohen Anteil an Verunreinigungen und wahrscheinlich eine hohe Defektdichte zurückgeführt wurde. Die CVD-CNTs von Chengdu wurden daher als ungeeignet eingestuft.

CoMoCat-CNTs von SouthWest NanoTechnologies Inc. (SWeNT), OK, USA, haben nach Herstellerangaben aufgrund des bei der Herstellung eingesetzten Katalysators einen Anteil an (6,5)- bzw. (7,5)-CNTs von circa 50 % der gesamten SWCNT-Menge. Für weitere Separationsexperimente wurden aufgrund des natürlichen hohen Anteils eines Chiralitätstyps deutlich bessere Ergebnisse erwartet. Das konnte in Abschnitt 3.2.3.2 auch nachgewiesen werden.

Allerdings konnte von der Firma NanoIntegris Inc., IL, USA, bereits separiertes Bogenentladung-CNT-Material erworben werden, das aufgrund der dadurch möglichen Zeitersparnis und zur Steigerung der Reproduzierbarkeit für die weiteren Experimente verwendet wurde.

So genannte Super-Growth Nanotubes SGNTs des National Institute of Advanced Industrial Science and Technology (AIST), Tsukuba, Japan, wachsen auf einem Substrat als Nanoröhren-Wald (Abb. 3.4) auf. Der Wasserdampf-unterstützte CVD-Prozess liefert bis zu 2,5 mm hohe CNTs mit einer sehr geringen Defektdichte und einer maximalen Wachstumsgeschwindigkeit von $^1 mm/_{10\ min}$. Im Hinblick auf lange, sowohl Source als auch Drain kontaktierende CNTs wurde das SGNT-Material in Suspensions- und Separationsversuchen untersucht.

Abb. 3.4: Super-Growth Nanotubes von AIST [12].

Tabelle 3.1 fasst die untersuchten CNT-Materialien zusammen und zeigt eine Wertung hinsichtlich der Eignung für den weiteren Einsatz ((-): ungeeignet, (0) grundsätzlich geeignet, jedoch nicht weiterverwendet, (+) gut geeignet).

Bezeichnung	Firma	Herstellung	Weiterverwendung
S1212	Chengdu Organic Chemicals	CVD	-
CoMoCat SWNT	SWeNT	CoMoCat-CVD	0
Super-Growth Nanotubes	AIST	Wasserdampf unterstützte CVD	-
IsoNanotubes-S	NanoIntegris	Bogenentladung	+

Tab. 3.1: Zusammenstellung der untersuchten CNT-Materialien und Eignung zur weiteren Verwendung.

3.2.2 Gereinigte CNT-Suspension

Sowohl die Reinigung als auch spätere Prozessschritte wie Separation oder Integration der CNTs erfordern eine Aufbereitung der CNTs in suspendierter Form. Der Reinigungsprozess kann in zwei Teilprozesse unterteilt werden:

1. Suspendierung des Rohmaterials und

2. Extraktion der Verunreinigungen.

Die Suspendierung besteht dabei aus drei zeitgleich durchgeführten Schritten:

- Vereinzelung der CNTs aus Bündeln,

- Abspaltung von Katalysator- und Fremdpartikeln und

- Stabilisierung der vereinzelten CNTs durch eine Funktionalisierung, z.B. Anlagerung von Tensiden um die CNTs.

Die Vereinzelung kann mechanisch mit Hilfe von Ultraschall oder High-Shear-Mixing erreicht werden. Dabei wird durch Ultraschall eine extrem hohe Konzentration an vereinzelten CNTs in der Suspension erzeugt. Allerdings führt die Ultrabeschallung auch zu einer deutlichen Längenreduzierung der CNTs. Das High-Shear-Mixing [137] stellt eine sanftere Suspendierungsmethode dar, wobei die Längen der vereinzelten CNTs weniger verkürzt werden. Die Ausbeute, d.h. die Konzentration an individualisierten SWCNTs in der Suspension, ist aber ebenfalls um ein Vielfaches geringer. Zumeist wird das High-Shear-Mixing daher durch oxidative Medien unterstützt [162].

Nach der Vereinzelung der CNTs muss eine erneute Bündelung vermieden werden. Das kann z.B. durch Tenside geschehen, die sich sofort nach der Vereinzelung an die CNTs anheften. Bei dem amphiphilen Salz SDS (Natriumdodecylsulfat, engl. sodium dodecyl sulfate), einem der bekanntesten Tenside zur CNT-Suspendierung, haften sich die hydrophoben Gruppen an die CNTs an, während die hydrophilen Gruppen dem Wasser zu gewandt sind. So wird die Suspension stabilisiert. Andere Funktionalisierungen schließen z.B. das Umwickeln mit DNA-Gruppen oder auch kovalente Funktionalisierungen durch Säuregruppen ein. Für die Prozesskette ist es wichtig, die Funktionalisierung nach der Integration der CNTs in den Aufbau wieder entfernen zu können. Zudem soll die Induzierung von Defekten weitgehend vermieden werden. Somit können kovalente Funktionalisierungen ausgeschlossen werden, aber auch Funktionalisierungen, die zwar nicht-kovalent sind, aber auf einem Umwickeln der CNTs beruhen. Die Funktionalisierung spielt auch für die in Abschnitt 3.2.3 beschriebene Separation eine große Rolle und muss davon abhängig gewählt werden.

CNTs können auch durch oxidative Prozesse gereinigt werden wie Gasphasen-Oxidation [145; 146; 163] oder Säurebehandlung [147; 148; 164], oft unterstützt durch Ultraschall oder High-Shear-Mixing. Nachteilig ist dabei, dass auch die Nanoröhren oxidiert und teilweise erheblich geschädigt werden. In [148] wurde gezeigt, dass durch die Oxidationsprozesse der mittlere Durchmesser des CNT-Materials steigt, CNTs mit kleinem Durchmesser werden zerstört. Die eingesetzten Materialien zur Oxidation sind teilweise schwierig zu handhaben und für viele Folgeprozesse ungünstig. Die Entfernung der Säuren an den CNTs kann zwar durch Glühen im Hochvakuum erfolgen [148; 164; 165], nach dem Reinigungsprozess liegen die CNTs jedoch nicht mehr in Suspension vor, was für die Separations- und Abscheidungsprozesse notwendig ist, sondern in gefilterter oder getrockneter Form. Die Reinigung durch oxidative Methoden wurde daher in der vorliegenden Arbeit nicht weiter verfolgt.

Die Extraktion der Verunreinigungen aus der CNT-Suspension geschieht durch Ultrazentrifugation. Verunreinigungen und große Bündel sowie ungenügend mit Tensiden besetztes Material scheidet sich dabei am Boden der Zentrifugenröhren ab. Der Überstand enthält vereinzelte CNTs wie auch kleinere Bündel.

Experimentelle Ergebnisse

Sowohl Ultraschall als auch High-Shear-Mixing in Tensidlösungen wurden für die vorliegende Prozesskette untersucht. In der vorliegenden Arbeit wurde wegen des folgenden Separationsprozesses das Tensid SC (Natriumcholat, engl. sodium cholate) zur Stabilisierung der Suspension gewählt, worauf auf S.73 näher eingegangen wird. Nach der Ultrazentrifugation des ultrabeschallten Materials war der Überstand immer noch tief schwarz, was auf eine sehr große Konzentration von suspendierten CNTs hinweist. Dagegen war bei High-Shear-Mixing-Suspensionen der Überstand kaum sichtbar grau gefärbt.

Die Methode zur Suspendierung sowie die notwendige Funktionalisierung bestimmen maßgeblich die folgenden Prozesse. Dabei muss Konzentration gegen Längenänderung abgewogen werden. Es zeigte sich eindeutig, dass für Prozesse, die eine große Konzentration an CNTs erfordern, wie der nachfolgende Separationsprozess, nur Ultraschall zur Vereinzelung des CNTs in Frage kommt.

Die gewählte Art der Funktionalisierung bestimmt die Suspensionsqualität und die Separation, ebenso werden die späteren elektronischen Eigenschaften der Proben durch die Funktionalisierung beeinflusst. Im Falle von Tensiden, die elektrisch isolierend wirken, kann die Qualität der Kontaktierung durch Spülen deutlich verbessert werden, da die Möglichkeit der Defunktionalisierung gegeben ist.

3.2.3 Separierte CNT-Suspension

CNT-Material enthält circa ein Drittel metallische CNTs, die beim Aufbau von Halbleiter-Bauteilen störend wirken. Das größte Hindernis für das Hochskalieren von Feldeffekt-Transistoren mit einwandigen Nanoröhren ist die Schwierigkeit, rein halbleitende SWCNTs zu gewinnen, um einen elektrischen Kurzschluss durch metallische SWCNTs zu vermeiden [142].

Die bisher veröffentlichten Separationsmethoden lassen sich in zwei Hauptgruppen untergliedern:

- Separationsprozesse an abgeschiedenen CNTs und

- Separationsprozesse in Suspension.

Prozesse an abgeschiedenen CNTs wie selektives Ätzen [144] oder elektrisches Durchbrennen (engl. electrical breakdown) [142; 143] schließen zumeist eine Schädigung aller CNTs unabhängig von ihrer elektronischen Eigenschaft mit ein. Bei einem Anteil von einem Drittel metallischer CNTs, die entfernt oder modifiziert werden sollen, ergibt sich eine beträchtliche Beeinflussung und u. U. Schädigung der in Nachbarschaft abgeschiedenen halbleitenden CNTs. Zudem beziehen die Prozesse sich hauptsächlich auf die CNTs an der Oberfläche eines Aufbaus. Handelt es sich dabei um ein Buckypaper, so wird nur die oberste Lage modifiziert. Aus diesen Gründen wird der Einsatz der Prozesse an abgeschiedenen CNTs nur zur Nachoptimierung eingesetzt und im Abschnitt 3.3.2 behandelt.

Ziel der Separation im vorliegenden Prozess ist es, noch vor der Integration der CNTs in den Aufbau ein CNT-Ausgangsmaterial mit geeigneten elektronischen

Eigenschaften herzustellen. Separationsmethoden in Suspension stellen grundsätzlich die Möglichkeit in Aussicht, Ausgangsmaterialien zu erzeugen, die frei für alle folgenden Prozesse genutzt werden können. Die Separation gilt jedoch bei den meisten beschriebenen Prozessen nur für einen Typ der CNTs.

Die Separationsmethoden in Suspension können weiterhin unterteilt werden in chemische Methoden, die auf einer selektiven Funktionalisierung beruhen [136; 149–152], und in Methoden, die auf der Nutzung der elektrischen Polarisierung oder Oberflächenladung beruhen [153; 155; 156].

Neben dem vorrangigen Ziel, halbleitende SWCNTs zu separieren, soll der gewählte Separationsprozess folgende Anforderungen erfüllen:

- Der Prozess soll

  - skalierbar sein und

  - kompatibel mit SWCNTs aller Längen und jeden Durchmessers.

- Die genutzte Funktionalisierung soll

  - nicht-kovalent und

  - reversibel sein.

- Das separierte Material soll nach der Separation

  - frei nutzbar sein

  - oder direkt in einem geeigneten Aufbau integriert sein.

Im Folgenden sollen zwei Methoden zur Separation in Suspension oder aus der Suspension heraus für den zu entwickelnden Prozess bewertet werden:

1. Dielektrophorese nach [153] und
2. Separation aufgrund selektiver Co-Tensid-Funktionalisierung nach [150].

3.2.3.1 Dielektrophorese

Bei der Dielektrophorese werden in einem bestimmten Frequenzbereich die metallischen SWCNTs auf eine Elektrodenstruktur gezogen, während die halbleitenden abgestoßen werden (Abb. 3.5). Die Separation bezieht sich also auf metallische CNTs, wobei die separierten CNTs auf einem Elektrodenfeld fixiert sind und nicht frei für weitere Prozesse zur Verfügung stehen. Die Umkehrung des Prozesses, also die Anziehung von halbleitenden und Abstoßung von metallischen CNTs ist nicht möglich.

Abb. 3.5: Unterhalb einer bestimmten Übergangsfrequenz ω_c werden sowohl halbleitende als auch metallische CNTs durch die Feldlinien angezogen (a), oberhalb dieser Frequenz werden die halbleitenden CNTs abgestoßen (b), so dass sich rein metallische Kanäle zwischen den Elektroden bilden [154].

Eine zunächst angedachte Möglichkeit war das vollständige Herausziehen metallischer CNTs aus einer Suspension, so dass in der Suspension nur halbleitende CNTs verbleiben. Das ist allerdings auf der einen Seite äußerst zeitaufwendig, denn selbst wenn die Suspension in einem Kreislauf über die Elektrodenstruktur gepumpt wird [166], ist der Bereich, der durch die Feldlinien erreicht wird, extrem gering. Zudem kommt es nach der Abscheidung einer bestimmten Anzahl metallischer CNT-Kanäle zwischen den Elektroden zu einer Sättigung, nach der keine weitere Anlagerung von CNTs mehr erfolgt. Stattdessen werden u. U. die Elektroden verbrannt. Die Separation mittels „dielektrophoretischem Filtern" wird somit als zeitaufwändig angesehen sowohl hinsichtlich der weiteren Entwicklung des Prinzips bis zur Durchführbarkeit als auch in der Durchführung selbst und wird deshalb nicht weiter verfolgt.

3.2.3.2 Separation aufgrund selektiver Funktionalisierung

Separationsprozesse aufgrund selektiver Funktionalisierung sind hier erfolgversprechender. Einige der beschriebenen Methoden führen zu einer selektiven

Funktionalisierung eines CNT-Typs. Durch Ultrazentrifugation oder (Gel-)Elektrophorese erfolgt anschließend die Auftrennung. Die funktionalisierten CNTs bleiben im Falle der Ultrazentrifugation im Überstand, während der Rest sedimentiert. Dabei kommt es vor allem auf die Wahl der Funktionalisierung an, die den Typ des separierten CNT-Materials bestimmt. Auch die folgenden Prozesse und die Handhabung werden durch die Funktionalisierung beeinflusst, beispielsweise dadurch, ob es für spätere Anwendungen notwendig ist, die Funktionalisierung wieder zu entfernen, und ob eine Entfernung der gewählten Funktionalisierung möglich ist. Methoden, die sich auf die Separation von metallischen CNTs beziehen, oder Methoden, die auf kovalenter Funktionalisierung basieren, wurden aus bereits genannten Gründen ausgeschlossen.

Die bisher einzige bekannte Methode zur Aufbereitung von sowohl metallischen als auch halbleitenden CNTs beruht auf einer Typ-abhängigen Funktionalisierung aller CNTs [150]. Das CNT-Rohmaterial wird in einer wässrigen Lösung zweier verschiedener Tensidarten (Co-Tensid-Lösung) suspendiert, wobei sich die Tensidmoleküle abhängig von der Elektronenstruktur der CNTs anlagern. Da die Methode auf der Funktionalisierung mit Tensiden beruht, ist grundsätzlich auch die Möglichkeit zur De-Funktionalisierung gegeben. In einer Dichtegradienten-Ultrazentrifugation (DGU) werden die CNTs in metallische und halbleitende Fraktionen aufgespalten (Abb. 3.6).

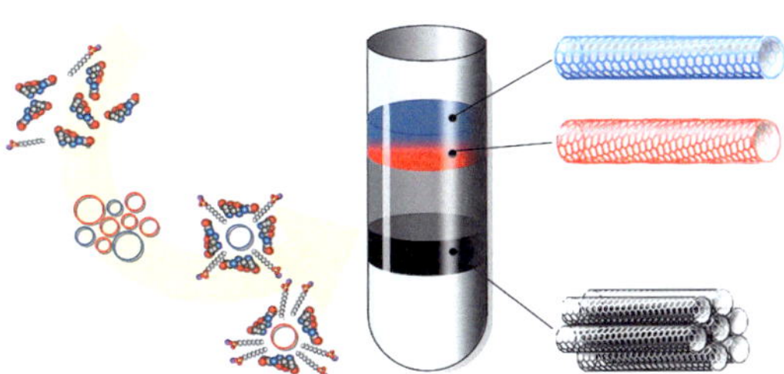

Abb. 3.6: Prinzip der durch Co-Tensid-Funktionalisierung bedingten Dichteaufspaltung per DGU.

Gelöste Makromoleküle werden in einer Ultrazentrifuge anhand ihrer Sedimentationsgeschwindigkeit unter dem Einfluss starker Zentrifugalkräfte sortiert

(Abb. 3.7). Die Moleküle sedimentieren mit unterschiedlicher Geschwindigkeit im Lösungsmittel, solange die Dichte der Probe größer ist als die Dichte des Lösungsmittels, und zwar umso schneller, je größer der Dichteunterschied der CNTs zum umgebenden Medium ist. Das Trennprinzip beruht darauf, dass die Teilchen im Schwebezustand verharren, wenn ihre Dichte mit der des umgebenden Mediums übereinstimmt [167].

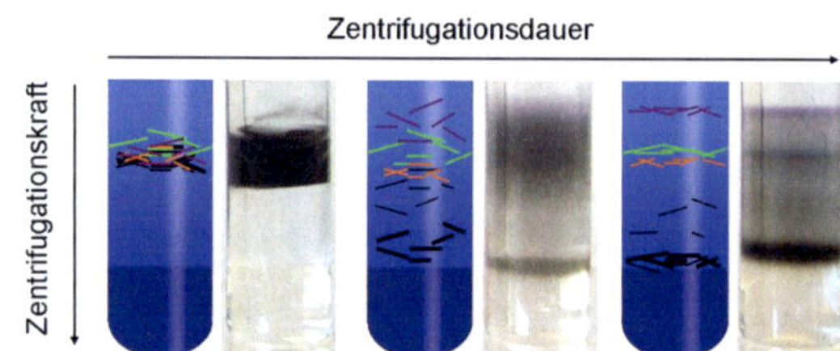

Abb. 3.7: Prinzipskizze der Sedimentation in einem Dichtegradienten. Die funktionalisierten CNTs verharren im Schwebezustand, sobald ihre Dichte mit der des umgebenden Dichtemediums übereinstimmt. Die Fotos zeigen jeweils die korrespondierenden Zustände bei der CoMoCat-CNT-Suspension.

Bei mit bestimmten Tensiden eingekapselten SWCNTs ermöglicht ein Zusammenhang zwischen Struktur und Dichte der Nanoröhren ihre Separation nach Durchmesser und Bandlücke. Dabei folgt auf den Vereinzelungs- und Dispergierprozess ein kurzer Reinigungsschritt durch Ultrazentrifugation und zuletzt eine Dichtegradienten-Ultrazentrifugation in einem Iodixanol-Gradienten[1]. Die von Tensiden umhüllten Nanoröhren bilden jeweils ihrer Dichte entsprechende Banden. Es wurden zwei Hauptgruppen von Tensiden hinsichtlich einer möglichen Separation von Nanoröhren nach ihren elektronischen Eigenschaften untersucht (Abb. 3.8, [150]:

- amphiphile anionische Alkylsalze (Sodium Dodecyl Sulfate SDS, Sodium Dodecylbenzenesulfonate SDBS etc.) und

- Gallensalze (Sodium Cholate SC, Sodium Deoxycholate SDC etc.).

---

[1] Iodixanol wurde in den 1990er Jahren als Röntgen-Kontrastmedium entwickelt und ist unter dem Namen OptiPrep kommerziell als eine 60 %(w/v) Lösung in Wasser erhältlich. Iodixanol wird wegen seiner verglichen mit anderen Dichtegradientenmedien einfachen Handhabbarkeit vor allem in biologischen Dichtegradienten-Zentrifugationen eingesetzt [168].

SDBS gekapselte CoMoCat-SWCNTs konvergieren durch die Dichtegradienten-
zentrifugation zu einer schmalen schwarzen Bande, d.h. es erfolgt keine Separation
nach Durchmesser oder Bandlücke.

SC gekapselte CoMoCat-SWCNTs dagegen zeigen nach der DGU mehrere farbige
Banden, was auf eine Separation der SWCNTs nach Durchmesser und Bandlücke
hinweist .

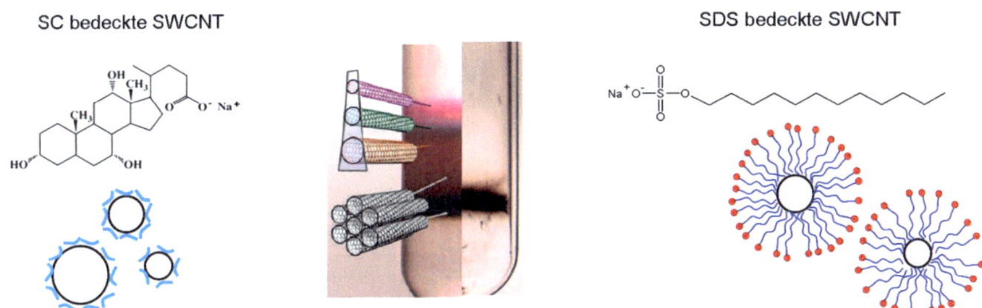

Abb. 3.8: Molekülstruktur und schematische Darstellung der Anlagerung der SC- bzw. SDS-
Moleküle an einer CNT. Abhängig von der Funktionalisierung kommt es zu einer
Auftrennung der Durchmesser. (Aufnahmen der DGU-CNT-Separationsergebnisse mit SC
bzw. SDS aus [150])

Da SWCNTs mit kleinerer Bandlücke tendenziell bei größeren Dichten eine Bande
bilden, sind wegen des reziproken Zusammenhangs zwischen Durchmesser und
Bandlücke SWCNTs mit größerem Durchmesser bei größeren Dichten konzentriert.
Bündel und nicht suspendierte Materialien sedimentieren tiefer im Gradienten in
einer schwarzen Bande. Bei anderen Gallensalzen bzw. anionischen Alkylsalzen
ergeben sich analoge Ergebnisse. Dabei ist ausschlaggebend, wie die Tenside
sich auf den Nanoröhren anordnen. SC lagert sich entsprechend der chemischen
Struktur flächig auf der CNT-Oberfläche an, während SDS oder SDBS mit dem
hydrophoben Ende an der Nanoröhre hängt und die hydrophilen Köpfe in
Richtung der umgebenden Flüssigkeit ausgerichtet sind.

Beim Einsatz einer Co-Tensid-Lösung aus Gallensalzen und anionischen Alkylsalzen konkurrieren die Salze um die Anlagerung auf den Nanoröhren, wobei SC-

Moleküle aufgrund ihrer Struktur offensichtlich größere Affinität zu metallischen Nanoröhren haben [17], sich dagegen bei halbleitenden SWCNTs durch SDS verdrängen lassen. Daraus resultiert eine Separation nach der elektronischen Leitfähigkeit (Abb. 3.9), die zwei farbige Hauptbanden ergibt, die metallische bzw. halbleitende SWCNTs enthalten. Die graue Region darunter enthält kleinere Bündel oder nur unvollständig funktionalisierte SWCNTs, die untere schwarze Bande enthält größere Bündel und nicht suspendiertes Material.

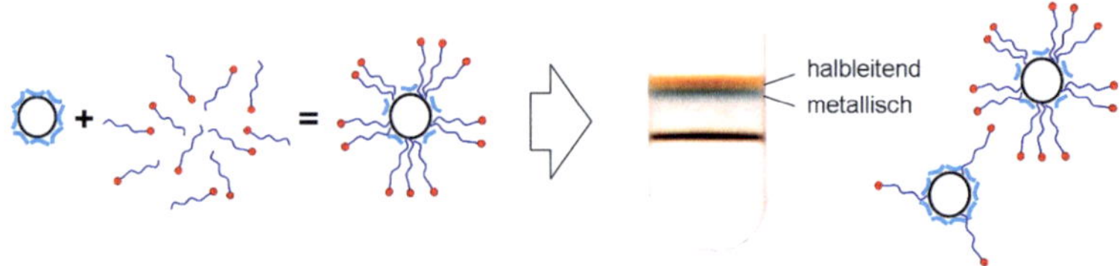

Abb. 3.9: Die Verdrängung von SC durch Zugabe von SDS ist abhängig vom elektronischen Typ der besetzten Nanoröhre. (Aufnahme des DGU-CNT-Separationsergebnisses mit einer SDS-SC-Tensidlösung aus [150])

Experimentelle Ergebnisse

$1 \, ^g/_l$ Rohmaterial wurde zunächst in einer $20 \, ^g/_l$ SC-Lösung suspendiert und in einem Ultrazentrifugationsschritt vorgereinigt. Die gereinigte CNT-Suspension wurde mit einer $20 \, ^g/_l$ SDS-Lösung im Verhältnis SDS : SC = 1 : 4 gemischt und eine Iodixanol-Konzentration von $275 \, ^g/_l$ eingestellt. In den Zentrifugenröhrchen wurden zwei Schichten mit Iodixanol-Lösungen desselben Tensid-Verhältnisses ($20 \, ^g/_l$) eingestellt, die Konzentration des Dichtemediums betrug $150 \, ^g/_l$ bzw. $300 \, ^g/_l$. Nach einer Diffusionszeit von 18 Stunden stellt sich ein kontinuierlicher Gradient ein. Anschließend wurde am Boden ein Stop-Layer aus einer Iodixanol-Tensid-Lösung ($600 \, ^g/_l$) eingespritzt und über den Dichtegradienten eine Wasser-Tensid-Lösung als Over-Layer geschichtet. Die SWCNT-Tensid-Iodixanol-Suspension wurde in den Dichtegradienten eingespritzt (Abb. 3.10).

Die Ultrazentrifugation wurde an einer Beckman Coulter Ultrazentrifuge L7-55 (Rotor: SW 41 Ti) am Institut für Grenzflächenbiologie (IBG) des KIT durchgeführt.

Während der DGU bildeten sich je nach Herstellungstyp und Konzentration der CNT-Suspension farbige Banden, aus denen die separierten SWCNTs fraktioniert werden konnten.

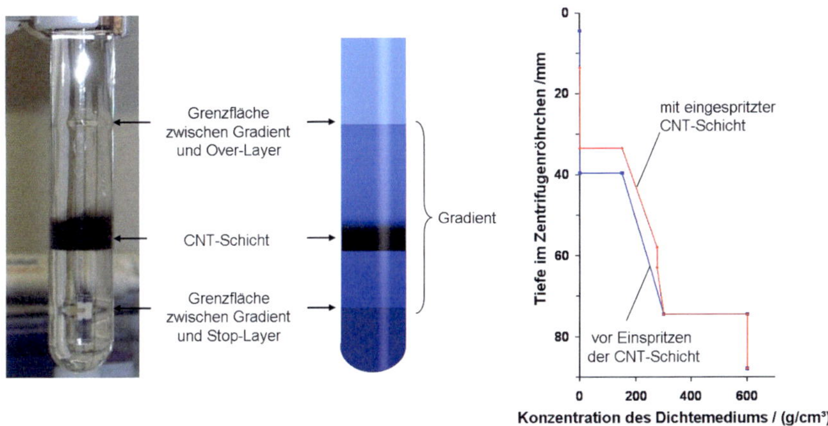

Abb. 3.10: Foto und schematische Darstellung des Dichtegradienten mit eingespritztem CNT-Layer.

Bei Suspensionen, die mittels High-Shear-Mixing dispergiert wurden, um die ursprüngliche Länge der CNTs möglichst zu erhalten, waren keine farbigen Banden zu erkennen, was hauptsächlich an der extrem geringen Konzentration an CNTs lag (Abb. 3.11). Lediglich auf dem Stop-Layer war eine hellgraue Bande zu erkennen. Das High-Shear-Mixing ist für den Separationsprozess aufgrund der geringen Konzentration ungeeignet.

Es wurden Experimente mit zwei verschiedenen zwei Stunden lang Ultraschall-suspendierten CNT-Materialien durchgeführt:

- CoMoCat-CNTs von SWeNT und

- CVD-CNTs von Chengdu-Organics.

Bei dem SWeNT-Material ergab sich bereits nach fünfstündiger Ultrazentrifugation ein relativ breiter violett-farbener Bereich. In den folgenden 16 Stunden zeigten sich

75

Abb. 3.11: Separationsergebnis einer mittels High-Shear-Mixing suspendierten Suspension. Die schwach konzentrierte Suspension zeigt keine farbigen Banden, das gesamte Material sackt auf die Stop-Layer-Grenze.

immer klarer definierte Banden, die eine relativ hohe Intensität haben (Abb. 3.12, Ultrazentrifugenröhrchen 4 (UZR 4)). Die Ergebnisse waren gut reproduzierbar.

Bei den CVD-CNTs von Chengdu wanderte der Großteil des Materials bereits während der ersten fünf Stunden Ultrazentrifugation an die Stop-Layer-Grenze. Erst nach 21 Stunden bildeten sich schmale Banden, wobei die Intensität der Färbung sehr gering blieb (Abb. 3.12, UZR 1). Der Stop-Layer war deutlich grau gefärbt, was dafür spricht, dass Chengdu-CNTs sogar in den Stop-Layer gewandert sind. Die Separationsergebnisse mit dem Chengdu-Material differierten stark und waren schlecht reproduzierbar. Mögliche Erklärungen für die höhere Dichte des Materials und schlechte Separierbarkeit sind, dass Kohlenstoff hauptsächlich als Graphit vorhanden und damit dichter war als in Form von CNTs, dass der Anteil an Katalysatorpartikeln sehr hoch war oder dass die Chengdu-CNTs sich auf Grund von herstellungsbedingten Materialeigenschaften schwer vereinzeln und damit schlecht separieren ließen.

Es wurden verschiedene Methoden zur Erhöhung der Ausbeute untersucht (Abb. 3.12). Die dabei erhaltenen Ergebnisse lassen sich wie folgt zusammenfassen:

- Iterative Separation, d.h. Einspritzen einer fraktionierten Bande in einen neuen, steileren Gradienten und erneute Separation führte bei CoMoCat-CNTs zu einer weiteren Auftrennung. Bei Chengdu-CNTs war keine Verbesserung zu beobachten.

- Ein Aufkonzentrieren eines in einem ersten Separationsversuch fraktionierten Volumens in der Verdampfer-Zentrifuge vor einem zweiten Separationsschritt, um die Intensität der Banden zu erhöhen, führte zum Ausfall der

Tenside und des Iodixanols. Das Material konnte somit nicht für eine weitere Separation verwendet werden.

- Die Aufkonzentration bereits separierten Materials durch Ultrazentrifugation führte zur Bündelung des Materials und verhinderte die Auftrennung der CNTs in einem folgenden Separationsschritt [169].

- Die Aufkonzentration der Ausgangssuspension durch Ultrazentrifugation vor einer ersten Separation führte zwar zu etwas intensiveren Banden, die jedoch tiefer im Dichtegradienten saßen, was auf eine leichte Agglomeration der CNTs durch den Konzentrationsschritt schließen ließ [169].

- Eine Erhöhung der Menge einzelner suspendierter SWCNTs durch längere Ultraschallbehandlung der Ausgangssuspension, unter Inkaufnahme einer eventuellen Längenverkürzung, führte dagegen zu einem deutlich verbesserten Ergebnis.

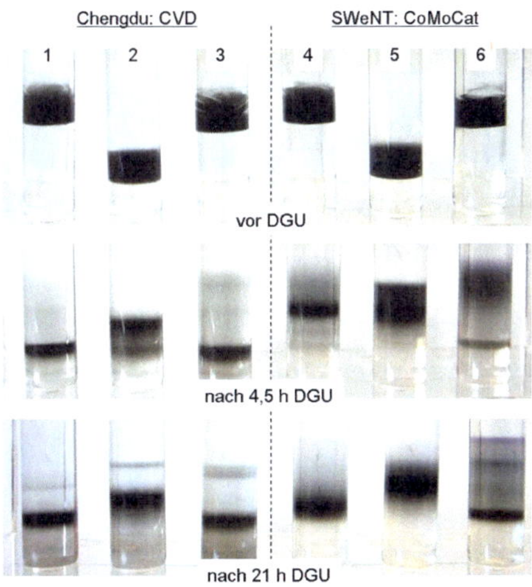

Abb. 3.12: Vergleich der Separation von Chengdu- bzw. SWeNT-CNTs nach herkömmlicher Methode (UZR 1 und 4), mit aufkonzentrierter Ausgangssuspension (UZR 2 und 5) bzw. mit längerer Ultraschallbehandlung der Ausgangssuspension (UZR 3 und 6).

Aus den Optimierungsversuchen folgt als wichtigste Erkenntnis, dass für das Separationsergebnis die Vereinzelung der CNTs durch den Suspensionsprozess ausschlaggebend ist. Bündel können nicht separiert werden. Zudem ist aber vor allem auch eine hohe Konzentration an CNTs notwendig, da sonst die Fraktionierung der Banden aufgrund sehr geringer Farbintensität nicht möglich ist.

Im Vergleich der beiden CNT-Materialien zeigte CoMoCat konstante Ergebnisse, die durch Erhöhung der Konzentration durch längere Ultraschall-Behandlung sowie iterative Separation zusätzlich verbessert werden konnten. Zudem kann die Dauer der DGU minimiert werden, da die violett-farbene Bande bereits nach wenigen Stunden erscheint. Dagegen war das Chengdu-Material schwerer zu suspendieren und daher auch zu separieren. Die Ergebnisse differierten und selbst die durchgeführten Optimierungsversuche erbrachten keine deutlichen Verbesserungen, die Banden blieben sehr schmal und farblich schwer zu unterscheiden.

Absorbanz der separierten CoMoCat-CNTs

Zur Auswertung der farbigen Banden, die sich durch den konventionellen Separationsprozess für die SWeNT-CoMoCat-Nanoröhren ergeben, wurden in Kooperation mit dem IFG des KIT UV-vis-NIR-Absorbanzspektren aufgenommen. Aus dem Vergleich der Absorbanzspektren der fraktionierten Banden ((b) und (c) in Abb. 3.13) mit dem Spektrum der eingespritzten Suspension soll die Anreicherung von halbleitenden bzw. metallischen SWCNTs in den Fraktionen gezeigt werden.

Nach den Absorbanzmessungen mehrerer SWCNTs aus [52; 170; 171] (Abb. 3.14) und dem von dem Hersteller SWeNT angegebenen Durchmesser von $1 \pm 0{,}4$ nm wurden die Peaks in Abb. 3.13 bei ~990 nm als S_{22} und ~660 nm als M_{11} identifiziert. Die optischen Bandübergänge (gestrichelt in Abb. 3.14) können analog der Abschätzung der Bandlückenenergie E_g, die auf S.12 erläutert wurde, nach der Tight-Binding-Theorie abgeschätzt werden [53; 172]:

$$S_{11} = \frac{2 \cdot a_{c-c} \cdot \gamma}{d_{CNT}}, \; S_{22} = \frac{4 \cdot a_{c-c} \cdot \gamma}{d_{CNT}}, \; M_{11} = \frac{6 \cdot a_{c-c} \cdot \gamma}{d_{CNT}}, \; S_{33} = \frac{8 \cdot a_{c-c} \cdot \gamma}{d_{CNT}}$$

Die theoretische Abschätzung überschreitet jedoch die experimentell ermittelten Werte für S_{11} deutlich und unterschreitet die weiteren Übergangsenergien für kleine bzw. überschreitet sie für große CNT-Durchmesser [52]. Die in Abb. 3.13 auftretenden Peaks entsprechen besser den experimentellen Ergebnissen aus [52; 170; 171] als den theoretischen Abschätzungen.

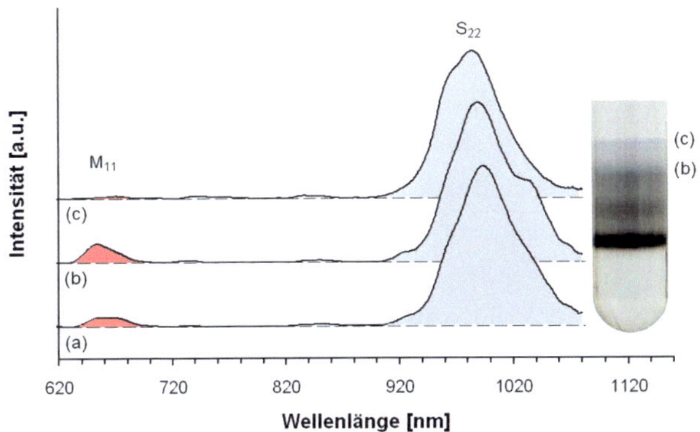

Abb. 3.13: Absorbanz (a) des in den Dichtegradienten eingespritzten CNT-Layers, (b) der separierten, violett-farbenen und (c) der separierten, grünen Bande. Die Spektren sind auf die Intensität des S$_{22}$-Peaks normiert. Die M$_{11}$-Bande sinkt bei (c) deutlich, gegenüber üblicherweise 66 % halbleitenden SWCNTs im Rohmaterial steigt der halbleitende Anteil auf 85 %. Bei (b) steigt die M$_{11}$-Bande, der Anteil der metallischen SWCNTs wurde von ca. 33 % auf 63 % erhöht [169].

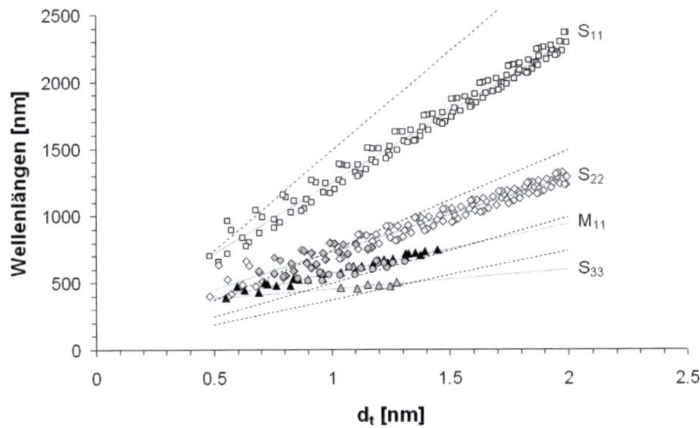

Abb. 3.14: Darstellung des Zusammenhangs von CNT-Durchmesser und den Übergangsenergien der van-Hove-Singularitäten (E$_{ii}$) korrespondierenden Wellenlängen (Daten aus [52] (weiß), [170] (grau) und [171] (schwarz)) sowie die theoretischen Abschätzungen nach [53; 172] (gestrichelt).

Die Spektren in Abb. 3.13 sind basislinienkorrigiert und auf S$_{22}$ normiert dargestellt. Das Verhältnis der Flächen unter M$_{11}$ und S$_{22}$ wird zur Abschätzung der Anteile metallischer bzw. halbleitender SWCNTs herangezogen. $^{M_{11}}/_{S_{22}}$ beträgt für die in den Dichtegradienten eingespritzte, unseparierte Suspension 0,031, steigt in der separierte graublauen Bande (b) auf 0,059 und sinkt in der violett-farbenen Bande (c) auf 0,014. Da CNT-Rohmaterial nach Herstellung etwa ein Drittel metallischer SWCNTs enthält, beträgt der Anteil der halbleitenden SWCNTs ca. 67 %. Bei der violett-farbenen Bande (c) ist der M_{11}-Peak fast vollständig eliminiert, der halbleitende Anteil steigt auf 85 %. Die graublaue Bande (b) ist dagegen mit ~63 % metallischen SWCNTs angereichert. Durch die Separationsmethode mit Co-Tensiden ist somit sowohl die Anreicherung metallischer als auch halbleitender SWCNTs in einem einzigen DGU-Schritt möglich.

Separation von Super-Growth Nanotubes

Weitere Separationsexperimente wurden mit so genannten Super-Growth Nano-tubes (SGNT) von AIST Separationsexperimente durchgeführt, um zu prüfen, ob wesentlich längere SWCNTs separiert werden können. Dabei ist es, je länger die CNTs sind, umso wichtiger, dass die Suspension nach elektronischem Typ sepa-riert wird, sonst steigt die Kurzschluss-Gefahr im Buckypaper. Aufgrund des zur effektiven Suspendierung notwendigen Ultraschalls kommt es zwar sicher zu einer Verkürzung der CNTs, allerdings ist die Ausgangslänge der CNTs der vorliegenden Probe von über 500 μm (Abb. 3.15) wesentlich höher als die Ausgangslänge von SWeNT- oder Chengdu-CNTs (300 nm - 4 μm).

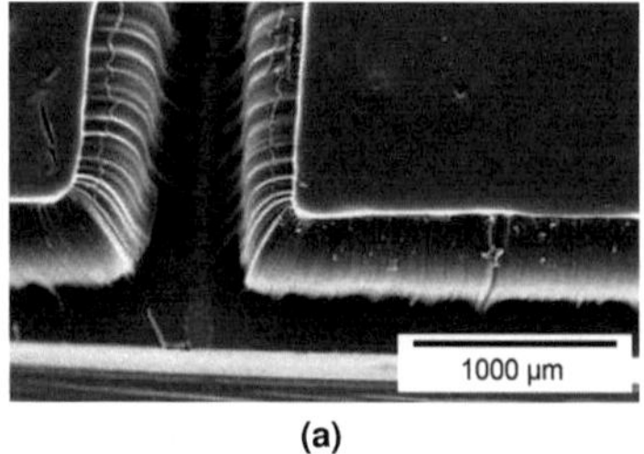

(a)

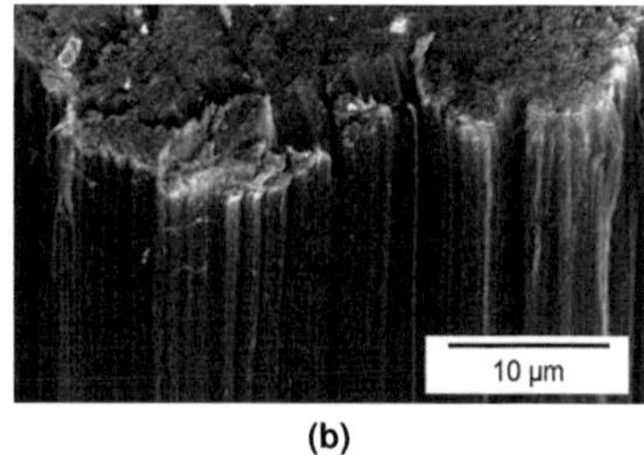

(b)

Abb. 3.15: REM-Aufnahmen des SGNT-Waldes auf dem Si-Substrat zur Abschätzung der SGNT-Länge.

Ein Vorteil der SGNTs ist zudem, dass beim Abheben des SGNT-Waldes vom Substrat der Katalysator auf dem Substrat verbleibt und so von den SGNTs getrennt wird (Abb. 3.16a). Durch die hohe Länge der SGNTs sind sie sehr parallel, aber auch stark mit einander verwickelt. Erst nach dreistündiger Ultraschall-Behandlung wird eine größtenteils homogene Suspension erreicht (Abb. 3.16c). Dadurch wird allerdings auch die parallele Ausrichtung, einer der größten Vorteile der SGNTs, zerstört.

Bei den Separationsexperimenten (Abb. 3.16d) zeigte sich, dass sich das gesamte Material am Stop-Layer absetzte, allerdings ohne wie das Chengdu-Material in den Stop-Layer zu sinken. Farbige Banden wurden nicht gebildet. Dies wurde zum einen auf den hohen Bündelungsgrad zurückgeführt, zum anderen auf den großen Durchmesser von ca. 3 nm und damit die kleine Bandlücke der SGNTs, wodurch der Unterschied zwischen metallischen und halbleitenden CNTs stark abnimmt. Daher wurden mit den SGNTs keine weiteren Experimente durchgeführt. Sollten die SGNTs in Zukunft jedoch in bestimmten Chiralitäten erhältlich sein, sollte dieses Material nochmals untersucht werden.

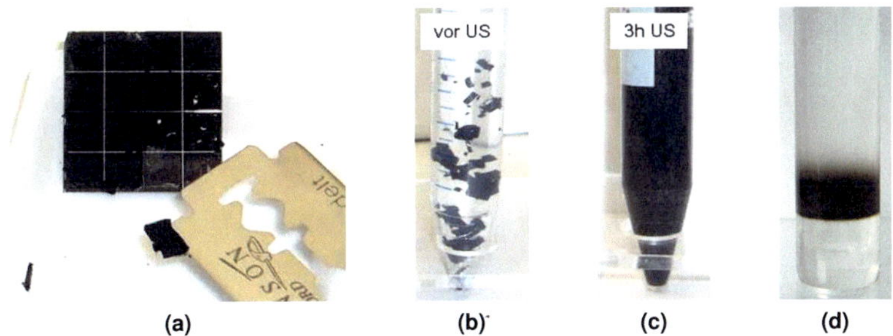

Abb. 3.16: Aufnahme des „SGNT-Waldes" auf einem Siliziumsubstrat (a), die SGNTs platzen beim Druck einer Rasierklinge an den Katalysatorpartikeln ab. Drei Stunden Ultraschallbehandlung sind notwendig, um die SGNTs der aus den „Waldstücken" weitgehend zu vereinzeln (b, c). Separationsexperimente brachten für SGNTs keine zufriedenstellenden Ergebnisse (d). Das gesamte Material sank auf die Stop-Layer-Grenze.

Bewertung

Die Separation mittels Co-Tensiden ist je nach Material gut reproduzierbar und liefert gute Ergebnisse. Ein großes Manko des Separationsprozesses ist jedoch der hohe Zeitfaktor. Grundsätzlich besteht bei der beschriebenen Separationsmethode die Möglichkeit zur Skalierung des Prozesses. Mit den vorhandenen technischen Möglichkeiten dauert der Prozess jedoch inklusive Herstellung der Tensidlösungen und CNT-Suspension mehrere Tage, um wenige Mikroliter separierter CNT-Suspension zu erhalten. Dabei haben kleinste Unregelmäßigkeiten des Rohmaterials, der Herstellung oder auch Ausfälle der Ultrazentrifuge deutlichen Einfluss auf das Separationsergebnis.

Inzwischen ist durch Dichtegradienten-Ultrazentrifugation separiertes CNT-Material in suspendierter Form in einer wässrigen Co-Tensid-Lösung kommerziell erhältlich. Daher wurden als Ausgangsmaterial für die weiteren Prozessschritte die IsoNanotubes-S^{TM} von NanoIntegris$^{©}$ verwendet, zu 95 % halbleitendes SWCNT-Material. Die Verwendung der IsoNanotubes-S hat zusätzlich zu einer enormen Zeitersparnis auch den Vorteil, zumindest hinsichtlich des Ausgangsmaterials Konformität und damit Reproduzierbarkeit für den Herstellungsprozess sicher zu stellen.

3.3 Sensorelement

3.3.1 Abscheidung des separierten CNT-Materials

Zur Herstellung von CNT-Netzwerken wurden mehrere Verfahren veröffentlicht, wie Dielektrophoretische Abscheidung [153; 154], Aufsprühen [9; 122], Eintrocknen von CNT-Suspension [123; 157], Filtern [150; 158] etc. Die Abscheidung wird durch die elektronischen Eigenschaften der CNTs beeinflusst sowie durch die Länge, die durch die vorhergehenden Prozesse bedingt wird. Weitere Auswahlkriterien orientieren sich an dem Verhältnis von Ausbeute zu Zeit- und Materialaufwand und an der Notwendigkeit, die Funktionalisierung, die für Suspendierung und Separation benötigt wurde, nach der Abscheidung wieder zu entfernen.

Es wurden hinsichtlich dieser Kriterien drei Abscheidungsverfahren experimentell untersucht:

1. Dielektrophorese,

2. Eintrocknen von Suspensionstropfen und

3. Filtern mit anschließendem Transfer auf die Elektrodenstruktur.

3.3.1.1 Dielektrophorese

Die Dielektrophorese (DEP) ist durch die Separation von metallischen CNTs bekannt [153]. In der vorliegenden Arbeit wurde die Dielektrophorese nur zur gerichteten Abscheidung von CNTs aus einer bereits vorseparierten halbleitenden Suspension untersucht. Die vorherige Separation ist notwendig, denn nach [154] können oberhalb einer Übergangsfrequenz nur metallische, unterhalb halbleitende und metallische CNTs abgeschieden werden. Die halbleitenden SWCNTs werden daher bei einer niedrigen Frequenz abgeschieden. Generell reagieren die metallischen CNTs auf die Feldlinien schneller. Die Suspension muss also möglichst ausschließlich halbleitende SWCNTs enthalten.

Experimentelle Ergebnisse

Die separierte CNT-Suspension wurde als Tropfen auf den Elektrodenfeldern aufgebracht (3.17, oben), nach der Dielektrophorese wurde das Substrat in eine Kanalanordnung eingebaut und 10 Minuten mit 2 $^{ml}/_{min}$ deionisiertem Wasser gespült und anschließend mit Stickstoff getrocknet. Die DEP am Suspensionstropfen hat den Vorteil, dass wenig Suspension verbraucht wird, denn das Volumen, das effektiv von den Feldlinien beeinflusst wird, ist extrem klein. Andererseits musste für diese Vorgehensweise das Substrat anschließend in den Kanal eingebaut werden, wodurch sich eine Dauer von ca. 10 Minuten ergab, in denen das restliche Suspensionsmaterial auf dem Elektrodenfeld eintrocknen konnte.

Eine andere Möglichkeit ist, das Substrat zunächst in die Kanalanordnung einzubauen (3.17, unten), den Kanal mit 1 ml Suspension zu befüllen und nach der Dielektrophorese mit deionisiertem Wasser zu spülen. Der DEP-Prozess im Kanal

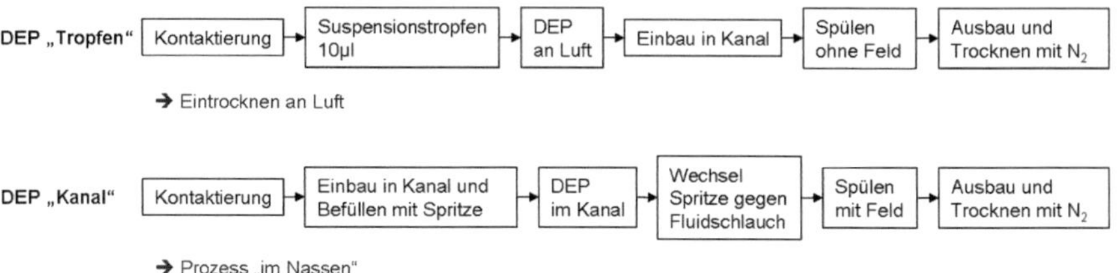

Abb. 3.17: Vergleich der Prozesse zur Abscheidung und Integration der SWCNTs.

findet also „nass in nass" statt. Wegen der Kanalgeometrie müssen für den DEP-Prozess im Kanal die Proben per Löten kontaktiert sein.

Durch die Feldlinienüberhöhung erfolgte die Anlagerung der CNTs zuerst an den Kanten der Elektroden und setzte sich dann von den angelagerten CNTs aus fort. So bildete sich aus der gerichteten Anlagerung der CNTs der elektrische Kanal zwischen den Elektroden. Es wurden Abscheidungsversuche bei Frequenzen von 500 kHz, 1 MHz und 15 MHz mit Peak-to-Peak-Spannungen von 10 - 20 V_{p-p} mit unterschiedlicher Dauer bis zu 30 Minuten durchgeführt.

Das beste Ergebnis ergab sich dabei für eine wiederholte Abscheidung aus einem Suspensionstropfen bei 1 MHz, 10 V_{p-p}, 15 Minuten (Abb. 3.18). Zwischen den DEP-Durchgängen wurde das Elektrodenfeld mit deionisiertem Wasser gespült und mit Stickstoff getrocknet.

Genereller Nachteil der dielektrophoretischen Abscheidung ist zum einen, dass die Tenside nicht effektiv entfernt werden können. Beim Spülen des Elektrodenfeldes wurden immer auch einige CNTs mit weggeschwemmt, wodurch der elektrische Widerstand stieg. Wiederholungen des Abscheidungsprozesses waren nötig, was den Zeitaufwand wesentlich erhöht. Zum anderen ist die Methode schlecht reproduzierbar, sowohl bei der Abscheidung aus einem Tropfen als auch bei der Abscheidung aus einem in einem Kanal stehenden Volumen waren die gemessenen Widerstände R_{SD} zwischen den Proben breit gestreut.

3.3.1.2 Eintrocknen

Die einfachste Methode zur Abscheidung ist das Eintrocknen eines Suspensionstropfens auf einem Elektrodenfeld. Dabei verdunstet das Wasser, CNTs und Tenside

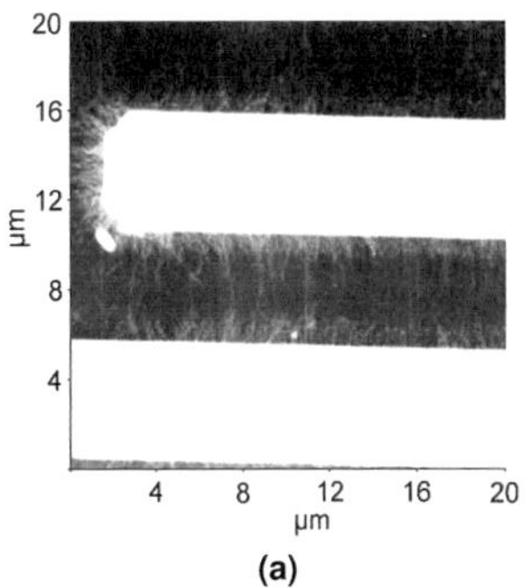 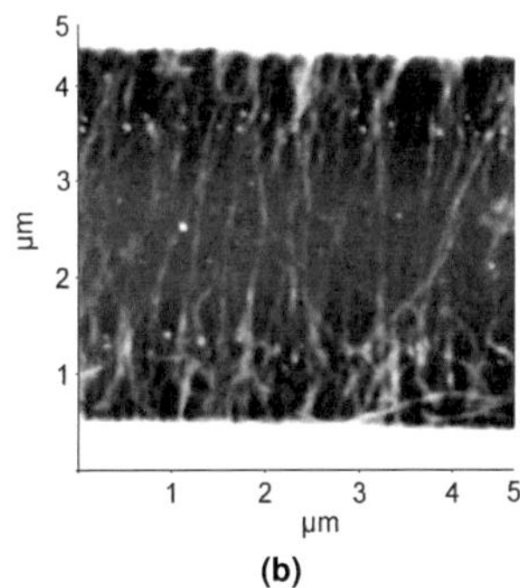

(a) **(b)**

Abb. 3.18: AFM-Bilder von (a) dielektrophoretisch abgeschiedenen CNTs zwischen zwei Elektroden. Überhöhte Feldlinien führen zu verstärkter Anlagerung an den Kanten und Elektrodenenden. (b) Ausschnittsvergrößerung in den Bereich zwischen den Elektroden.

setzen sich auf der Substratoberfläche ungeordnet ab. Da die Tenside isolierend wirken, ist es zum Verbessern des Widerstandes zwischen den Elektroden notwendig, überschüssiges Material mit deionisiertem Wasser abzuspülen.

Experimentelle Ergebnisse

Auf den Elektrodenfeldern wurden jeweils Tropfen von 10 μl aufgesetzt (Abb. 3.19a). Das Eintrocknen wurde durch Erwärmen des Substrates auf einer Heizplatte beschleunigt (Abb. 3.19b). An den Elektrodenfeldern wurde der elektrische Widerstand durch den eingetrockneten Tropfen gemessen.

Anschließend wurde das Substrat mit deionisiertem Wasser abgespült, um die Tenside zu entfernen. Nach mehreren Wiederholungen der Prozedur zeigte sich, dass der Widerstand mit der Anzahl der eingetrockneten Tropfen sank. Somit wurden pro Wiederholung weitere CNTs abgeschieden und der Kontakt zwischen den Elektroden verbessert. Des Weiteren sank der Widerstand nach jedem Spülvorgang und stieg bei jedem neu abgeschiedenen Suspensionstropfen, woraus zu schließen ist, dass die in der Suspension vorhandenen Tenside tatsächlich isolierend wirken und entfernt werden müssen.

Abb. 3.20 zeigt die Abnahme des Widerstandes R_{SD} für das wiederholte Eintrocknen von 10 μl-Suspensionstropfen nach dem Spülen. Nach zehn Wiederholungen

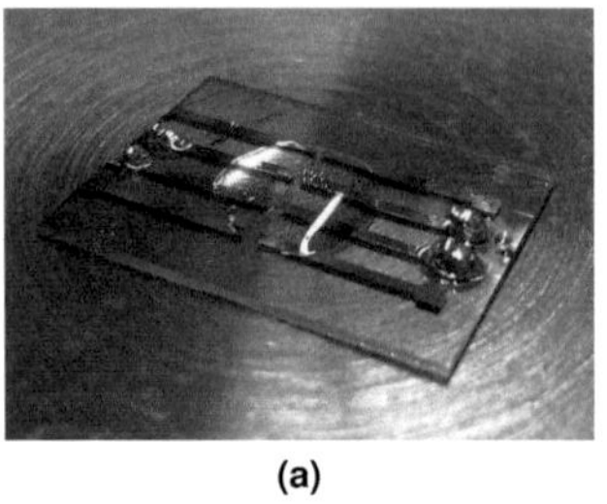 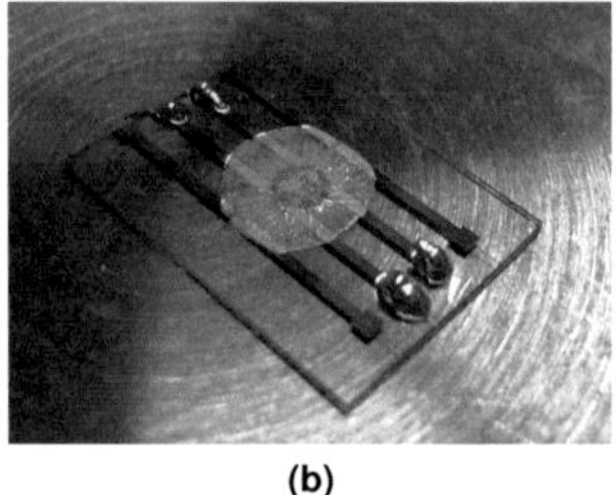

(a)   (b)

Abb. 3.19: Eintrocknender Tropfen auf einem Elektrodenfeld. Das Eintrocknen wird durch Erwärmen des Substrates auf einer Heizplatte beschleunigt.

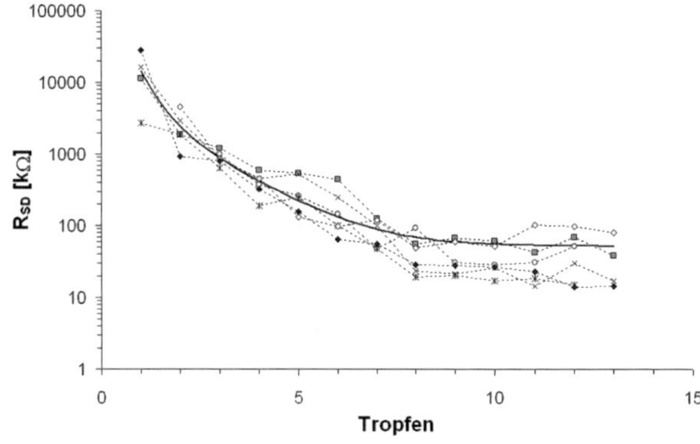

Abb. 3.20: Abnahme des Widerstandes R_{SD} bei mehrmaligem Eintrocknen von Suspensionstropfen, jeweils nach dem Spülen mit DI H_2O.

nähert sich der Widerstand zwischen den Elektroden einem konstanten Wert, bei weiteren fünf Wiederholungen ändert sich der Widerstand kaum noch.

Das Eintrocknen von größeren Tropfen (50 μl) bzw. mehreren Tropfen hintereinander vergrößerte den Widerstand vor dem Spülvorgang und zeigte nach dem Spülvorgang keine Verbesserung gegenüber Widerstandsmessungen an eingetrockneten kleineren Tropfen. Bei den im Rahmen dieser Arbeit durchgeführten Untersuchungen zeigte sich, dass bei größeren Tropfen nicht mehr CNTs abgeschieden werden als bei kleineren, was bedeutet, dass nur die unterste CNT-Schicht nach dem Spülvorgang auf dem Substrat liegen bleibt, während CNTs, die durch Tensidschichten von der untersten Schicht entfernt sind, weggewaschen werden.

Abb. 3.21 zeigt modellhaft die Anlagerung von CNTs und Tensidmolekülen beim Eintrocknen, die Abnahme der Tenside, aber auch der CNT-Anzahl nach dem Spülen und den erneuten Anstieg der CNT-Zahl nach dem Eintrocknen eines weiteren Suspensionstropfens.

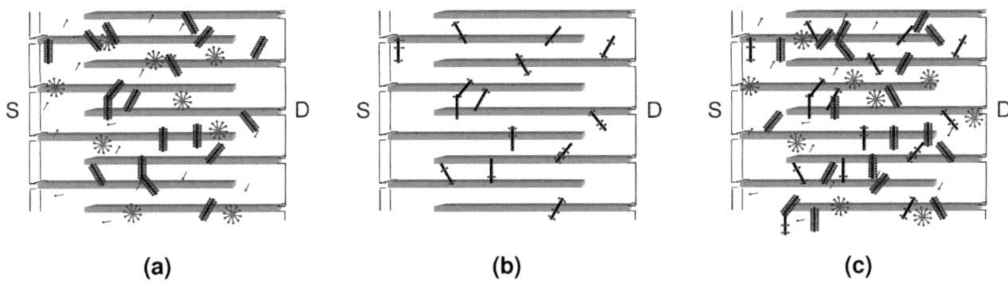

Abb. 3.21: Skizze der Anlagerung von CNTs und Tensiden beim (a) Eintrocknen eines Suspensionstropfens, (b) nach dem Spülen mit DI H_2O und (c) nach Eintrocknen eines weiteren Tropfens.

AFM-Aufnahmen wie Abb. 3.22 zeigen, dass die CNTs ungerichtet und in einer flockigen Verteilung eintrocknen, d.h. in einzelnen „CNT-Knäuel", die jedoch nicht miteinander verbunden sind.

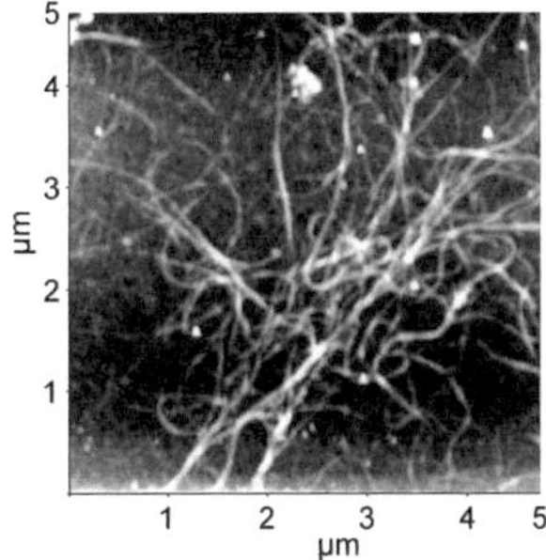

Abb. 3.22: AFM-Bilder von eingetrockneten ungerichteten CNTs.

Zudem setzt, da die Tropfen vom Rand her eintrocknen, ein Materialtransport von der Tropfenmitte zum Rand ein, so dass die meisten CNTs am Rand des Suspensionstropfens lagen und damit weit außerhalb des Gebietes der Interdigitalstruktur (Abb. 3.19). In der Mitte lagerten sich somit nicht mehr CNTs ab, wenn Tropfen mit größerem Volumen aufgelegt werden. Daraus folgt, dass je kleiner die Tropfen sind, desto homogener sollte die Verteilung der CNTs sein.

Diese Methode, so einfach sie ist, ist aufgrund der notwendigen Wiederholungen der Eintrocknungsschritte dennoch zeitaufwendig. Das Hauptproblem ist, dass ein effektives Spülen mit destilliertem Wasser zum Entfernen der Tenside nicht möglich ist, ohne auch einen Großteil der abgeschiedenen CNTs mit fort zu schwemmen. Die Ausbeute wird dadurch deutlich gemindert.

3.3.1.3 Filtern und Transfer des CNT-Netzwerkes auf das Elektrodenfeld

Die für die vorliegende Arbeit gewählte Abscheidungsmethode beruht auf dem Filtern einer CNT-Suspension. Großer Vorteil der Filter-Methode ist die Möglichkeit, eine große Menge an CNTs in vergleichsweise kurzer Zeit abzuscheiden, unabhängig von ihrer elektronischen Eigenschaft und daher auch für halbleitende CNTs gut geeignet. Zudem bietet das Filtern die Möglichkeit, die Tenside, die notwendig waren, um das Rohmaterial zu suspendieren und zu separieren, durch Spülen mit Wasser und Isopropanol zu entfernen. Tenside wirken elektrisch isolierend und schwächen den mechanischen Kontakt zwischen den Nanoröhren und zum Untergrund. Zum einen wird also die Haftung des CNT-Netzwerkes auf den Elektroden bzw. dem Saphirsubstrat verbessert, zum anderen wird der elektrische Widerstand zwischen den Nanoröhren untereinander und zwischen den Nanoröhren und den Elektroden verbessert. Die Gefahr des Wegspülens einzelner CNTs ist durch die hochgradige Verflechtung der CNTs miteinander sehr gering. Ein dritter Vorteil des Verfahrens ist die leichte Handhabung und Durchführbarkeit.

Die Störanfälligkeit durch defektbehaftete CNTs, nicht durchkontaktierte Kanäle oder einzelne nichtkontaktierte CNTs sinkt gegenüber einem dielektrophoretisch abgeschiedenen Netzwerk erheblich und damit die Robustheit des Sensors und die Ausbeute in der Herstellung. Die Widerstände der gefilterten Netzwerke sind wesentlich niedriger als bei den dielektrophoretischen Methoden. Zudem ist die Reproduzierbarkeit bei den gefilterten Netzwerken gut, ein einziger Abscheidungsschritt ist ausreichend.

Experimentelle Ergebnisse

Die Suspension wurde nach [150] durch eine Nitrocellulose-Membran mit 0,025 μm Porengröße vakuumgefiltert. Der Filter musste anschließend bei weiter anliegendem Vakuum mindestens 30 Minuten trocknen, danach wurden 2 ml Isopropanol und 20 ml steriles, deionisiertes Wasser nachgefiltert. Die CNTs bilden auf dem Filter ein dichtes papierartiges Netzwerk. Durch das Nachfiltern von Isopropanol und Wasser werden möglichst viele Tensidmoleküle und Mizellen aus dem Buckypaper herausgespült, der Kontakt zwischen den CNTs untereinander wird dadurch dichter.

Zum Transfer des Buckypapers auf ein Substrat gibt es zwei grundsätzliche Vorgehensweisen:

1. Auflegen des Filters mit dem Buckypaper nach unten auf ein mit DI H_2O befeuchtetes Substrat und anschließendes Auflösen des Filtermaterials [150];

2. Auflösen des Filtermaterials und anschließendes Auflegen auf ein Substrat [158].

Nach dem erstgenannten Verfahren wurde der Filter mit dem gefilterten Netzwerk nach unten auf ein mit Wasser befeuchtetes Substrat aufgepresst (Abb. 3.23). Durch das Verdunsten des Wassers soll das CNT-Netzwerk auf dem Substrat anhaften. In mehreren Acetonbädern wurde das Nitrocellulose-Filtermaterial dann aufgelöst, in einem abschließenden Methanolbad wurden Acetonrückstände entfernt. Die Methode hat den Vorteil einer leichten Handhabung unabhängig von dem Volumen der gefilterten Suspension bzw. der Dicke des Buckypapers. Andererseits ist eine gründliche Entfernung des Filtermaterials schwierig, da gelöstes Filtermaterial auch in die Zwischenräume des Buckypapers fließt und dort verbleibt. Das größte Problem des Verfahrens ist jedoch, dass die Adhäsion zwischen Buckypaper und Substrat durch das Verdunsten von Wasser wesentlich schwächer ist als die Bindung zwischen dem Buckypaper und dem Filter. Trocknet das Buckypaper auf dem Filter nicht gleichmäßig auf dem Substrat an, so werden ganze Bereiche des

Buckypapers von dem Aceton während des Auflöseschrittes unterspült und lösen sich mit dem Filter vom Substrat ab.

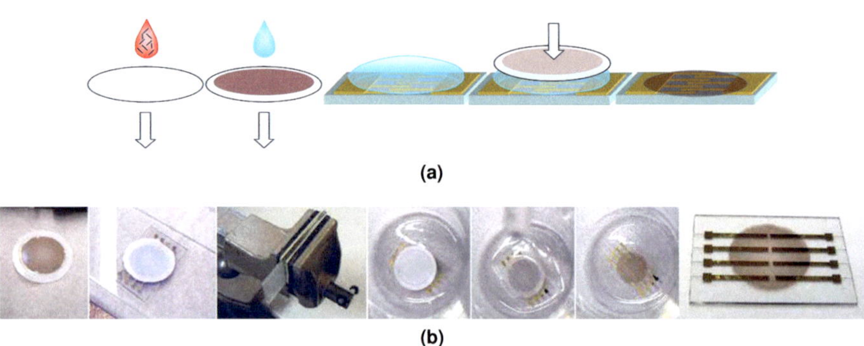

(a)

(b)

Abb. 3.23: (a) Prinzipskizze und (b) Fotos des Filter-Transfers durch Aufpressen: Das gefilterte Netzwerk wird auf ein mit Wasser angefeuchtetes Elektrodenfeld gepresst und das Filtermaterial anschließend im Aceton-Bad aufgelöst.

Das zweite Verfahren zielte darauf ab, den Kontakt zwischen dem Substrat und dem Buckypaper zu verbessern und zudem möglichst viel an Filtermaterial zu entfernen. Dafür wurde zunächst das Filtermaterial in mehreren Aceton- und einem abschließenden Methanolbad aufgelöst (Abb. 3.24). Das Buckypaper schwamm somit frei im Acetonbad und das Lösungsmittel konnte das Filtermaterial von allen Seiten her angreifen. Anschließend wurde das Buckypaper im Methanolbad direkt auf das Substrat gelegt und aus dem Bad enthoben. Durch das Verdunsten des Methanols legte sich das Buckypaper schnell und dicht an das Substrat an. Nachteil der Methode ist allerdings die Notwendigkeit, das Buckypaper in den Lösungsmittelbädern visuell erfassen zu können. Zudem ist das Buckypaper ab einer bestimmten Reduzierung des gefilterten Suspensionsvolumens so dünn, dass es im Lösungsmittelbad zerfasert und den Zusammenhalt verliert. Diese zweite Vor-gehensweise ist etwas schwieriger zu handhaben, da das Buckypaper dünn und leicht verletzlich ist. Der Transport von einem Lösungsmittelbad in das nächste wird damit diffizil und schwieriger, je dünner die Netzwerke sind. Das Ergebnis ist verglichen mit dem zuvor beschriebenen Verfahren jedoch überzeugend, da die

Adhäsion des CNT-Netzwerkes durch das Verdunsten des Methanols wesentlich besser und reproduzierbarer funktioniert als durch das Verdunsten von Wasser.

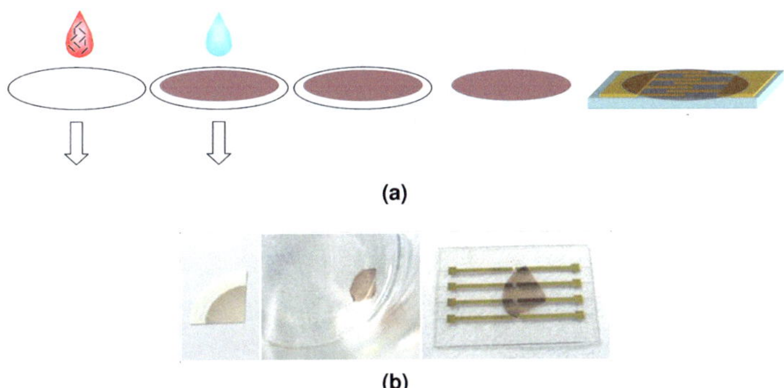

(a)

(b)

Abb. 3.24: (a) Prinzipskizze und (b) Fotos des Filter-Transfers eines freischwimmenden CNT-Netzwerks: Das gefilterte Netzwerk wird zunächst in ein Acetonbad eingelegt, um das Filtermaterial zu lösen. Aus dem Acetonbad wird das lose Netzwerk auf die Elektrodenfelder transferiert.

Optimierte Transfermethode

In der vorliegenden Arbeit wurde eine neue Methode für den Transfer des Buckypapers auf das Substrat entwickelt, die die Vorteile einer leichten Handhabbarkeit mit festem Kontakt zwischen Buckypaper und Substrat, sowie Unabhängigkeit von der Buckypaper-Dicke vereint. Dazu wurde der Filter mit dem Buckypaper nach unten auf ein Aceton-befeuchtetes Substrat aufgelegt (Abb. 3.25). Das Aceton löst das Filtermaterial in der unmittelbaren Nähe des Buckypapers an und erzeugt gleichzeitig beim Verdunsten des Acetons eine starke Adhäsion des Buckypapers an das Substrat. In anschließenden Aceton- bzw. Methanolbädern konnte das restliche Filtermaterial nun aufgelöst werden, ohne den Kontakt zwischen Buckypaper und Substrat negativ zu beeinflussen.

Zu beachten ist hierbei nur die Menge des Acetons auf dem Substrat: Bei zu viel Aceton zieht sich sofort der gesamte Filter voll, was erstens dazu führen kann, dass gelöstes Filtermaterial auch zwischen Buckypaper und Substrat fließen kann,

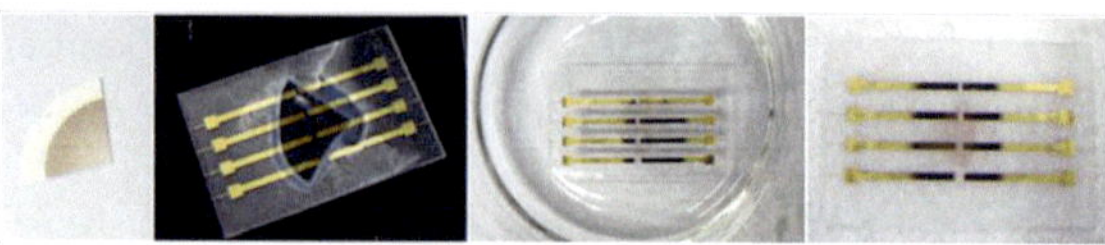

Abb. 3.25: Fotos des optimierten Filtertransfers mittels Lösen des Kontaktes von Filter und CNT-Netzwerk durch auflegen auf ein acetonbefeuchtetes Substrat und gleichzeitige Adhäsion des CNT-Netzwerkes auf das Substrat. Abschließend wird das restliche Filtermaterial in mehreren Lösungsmittelnädern entfernt.

zweitens schlägt der Filter Falten. Die Dicke des Buckypapers auf dem Substrat ist dann nicht einheitlich und stellt einen schlecht einschätzbaren Faktor dar. Bei zu wenig Aceton auf dem Substrat besteht die Gefahr, dass das Aceton zu schnell verdampft und die Grenzschicht Buckypaper-Filter nur unzureichend benetzt ist. Beim Trocknen besteht dann die Gefahr, dass das Buckypaper reißt.

Sowohl gefilterte CNT-Netzwerke auf dem Cellulosenitrat-Filter als auch nach der optimierten Methode transferierte Netzwerke wurden mittels REM-Aufnahmen untersucht. Abb. 3.26 zeigt, dass die CNTs durch das Filtern und das anschließende Spülen mit Isopropanol und DI H_2O zu einem dichten Netz verwoben werden. Die Unebenheiten in Abb. 3.26a stammen von der rauhen und porösen Oberfläche des Filters ab, ist das CNT-Netzwerk auf das Substrat transferiert, zeigt sich ein ebenes papierartiges Netzwerk (Abb. 3.26b).

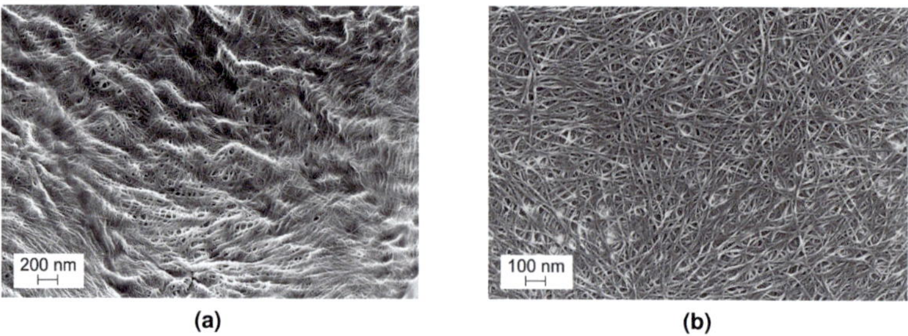

(a)   (b)

Abb. 3.26: REM-Aufnahmen eines CNT-Netzwerkes (a) auf dem Filter und (b) nach optimierter Methode auf ein Al_2O_3-Substrat transferiert. Die Erhebungen in (a) beruhen auf der rauhen Oberfläche des Cellulosenitrat-Filters. Durch den Transfer und das Auflösen des Filtermaterials wird ein hochgradig verwobenes, dichtes CNT-Netz auf dem Substrat abgelegt.

Gefiltertes Suspensionsvolumen

Die Dicke des Buckypapers ist proportional zu dem Volumen der gefilterten Suspension. Die Anzahl der SWCNTs wird bei 100 μl Suspensionsvolumen rechnerisch auf ~5600 geschätzt (Anhang A.2), analog dazu auf ~1100 bzw. ~28000 bei 25 μl bzw. 500 μl Suspensionsvolumen.

Im AFM wurden die Dicke und die Rauhtiefe der Buckypaper von 25 μl, 100 μl und 500 μl Filtervolumen gemessen. Mit der AFM-Bildbearbeitungs-Software XEI von PSIA Inc., CA, USA, können einfache Auswertungen vorgenommen werden (Abb. 3.27). Am Rand eines Buckypapers wird per XEI die Dicke des Buckypapers aus der mittleren Höhe (Mean) des Buckypapers (rot) abzüglich der mittleren Höhe des Substrates (grün) abgelesen. Zudem können die Rauhtiefen als Abweichungen der Maximal-/ bzw. Minimalwerte von der mittleren Höhe angegeben werden. Die blaue Kurve zeigt den Höhenunterschied zwischen Buckypaper und Substrat.

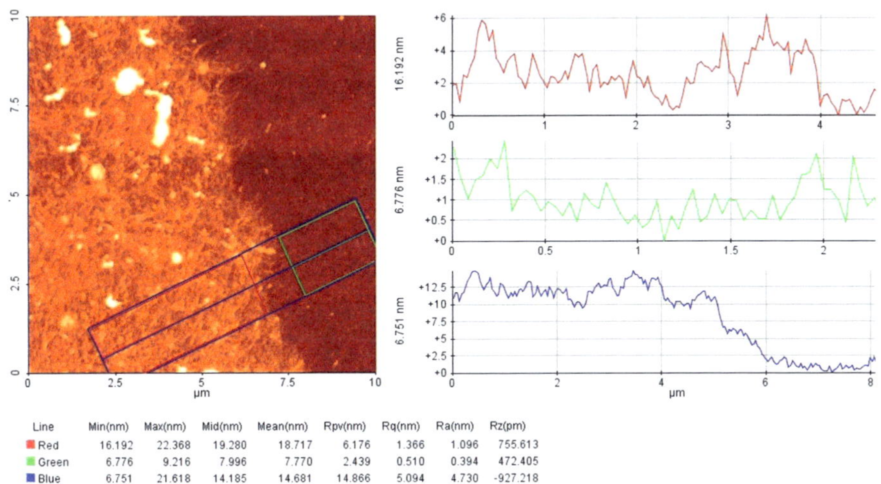

Line	Min(nm)	Max(nm)	Mid(nm)	Mean(nm)	Rpv(nm)	Rq(nm)	Ra(nm)	Rz(pm)
■ Red	16.192	22.368	19.280	18.717	6.176	1.366	1.096	755.613
■ Green	6.776	9.216	7.996	7.770	2.439	0.510	0.394	472.405
■ Blue	6.751	21.618	14.185	14.681	14.866	5.094	4.730	-927.218

Abb. 3.27: XEI-Auswertung am Beispiel eines Buckypapers von 25μl Suspension: Aus der mittleren Höhe (Mean) des Buckypapers (rot) abzüglich der mittleren Höhe des Substrates (grün) kann die Dicke des Buckypapers abgelesen werden. Die Höhenprofile (Diagramme rechts) stellen die Abweichung vom Minimalwert (senkrechte Beschriftung) des betrachteten Bereiches dar.

Aus den Mittelwerten der Höhen des Buckypapers und des Substrates wurde die mittlere Dicke berechnet ($Mean_{Buckypaper}$ - $Mean_{Substrat}$). Zusätzlich kann die Rauhtiefe angegeben werden. In Abb. 3.28 stellen die Balken jeweils die Maximal- und Minimalwerte als Schwankungsbreite zu jedem Messbereich dar.

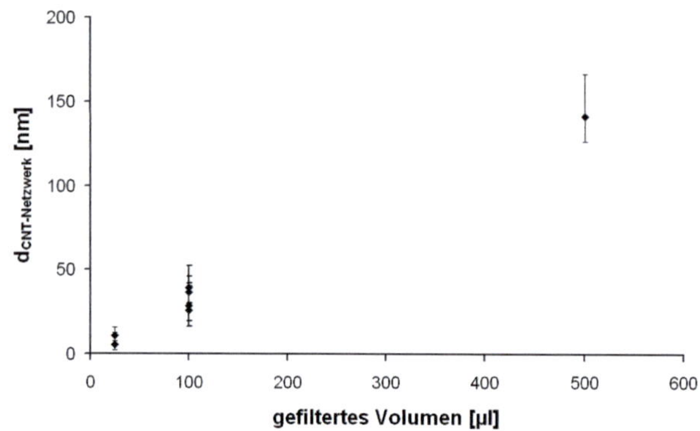

Abb. 3.28: Für mehrere Proben wurden der Mittelwert der Buckypaper-Dicke ($Mean_{Buckypaper}$ - $Mean_{Substrat}$, Abb. 3.27) sowie die maximalen Abweichungen abhängig von der gefilterten Suspension aufgetragen. Es ergibt sich ein linearer Zusammenhang.

Die Dicke steigt abhängig vom gefilterten Volumen linear (Abb. 3.28) [173], es muss jedoch beachtet werden, dass die Dicke des Buckypapers auch abhängig von der Position auf dem Filter variiert (Abb. 3.29) - in Randregionen ist das Buckypaper dicker als im Zentrum.

Abb. 3.29: Die Abbildung zeigt ein gefiltertes Buckypaper ($100\,\mu l$) noch auf dem Filter. Im Zentrum des kreisförmigen Filters ist das Buckypaper deutlich heller und damit dünner als am Rand.

Das Volumen der gefilterten Suspension bestimmt den Widerstand zwischen den Elektroden. Je geringer das Filtervolumen bei gleichbleibender Konzentration, desto höher ist der ohmsche Widerstand und seine Variationsbreite (Abb. 3.30) [174]. Grund dafür ist die größere Kanaldichte bei großem Filtervolumen, d.h. durch eine höhere Anzahl an CNTs kommt es zu mehr Kontaktierungsmöglichkeiten und damit zu mehr elektrischen Kanälen zwischen den Elektroden.

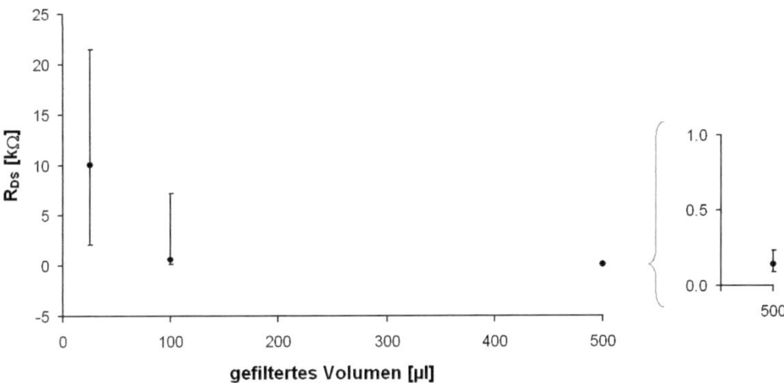

Abb. 3.30: Das Diagramm zeigt den gemittelten Widerstand R_{SD} durch die Buckypaper abhängig von dem gefilterten Suspensionsvolumen. Die Balken stellen die gemessenen Maximal- bzw. Minimalwiderstände dar.

Bezogen auf die folgenden Prozessschritte ist jedoch eine Reduzierung des Filtervolumens aus mehreren Gründen angebracht. Zum einen erhöht sich mit steigendem Filtervolumen auch bei bereits vorsepariertem Material die Möglichkeit, dass sich zwischen den Elektrodenfingern metallische Kanäle ausbilden, die die Transistoreigenschaften wesentlich beeinträchtigen. Zudem wurden in späteren Prozessen zur Nachoptimierung der elektronischen Eigenschaften des Buckypapers hauptsächlich die Oberfläche des Buckypapers modifiziert. Es ist also notwendig, das Verhältnis von Oberfläche zu Volumen des Buckypapers möglichst groß zu gestalten. Und auch in Transistormessungen an CNT-Netzwerken zeigen sich volumenabhängige Effekte, wie noch gezeigt werden wird (Anhang A.9). Andererseits variieren die Widerstände bei 25 μl gefiltertem Suspensionsvolumen wesentlich stärker, wie aus den großen Abweichungen vom Mittelwert in Abb. 3.30 ersichtlich ist. Zudem steigt die Gefahr von Falten beim Transfer des Buckypapers auf die Substrate mit geringerem Suspensionsvolumen.

Aus Gründen der einfacheren Handhabbarkeit und vor allem der Reproduzierbarkeit der Ergebnisse, verknüpft mit möglichst geringer Dicke des CNT-Netzwerkes, wird daher für die weiteren Proben das Volumen auf 100 μl festgelegt.

3.3.2 Nachoptimierung des abgeschiedenen Netzwerkes

Einige der als Separationsprozess veröffentlichten Methoden sollen hier zur Nachoptimierung genutzt werden. Es handelt sich hierbei um Methoden zur Eliminierung oder Modifizierung von metallischen CNTs, die bereits in einen Aufbau integriert sind, wie z.B. „Electrical Breakdown" [143; 175–177], d.h. Durchbrennen durch überhöhten Strom, Modifizierung durch UV-Belichtung [90; 159; 160] oder Gasphasen-Ätzen [142; 144; 178]. Für die vorliegende Prozesskette wurden die mit der vorhandenen Ausstattung möglichen Methoden zur Nachoptimierung, elektrisches Durchbrennen und UV-Belichtung, untersucht.

3.3.2.1 Elektrisches Durchbrennen

Das elektrische Durchbrennen (engl. electrical breakdown), das hier ausschließlich zur nachträglichen Optimierung der Separation eingesetzt werden soll, beruht darauf, dass die halbleitenden CNTs durch geschickt gewählte Gate-Spannung auf nicht-leitend geschaltet werden. Damit fließt der Strom nur durch die metallischen Kanäle [175]. Durch Stromüberhöhung brennen die metallischen CNTs durch, so dass das restliche Netzwerk im Idealfall rein halbleitend ist. Dadurch werden jedoch auch die halbleitenden CNTs in direkter Nachbarschaft geschädigt. Um die Schädigung des Buckypapers insgesamt gering zu halten, bleibt die vorherige Separation in Suspension notwendig.

Das elektrische Durchbrennen beruht auf einer sperrenden Gate-Spannung, um den Strom allein durch die rein metallischen CNT-Ketten zu leiten. Dafür wird üblicherweise das dotierte Silizium eines Silizium-Chips als Gate-Elektrode eingesetzt, das SiO_2 dient als Gate-Isolator. Bei dem vorliegenden Aufbau auf

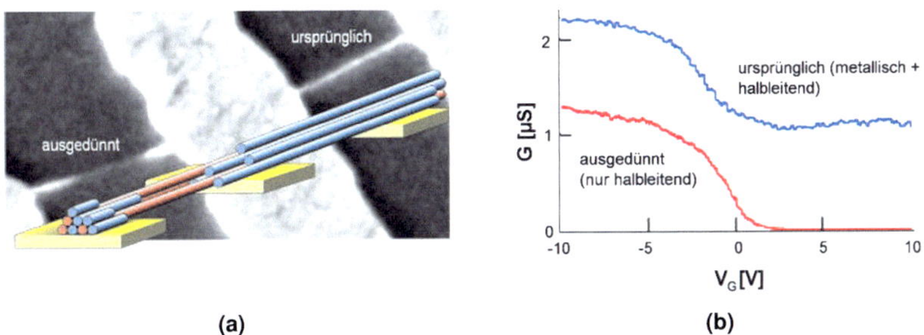

Abb. 3.31: Elektrisches Durchbrennen bewirkt die Ausdünnung eines CNT-Bündels, das aus einer Mischung aus metallischen und halbleitenden CNTs besteht [175]. Die metallischen CNTs werden zerstört, (a) zeigt eine entsprechende REM-Aufnahme. Durch das Durchbrennen der metallischen CNTs sinkt der Strom im OFF-Zustand auf Null (b).

isolierenden Saphir-Substraten ist die Verschaltung mit einem Backgate nicht möglich.

Es wurde exprimentell untersucht, ob eine aufgepresste Gold-Elektrode, durch Kapton-Band von dem CNT-Netzwerk und den Elektroden getrennt, als Gate fungieren kann. Es war jedoch keine Auswirkung einer Gate-Spannung auf den Strom durch das Buckypaper zu messen. Es ist eine möglichst dünne Isolierschicht notwendig, um den Transistor zu realisieren, sowie eine Gate-Elektrode, die so aufgebracht ist, dass sie die dünne Isolierschicht nicht beschädigt. Das Electrical Breakdown kann daher nicht vor Aufbringen der sensitiven Schichten durchgeführt werden, danach besteht allerdings die Gefahr, durch das Erhitzen der metallischen CNTs den Kontakt zwischen der sensitiven Schicht und dem Buckypaper merklich zu schädigen.

Eine andere Möglichkeit ist der Electrical Breakdown in Kombination mit einem Liquid Gate statt eines metallischen Gates. Hier ist eine Isolationsschicht nicht zwingend erforderlich, in Kontakt mit einem Elektrolyten kann auch ein unbeschichtetes CNT-Netzwerk modifiziert werden. Allerdings ist eine Beeinflussung des Buckypapers durch den Fluidkontakt wahrscheinlich und vor dem Aufbringen einer selektiven Schicht nicht wünschenswert.

Da eine nachträgliche Optimierung des Buckypapers mittels Electrical Breakdown hier vor Aufbringen einer sensitiven Schicht bzw. ohne Beeinflussung des

CNT-Netzwerkes durch Fluidkontakt nicht möglich ist, wird das „Electrical Breakdown" nicht weiter verfolgt. Stattdessen wird im Folgenden das Prinzip einer lichtinduzierten Modifikation untersucht.

3.3.2.2 UV-Belichtung

Das Prinzip besteht nach [90] darin, abgeschiedene Nanoröhren an Luft mit UV-Licht (250 - 400 nm) zu bestrahlen. Die freien Radikale, die sich durch die UV-Bestrahlung bilden, führen zu einer Oberflächenfunktionalisierung der Nanoröhren mit sauerstoffhaltigen Gruppen, d.h. die Nanoröhren werden oxidiert. Der Effekt ist durchmesserabhängig, Nanoröhren mit kleinerem Durchmesser sind aufgrund der höheren radialen Spannung ihrer Bindungen generell als reaktiver bekannt als Nanoröhren mit großem Durchmesser. Dazu kommt die Präsenz freier Elektronen im Leitungsband metallischer Nanoröhren. Somit reagieren vor allem dünne, metallische Nanoröhren auf die UV-Bestrahlung. Die Nanoröhren werden durch die Anlagerung von Hydroxy-Gruppen funktionalisiert, was zu einer Steigerung der sp^3-Bindungen und Lokalisierung der π^*-Elektronen führt. Dadurch werden metallische Nanoröhren in halbleitende umgewandelt. Der Effekt wird als stabil und an Luft bei Raumtemperatur irreversibel beschrieben. Vorteil der Methode gegenüber anderen Nach-Optimierungsverfahren wie z.B. dem Electrical Breakdown ist, dass die Nanoröhren nach bisherigem Wissen durch den Prozess modifiziert, aber nicht geschädigt oder gar durchtrennt werden. Die Menge an halbleitenden Kanälen nimmt dadurch zu.

Nach Gomez [90] wird durch Bestrahlung mit einer Xenon-Quelle bei 2.2 $^W/_{cm^2}$ nach vier Stunden Belichtung das beste Ergebnis erreicht. Da der Prozess jedoch für eine sehr geringe Anzahl an CNTs durchgeführt wurde (1 bis 10 $^{CNTs}/_{\mu m}$), ist zu erwarten, dass die Prozessparameter für die Anwendung auf gefilterte Buckypaper, mit einer Dicke im zweistelligen Nanometerbereich, angepasst werden müssen.

Experimentelle Ergebnisse - Xe-Belichtung

Die Filterproben (100 μl gefilterte Suspension) wurden vier Stunden mit einer Xenon-Quelle (75 W, Oriel Instruments) bestrahlt. Xenon strahlt breitbandig im Bereich von 180 - 1100 nm, die Hauptspektrallinien liegen allerdings im Bereich 750

- 1000 nm, also im sichtbaren bis Infrarot-Bereich. Während der Belichtung wurde in bestimmten Zeitintervallen der Widerstand gemessen (Abb. 3.32).

Das in [90] beschriebene Prinzip beruht auf der Lokalisierung von π^*-Elektronen durch freie Radikale, die durch die Bestrahlung erzeugt werden. Daher sollte sich die Umwandlung metallischer Nanoröhren in halbleitende in einer Erhöhung des Widerstands R_{SD} zwischen Source und Drain bemerkbar machen. Messungen nach $^1/_2$, 1, 2, 3 und 4 Stunden Belichtungszeit zeigen jedoch einen deutlichen Abfall von R_{SD}, vor allem während der ersten halben Stunde.

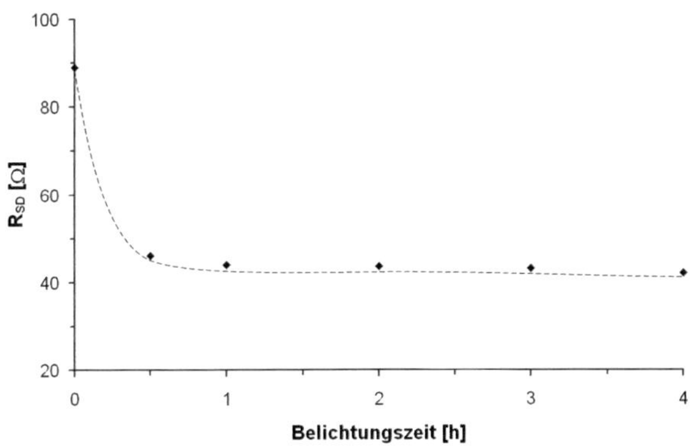

Abb. 3.32: Source-Drain-Widerstand R_{SD} fällt während der Xe-Belichtung ab.

Aus dem Abfall des Widerstandes zwischen den Elektroden wird auf eine Reduzierung der Filter- bzw. Tensidrückstände geschlossen, wodurch der Kontakt der CNTs untereinander verbessert wird.

Experimentelle Ergebnisse - Hg-Belichtung

Der Versuch wurde mit einer Quecksilber-Bogenlampe (Hg, 100 W, Oriel Instruments) wiederholt. Quecksilber-Lampen emittieren mit den Hauptspektrallinien bei 250 - 400 nm im ganzen UV-Bereich von UVA bis UVC, daher wird eine deutlichere Radikalisierung und dadurch Oxidation der CNTs im Buckypaper erwartet.

Da die Leistung der Hg-Quelle mit 100W um 25 % höher ist als bei der Xe-Quelle, wurde die Belichtungszeit von vier auf drei Stunden reduziert. Diesmal zeigt sich eine deutliche Erhöhung des Widerstandes (Abb. 3.33).

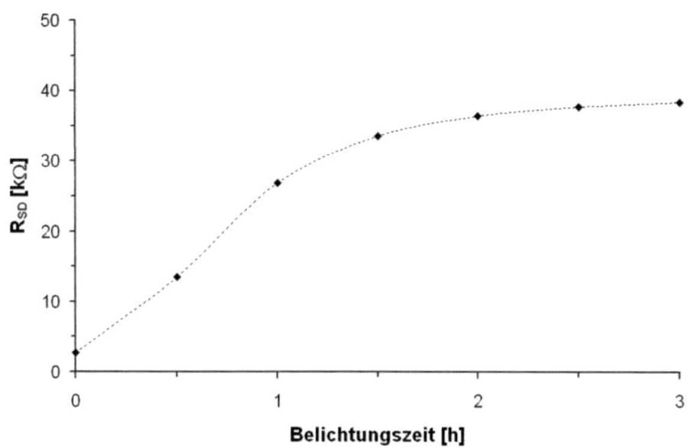

Abb. 3.33: Source-Drain-Widerstand R_{SD} einer Filterprobe (100 μl) steigt während der Hg-Belichtung an.

In mehreren Belichtungsexperimenten hat sich gezeigt, dass der hauptsächliche Effekt, der durch die Widerstandsmessungen beobachtet werden konnte, in den ersten zwei Stunden unter Hg-Belichtung auftritt. Der ohmsche Widerstand nimmt während der zweistündigen Belichtung um bis zu einem Faktor ~20 zu. Danach flacht die Kurve ab. Daher wurde die Belichtungsdauer für weitere Experimente zur Zeitersparnis auf zwei Stunden gekürzt.

Der Anstieg des ohmschen Widerstandes durch das Buckypaper ist dabei abhängig von der Dicke, da die Modifizierung der CNTs hauptsächlich an der Oberfläche des Buckypapers stattfindet. Je größer also das Verhältnis von der Oberfläche des CNT-Netzwerkes zum Volumen ist, desto größer ist der erzielte Effekt (Abb. 3.34).

Nach der Belichtung fällt der Widerstand bei unbeschichteten Proben deutlich ab (Abb. 3.35). 20 Stunden nach Belichtungsende liegt R_{SD} bei etwa dem doppelten Wert des Widerstands vor der Belichtung.

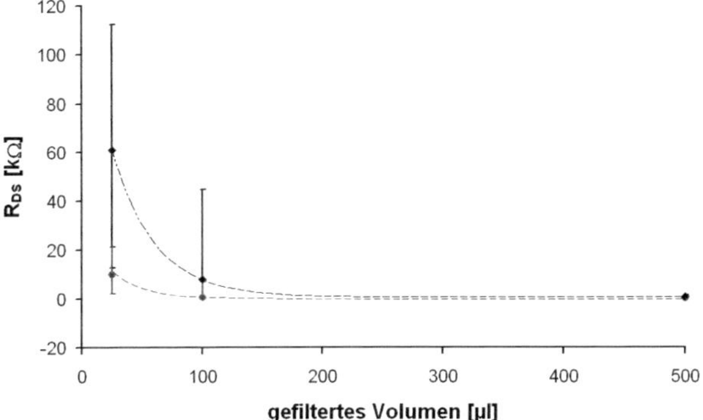

Abb. 3.34: Gemittelte Widerstandswerte durch das Buckypaper vor (rot) und nach (schwarz) der Bestrahlung. Der lichtinduzierte Effekt steigt deutlich je dünner die Buckypaper sind.

Bei Proben, die nach der Belichtung beschichtet werden, beispielsweise Ta_2O_5 -tauchbeschichtet, bleibt der Widerstand auf diesem Niveau. Bei weiterhin unbeschichteten Proben kann R_{SD} nach einigen Tagen nach Belichtung sogar unter den Widerstand unbelichteter Proben fallen.

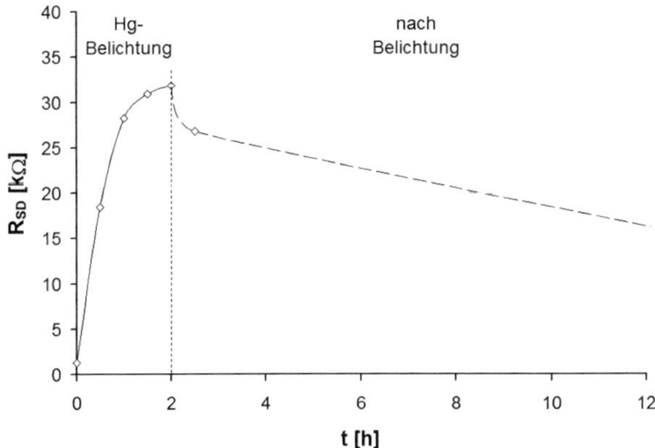

Abb. 3.35: Darstellung der Entwicklung des Widerstandes R_{SD} eines CNT-Netzwerkes (100 μl ge- filterte CNT-Suspension, nach der optimierten Transfermethode auf die Elektrodenfelder transferiert) während und nach einer zweistündigen Hg-Belichtung.

Eine Xe-Belichtung analog zu [90] führt zu einem deutlichen Widerstandsabfall, im Gegensatz zu dem erwarteten Anstieg durch eine Modifizierung metallischer CNTs. Dagegen zeigte eine Hg-Belichtung den erwarteten Anstieg, der jedoch im Gegensatz zur Literatur nicht stabil ist. Um die durch die Belichtung bewirkten Vorgänge an den CNT-Netzwerken interpretieren zu können, wurden Raman- und XPS-Messungen durchgeführt.

Raman-Analyse zum Vergleich der Xe- und Hg-Belichtung

Die Raman-Spektren von gefilterten CNT-Netzwerken auf Saphir-Substraten wurden mit einer Anregungswellenlänge 785 nm (1,58 eV) in einem Bereich von 100 - 3000 cm^{-1} aufgenommen. Es wurden zwei gefilterte Netzwerke analysiert, jeweils vor und nach der Xe- bzw. Hg-Belichtung, um die Wirkung der Belichtung zu analysieren und zu bewerten. Abb. 3.36 zeigt die Spektren im gesamten Wellenzahlen-Bereich, normiert auf die Intensität der G$^+$-Mode analog zu [179].

Generell zeigen alle Raman-Spektren durch die hohe G$^+$-Mode und die schmale G$^-$-Mode, dass die analysierten Proben erwartungsgemäß hauptsächlich halbleitende CNTs enthalten. Auch das Verhältnis $^{\omega}G'/_{\omega_D} = 1{,}993$ spricht nach [106] für halbleitende CNTs.

In Tabelle 3.2 sind die Intensitäten der einzelnen Banden im Verhältnis zur Intensität der G$^+$-Mode dargestellt. Durch das Bilden von Verhältnissen ist der Vergleich der vier Spektren möglich.

Probe	I_{RBM}/I_{G+}	I_D/I_{G+}	I_{G-}/I_{G+}	$I_{G'}/I_{G+}$	$I_D/I_{G'}$
Probe 1, unbelichtet	0,40	0,06	0,63	5,89	0,01
Probe 1, Xe-belichtet	0,85	0,09	0,65	0,97	0,09
Probe 2, unbelichtet	0,48	0,06	0,64	5,94	0,01
Probe 2, Hg-belichtet	1,26	0,10	0,57	1,33	0,07

Tab. 3.2: Intensitätsverhältnisse der Ramanmoden zur Analyse der UV-Belichtung.

Die Intensität der RBM steigt bei beiden Belichtungsvarianten deutlich an, das Verhältnis zur Intensität der G$^+$ steigt auf mehr als das Doppelte, auf 0,85 bei Xe

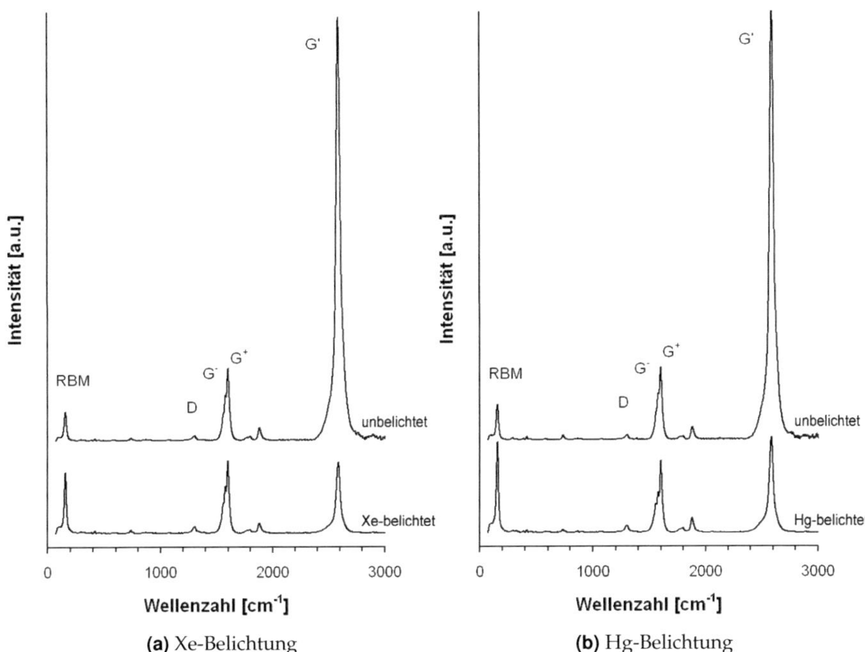

(a) Xe-Belichtung **(b)** Hg-Belichtung

Abb. 3.36: Ramanspektren einer (a) Xe-belichteten und einer (b) Hg-belichteten Probe, jeweils vor (oberes Spektrum) und nach (unteres Spektrum) der Belichtung. Die Spektren sind auf die Intensität der G^+-Mode normiert dargestellt.

bzw. auf 1,26 bei Hg. Eine Erklärung dafür kann sein, dass die radiale Schwingung durch restliches Filtermaterial in den unbelichteten Proben gedämpft wird und dass die Eliminierung des Filtermaterials durch die Belichtung folglich zu einer verstärkten Schwingung führt. Da das Filtermaterial elektrisch isolierend wirkt, passt diese Hypothese auch zu der Abnahme des Widerstandes R_{SD} bei der Xe-Belichtung.

Informationen über die Chiralität können bei der Untersuchung von SWCNT-Bündeln bzw. einem CNT-Netzwerk nicht aus der RBM gewonnen werden. Die RBM ist vielmehr als Überlagerung mehrerer Lorentz-Kurven von einzelnen SWCNTs zu betrachten, die jedoch nicht getrennt werden können. Aus $\omega_{RBM} = 159$ cm^{-1} kann nach [94] grob auf einen mittleren Durchmesser von ca. 1,63 nm geschlossen werden, was mit den Herstellerangaben der verwendeten IsoNanotubes-S überein-stimmt.

Auffällig ist vor allem, dass die G′-Mode bei beiden Bestrahlungsvarianten deutlich sinkt (von 5,89 auf 0,97 bei XE bzw. von 5,94 auf 1,33 bei Hg). Das Sinken der Intensität der G′-Mode durch die Belichtung wird als ein Ansteigen von Störungen im sp^2-Kohlenstoffgitter der CNTs interpretiert, so dass die Atmungsschwingung der C-Hexagone gehemmt wird. Eine solche Störung muss jedoch nicht zwingend auf Brüche in der sp^2-Struktur zurückgeführt werden. Es kann sich auch vor allem um parallel zu den Kohlenstoffbindungen adsorbierte Sauerstoff-Moleküle analog [180] handeln.

Das Intensitätsverhältnis der D-Mode zu G^+ nimmt sowohl bei Xe- (von 0,06 auf 0,09) als auch bei Hg-Belichtung (von 0,06 auf 0,10) zu, wobei die Zunahme bei Hg-Belichtung marginal stärker ist. Daraus kann tatsächlich auf ein Ansteigen der Anzahl der sp^3-Bindungen im Kohlenstoffgitter geschlossen werden. Zusammen mit der Intensitätsabnahme von G′ kann somit aus der Zunahme der Intensität von D auf eine Modifikation der CNTs geschlossen werden, die teilweise sogar kovalente Bindungen hervorbringt. Beide Beobachtungen passen zu der erwarteten oberflächlichen Oxidation der CNT-Netzwerke.

Der G-Mode wurden analog [96; 181] fünf Lorentz-Kurven bei 1532, 1555, 1575, 1598 und 1609 cm^{-1} angepasst (Anhang A.4, Abb. A.1). Da die Moden unter 1580 cm^{-1} dem G$^-$- und über 1580 cm^{-1} dem G$^+$-Mode zugeordnet werden, wurde um die drei niedriger frequenten Moden und um die zwei höher frequenten Moden je eine Einhüllende gebildet (rot in Abb. 3.37).

Die intensivste G$^-$-Mode bei 1575 cm^{-1} fügt sich gut in die Messdaten aus [93] für halbleitende SWCNTs im Durchmesserbereich bei ~1,6 nm in Abb. 1.26b ein, wobei eine leichte Verschiebung zu berücksichtigen ist, die durch die Messung von CNTs in einem Netzwerk statt in vereinzelter Form begründet ist.

Es ergibt sich für die Xe-Belichtung eine leichte Erhöhung des Intensitätsverhältnisses von G$^-$ zu G$^+$ (von 0,63 auf 0,65), während bei Hg-Belichtung das Verhältnis gesenkt wird (von 0,64 auf 0,57). Da es sich bei den verwendeten CNTs bereits um separiertes Material handelt, ist die Änderung erwartungsgemäß klein. Analog zu der Aussage auf S.36, dass bei metallischen CNTs $^{I_{G^-}}/_{I_{G^+}}$ ca. 1, bei halbleitenden

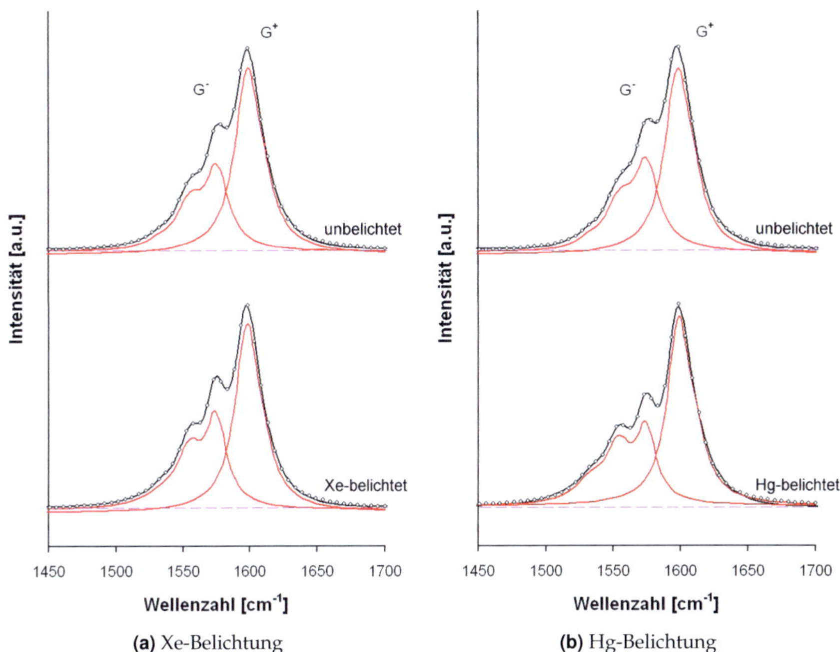

Abb. 3.37: Darstellung des G-Multipletts; die Spektren sind auf das Intensitätsmaximum normiert. Aus den einzelnen angepassten Moden wurden einhüllende Kurven (rot) gebildet, die die G^+- und G^--Mode darstellen. Die Summe der Einhüllenden (weiße Kreise) zeigt die gute Übereinstimmung der Fits mit den Messdaten.

ca. 0,5 ist, kann bei der Hg-Belichtung auf eine geringfügige Verstärkung des halbleitenden Charakters des CNT-Netzwerkes geschlossen werden.

XPS-Charakterisierung der Hg-Belichtung

Zur Untersuchung der Vorgänge an den CNT-Netzwerken durch die Hg-Belichtung wurden XPS-Messungen an einem unbelichteten und einem belichteten CNT-Netzwerk durchgeführt, sowie an einer Filterprobe als Referenz für eventuell vorhandene Cellulosenitrat-Komponenten. Abb. 3.38 zeigt die XPS-Übersichtsspektren eines Cellulosenitrat-Filters, eines unbelichteten und eines Hg-belichteten Netzwerkes.

Alle Spektren wurden auf die C1s-Photoelektronenlinie bei 285.0 eV von Kontaminationskohlenstoff bzw. auf 284,5 eV von graphitisch gebundenem Kohlenstoff referenziert. Die Spektren in Abb. 3.38 sowie die Multipletts in Abb. 3.39 und 3.40 sind jeweils auf das Intensitätsmaximum normiert dargestellt.

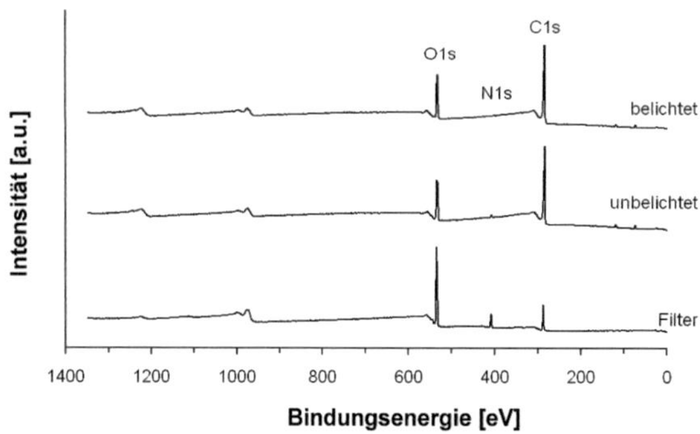

Abb. 3.38: XPS-Gesamtspektren eines Cellulosenitrat-Filters als Referenz für restliches Filtermaterial im CNT-Netzwerk, eines unbelichteten und eines Hg-belichteten Netzwerkes.

Für einen quantitativen Vergleich werden die Integrale der angefitteten Peaks auf das Integral des graphitischen Kohlenstoff-Peaks (284,5 eV) bezogen (Tab. 3.3). Damit wird jeweils das Verhältnis der betreffenden funktionalen Gruppe zur Grundstruktur der CNTs angegeben.

auf C1s Peak I (285,4 eV) bezogen	C1s Peak II	C1s Peak III	N1s Peak I	O1s Peak I	O1s Peak II	O1s Peak III
BE	286,5 eV	288,8 eV	407,9 eV	531,2 eV	532,9 eV	534,3 eV
unbelichtet	0,231	0,057	0,014	0,094	0,190	0,042
belichtet	0,227	0,065	0,000	0,085	0,201	0,016

Tab. 3.3: Verhältnisse der Integrale der XPS-Peaks zur Analyse der UV-Belichtung.

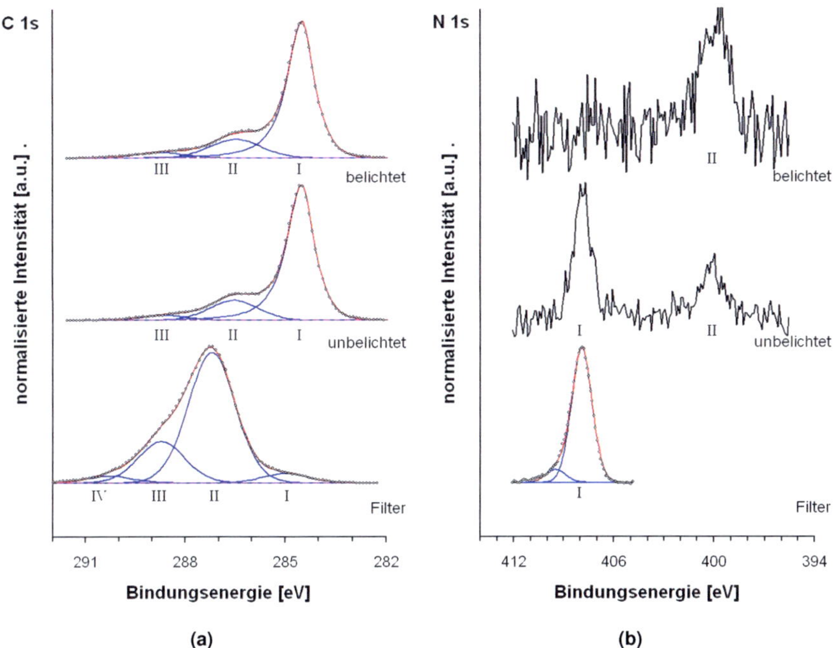

Abb. 3.39: XPS-Spektren von dem Filtermaterial, einem unbelichteten und einem Hg-belichteten CNT-Netzwerk. (a) C1s Region, (b) N1s Region. Die Spektren sind jeweils auf das Intensitätsmaximum des jeweiligen Sprektrenausschnittes normiert.

Das C1s-Multiplett (Abb. 3.39a) der CNT-Netzwerke wurde mit jeweils drei Komponenten angepasst:

- Peak I: 284,5 eV - sp^2-gebundener, graphitischer Kohlenstoff [182–187],

- Peak II: 286,5 eV - Alkohol- (C-OH) oder Ethergruppen (C-O-C), [182; 185; 188; 189]

- Peak III: 288,7 eV - Carboxyl- (O=C-OH) oder Estergruppen (O=C-OR) [183; 187; 190–192].

Das Verhältnis der Integrale vom C1s Peak III zum C1s Peak I stellt die Menge der carboxylierten Bindungen gegenüber dem graphitischen Kohlenstoff dar. Das Verhältnis liegt bei der unbelichteten Probe bei 0,057, bei der belichteten Probe bei

0,065 (Tab. 3.3). Daraus ergibt sich ein geringfügiger Anstieg der Carboxylgruppen der belichteten gegenüber der unbelichteten Probe.

Dem C 1s-Spektrum der Filterprobe können vier Peaks angefittet werden:

- Peak I: 285,0 eV - C-H oder C-C Bindungen [188; 189],

- Peak II: 278,2 eV - Carbonyl- (-C=O) bzw. Ethergruppen (C-O-C) [184; 192],

- Peak III: 288,7 eV - Carboxyl- (O=C-OH) oder Estergruppen (O=C-OR) [183; 187; 190–192],

- Peak IV: 290,3 eV - Carbonatgruppen (O=C(O$^-$)$_2$) [184; 186; 187].

Der sehr flache und gegenüber dem C-C-Peak der Netzwerke leicht verschobene C1s Peak I des Filters zeigt, dass kein graphitischer Kohlenstoff, also keine CNTs vorhanden sind. Die C-C-Bindungen bzw. C-H-Bindungen stammen aus dem Filtermaterial. Dass die drei restlichen Peaks bei den CNT-Netzwerken verschwinden, beweist das Auflösen des Filtermaterials während der Aceton- und Methanolbäder.

Deutlicher noch lässt sich die Filterkomponente im N1s-Spektrum (Abb. 3.39b und 3.38) nachweisen. Die -O-NO$_2$-Gruppen des Cellulosenitrats zeigen sich bei 407,9 eV. Die Übersichtsspektren zeigen, dass der N1s Peak I für den Cellulosenitrat-Filter charakteristisch ist. Die Intensität des N1s Peak I sinkt beim unbelichteten CNT-Netzwerk durch das Auflösen in Aceton deutlich (0,014 in 3.3) und verschwindet durch die Belichtung vollständig (0,000 in 3.3)(Abb. 3.38). Die niederenergetische Komponente bei 400,1 eV (N1s Peak II, Abb. 3.39b) beruht auf der Röntgen-Sensitivität des Filtermaterials und kann röntgeninduziert entstanden sein [193]. Der jeweils höchste Peak des Spektrenausschnitts wird auf eine vorgegebene Höhe normiert. Im Falle der unbelichteten Probe erfolgt eine Verstärkung um einen Faktor 10 gegenüber der Filterprobe, im Falle der belichteten Probe um einen Faktor 22. Durch die Normierung der Spektren auf maximale Intensität wurde das Rauschen bei den CNT-Netzwerken deutlich verstärkt. Daher wird aus dem Rauschanstieg deutlich, wie stark die Intensität des N1s Peak I abfällt bzw. dass er bei der belichteten Probe vollständig verschwindet. Das bedeutet, das Filtermaterial wird in den Aceton-Bädern zum größten Teil aufgelöst. Eventuelle Filterreste werden durch den Belichtungsschritt vollständig eliminiert.

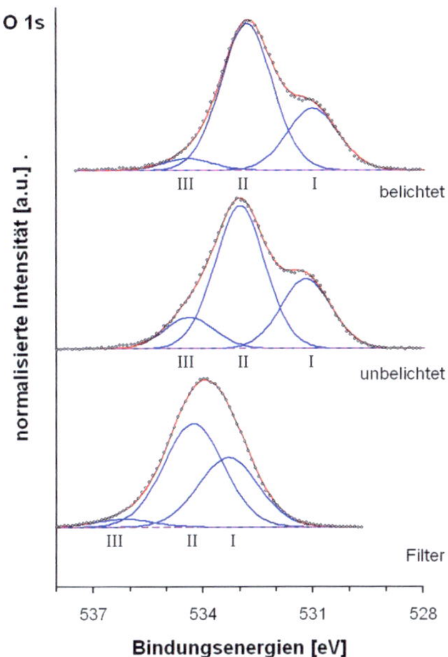

Abb. 3.40: O1s-XPS-Spektren des Filtermaterials, eines unbelichteten und eines Hg-belichteten CNT-Netzwerks. Die Spektren sind jeweils auf das Intensitätsmaximum normiert.

Die O1s-Spektren (Abb. 3.40) der CNT-Netzwerke wurden mit drei Peaks angefittet:

- Peak I: 531,2 eV - Al-O [182; 184; 186; 187], Substrat-Material

- Peak II: 522,8 eV - Alkohol- (C-OH) oder Ethergruppen (C-O-C) [182; 186; 188],

- Peak III: 534,4 eV - O-NO$_2$, chemisorbiertes O$_2$ oder adsorbiertes H$_2$O [182; 184; 187].

Der mit O1s Peak I korrespondierende Al2p Peak ist bei 72,6 eV zu finden, daher wird Peak I dem Substrat Al$_2$O$_3$ zugeschrieben. Der Al-O -Peak ist bei dem belichteten CNT-Netzwerk etwas kleiner (0,085) verglichen mit dem unbelichteten CNT-Netzwerk (0,094), das ist jedoch keine Folge der Belichtung, sondern resultiert aus der leicht unterschiedlichen Dicke des Netzwerkes am Messpunkt, so dass beim belichteten Buckypaper das Al$_2$O$_3$ -Substrat etwas stärker durchscheint. Der O1s Peak II der CNT-Netzwerke bleibt analog zu dem C1s Peak II konstant.

Die Verkleinerung des O1s Peak III durch die Belichtung von 0,042 auf 0,016 kann durch drei mögliche Hypothesen erklärt werden, die sich in Peak III überlagern: Entweder wird durch die Erwärmung des CNT-Netzwerkes während der Belichtung Umgebungswasser verdampft, oder Filtermaterial wird durch die Belichtung eliminiert oder chemisorbierter[2] Sauerstoff im CNT-Elektroden-Kontakt wird entfernt. Eliminierung von Umgebungswasser und Filtermaterial sollten den Widerstand R_{SD} durch das CNT-Netzwerk senken. Beide Erklärungen sind gleichermaßen wahrscheinlich, durch den N1s Peak I (407,9 eV) wurde die vollständige Entfernung des Filtermaterials zudem bereits bewiesen. Der Widerstand R_{SD} steigt jedoch deutlich während der Hg-Belichtung, wofür nur die Entfernung von chemisorbiertem Sauerstoff durch die Belichtung in Frage kommt.

Das O1s-Filterspektrum wurde ebenfalls mit drei Komponenten angepasst:

- Peak I: 533,3 - Ethergruppen (C-O-C) [188; 190],

- Peak II: 534,3 eV - NO_3, chemisorbiertes O_2 oder adsorbiertes H_2O [182; 187],

- Peak III: 536,2 eV - adsorbiertes CO aus der Umgebung [182].

Der O1s Peak III der CNT-Netzwerke bei 534,4 eV kann sowohl NO_3 repräsentieren als auch chemisorbierten Sauerstoff oder vielleicht adsorbiertes H_2O, gleiches gilt für den O1s Peak II des Filtermaterials. Beim Cellulosenitrat ist nach der Strukturformel (Abb. 3.41) hier jedoch NO_3 sicher die dominierende Komponente.

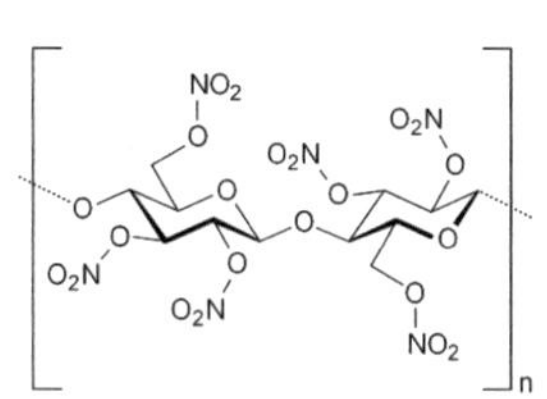

Abb. 3.41: Strukturformel des Cellulosenitrat

---

[2]Die Chemisorption ist eine spezielle Form der Adsorption, bei der das Adsorbat durch stärkere chemische Bindungen an das Adsorbens gebunden wird. Durch die Chemisorption wird das Adsorbat oder das Adsorbens chemisch verändert.

Insgesamt werden aus den XPS-Spektren die drei folgenden Effekte abgeleitet:

1. Das Filtermaterial wird durch den Belichtungsschritt eliminiert, wie an dem Verschwinden des N1s Peaks bei 407,9 eV zu sehen ist. Das erklärt den Abfall des R_{SD} nach der Belichtung bis auf R_{SD} -Werte unter denen unbelichteter Proben.

2. Aus dem leichten Anstieg des C1s Peaks III bei 288,7 eV wird auf eine geringfügige Vermehrung von Carboxylgruppen in der Oberfläche des CNT-Netzwerkes geschlossen. Aufgrund der höheren Reaktivität dünner, metallischer CNTs kann angenommen werden, dass diese zuerst oxidiert und so in halbleitende CNTs modifiziert werden. Das sollte den R_{SD} geringfügig erhöhen. Da die Carboxylgruppen kovalent an die CNTs binden, ist der Effekt an Luft bei Raumtemperatur nicht reversibel.

3. R_{SD} steigt jedoch deutlich während der Belichtung, so dass ein R_{SD} erhöhender Effekt vorliegen muss. Das Absinken des O1s Peaks bei 534,4 eV wird daher als Entfernung von chemisorbiertem Sauerstoff interpretiert. Durch chemisorbierten Sauerstoff im Kontakt von CNTs und Elektroden wird die p-Leitfähigkeit der CNTs erhöht [24; 194]. Durch Entfernung des Sauerstoffs wird somit R_{SD} gesteigert. An Luft kann Sauerstoff readsorbiert werden, was den Abfall von R_{SD} nach der Belichtung erklärt.

Eine weitere Möglichkeit zur Erhöhung des R_{SD} während der Belichtung kann eine Physisorption von Sauerstoffgruppen an der CNT-Oberfläche sein, wodurch die Mobilität der freien π^*-Elektronen in den metallischen CNTs gehemmt wird. Physisorbierte[3] Ionen können bei Umgebungsbedingung wieder desorbieren. Dieser Effekt kann jedoch durch XPS nicht nachgewiesen werden und ist daher nicht bestätigt.

Natrium konnte mittels XPS nicht nachgewiesen werden, so dass auf Tensidfreiheit geschlossen wird, sowohl bei der unbelichteten als auch bei der belichteten Probe.

---

[3]Die Physisorption ist meist eine Vorstufe zur Chemisorption. Ein adsorbiertes Molekül wird durch physikalische Kräfte auf einem Substrat gebunden. Die Physisorption ist im Unterschied zur Chemisorption immer reversibel.

Schlussfolgerungen aus Raman, XPS und elektrischen Widerstandsmessungen

Insgesamt wird aus den XPS-Spektren, Raman-Spektren und den R_{SD}-Messungen geschlossen, dass durch die Belichtung eine Verbesserung der Kontakte der CNTs untereinander und zu den Elektroden hervorgerufen wird. Die Verbesserung der Kontakte wird auf die Eliminierung von Filterrückständen durch die Belichtung zurückgeführt. Außerdem tritt eine zumindest oberflächliche Modifizierung des CNT-Netzwerkes ein.

R_{SD} ist im Gegensatz zu [90] unter Umgebungsbedingungen nicht stabil. Da kovalente Bindungen bei Umgebungsbedingungen nicht reversibel sind, kann nur ein kleiner Anteil des R_{SD}-Anstiegs auf die Oxidierung metallischer CNTs und die Bildung von sp^3-Bindungen zurückgeführt werden. Vielmehr wird der Effekt der Widerstandsänderung auf eine Physisorption von sauerstoffhaltigen Gruppen an der CNT-Oberfläche und die Entfernung von chemisorbiertem Sauerstoff aus den CNT-Elektroden-Kontakten zurückgeführt.

Nach der Charakterisierung im Liquid Gate-Messaufbau zeigte sich eine deutliche Verbesserung der Kennlinien für Hg-belichtete Proben hinsichtlich des Zeiteffektes (Abschnitt 5.1.1). Daher wurde für das weitere Vorgehen eine Nachoptimierung durch zweistündige Hg-Belichtung in den Prozessablauf aufgenommen.

3.4 Ionenselektive Beschichtung

Nach dem Vorbild von ISFET-Beschichtungen wurden Al_2O_3 und Ta_2O_5 für die Beschichtung untersucht. Für die Experimente wurden die beiden in der Literatur als am pH-sensitivsten beschriebenen Materialien gewählt: eine Sputterschicht Al_2O_3, eine Tauchbeschichtung Ta_2O_5, sowie eine Kombination von beiden.

Die Lötpads der Zuleitungen wurden vor dem Sputtern bzw. vor der Tauchbeschichtung mit Kapton-Band abgeklebt, so dass sie frei von isolierendem Material bleiben, um die Kontaktierung durch Lötverbindung nicht zu behindern.

	pH-Sensitivität	pH-Selektivität	Vorteile für den Herstellungs-prozess	Verfahren	Schichtdicke
Al_2O_3	sehr gut [117; 195]	fast unempfind-lich gegen Quer-einflüsse	-	Sputtern (IMF I)	300 - 500 nm
Ta_2O_5	sehr gut [111; 117; 119]	fast unempfind-lich gegen Quer-einflüsse	Low-Tech Prozess, kein Angriff durch reaktiven Sauerstoff	Dip-Coating	< 100 nm

Tab. 3.4: Zusammenstellung der Eigenschaften der eingesetzten ionenselektiven Beschichtungsma-terialien.

3.4.1 Al_2O_3 -Sputterschichten

Al_2O_3 ist ein aus der ISFET-Technologie bekanntes Material, das als selektive Beschichtung eingesetzt wird. Üblicherweise werden die Schichten aufgesputtert. Im Rahmen dieser Arbeit wurden die Schichten am IMF I aufgebracht. Wegen der Empfindlichkeit des Sensorelementes mussten sonst übliche Vorbereitungs-maßnahmen wie Freisputtern des Substrats oder Ultrabeschallung im Acetonbad weggelassen werden. Um die CNTs nicht während des Prozesses zu verbrennen, wird zudem auf das Zuführen von reaktivem Sauerstoff verzichtet.

Da der Verzicht auf reaktiven Sauerstoff zu einer unterstöchiometrischen Schichtbildung führen kann, wurden zur Charakterisierung der Schichten XPS Messungen durchgeführt. Trotz der beschriebenen Einschränkungen wurde die Bildung von Al_2O_3 bestätigt.

Für die Transistormessungen an den CNT-Netzwerken ist eine möglichst dünne selektive Schicht wünschenswert, um jedoch Quereinflüsse durch direkten CNT-Analyt-Kontakt statt des erwünschten Feldeffektes auszuschließen, muss die Schicht dicht sein. Es handelt sich beim Sputtern um ein abbildendes Verfahren, d.h. Unebenheiten, wie sie durch das darunter liegende CNT-Netzwerk erzeugt werden, werden nachgebildet, lange bevor sie überdeckt werden. Daher wurde die Dicke der Sputterschicht auf 500 nm festgelegt bzw. in späteren Versuchen auf 300 nm reduziert.

3.4.2 Ta_2O_5-Tauchbeschichtung

Ta_2O_5, wie Al_2O_3 aus ISFET-Anwendungen bekannt, gilt wegen einer äußerst geringen Querempfindlichkeit als eines der besten Materialien für die pH-Messung.

Es ist möglich, Ta_2O_5 in einem einfachen Tauchprozess (engl. Dip-Coating) aufzubringen. Dazu werden die Proben nach [30, S. 92] in eine Tantalethoxidlösung ($4\ ^{mMol}/_l$ in Isopropanol) eingetaucht. Die Lösung hydrolysiert anschließend an Luft zu Ta_2O_5 nach der Formel:

$$2Ta(OC_2H_5)_5 + 5H_2O \rightarrow Ta_2O_5 + 10C_2H_5OH$$

Das Wasser für die Reaktion entzieht das Tantalethoxid dabei dem Isopropanol nach:

$$C_2H_8O \rightarrow H_2O + C_3H_6$$

Das entstehende Propen verdunstet, Ethanol und die Reste an Isopropanol und Wasser werden mit Stickstoff verdampft.

Der Vorteil der Methode ist, dass das Ta_2O_5 in die Zwischenräume des CNT-Netzwerkes fließt und bei mehrfacher Tauchbeschichtung eine gleichmäßig dichte Schicht bildet. Die Überdeckung des Buckypapers kann mit dem Lasermikroskop (LSM - Laser Scanning Microscope Keyence VK-9700 am Institut für Biologische Genzflächen (IBG)) und unter dem AFM nachverfolgt werden (Abb. 3.42).

Die Kontaktpads am Rand der Zuleitungen wurden während der Tauchbeschichtung mit Kapton-Band abgedeckt. An den so erzeugten Kanten sollte außerdem die Schichtdicke per AFM gemessen werden. Die Schichten trocknen jedoch an der Kapton-Bandkante wellenförmig auf, wegen des zu kleinen Messfensters ($45 \times 45\ \mu$m) konnte daher die Schichtdicke nicht am AFM gemessen werden.

Anhand der LSM Aufnahmen (Abb. 3.43) an einer Kante der Ta_2O_5-Schicht kann jedoch eine Abschätzung vorgenommen werden, die Schichtdicke beträgt bei 20 Dip-Coating Schichten ca. 80 nm. Der Wert stimmt gut mit den in [30] angegebenen Werten von 3 bis 5 nm pro Schicht überein.

Die Schichtdicke von Ta_2O_5 ist damit deutlich geringer als die Dicken der Sputterschichten, jedoch dick genug, um eine möglichst gleichmäßige Überdeckung eines ca. 50 nm dicken CNT-Netzwerkes (Abb. 3.28) zu gewährleisten.

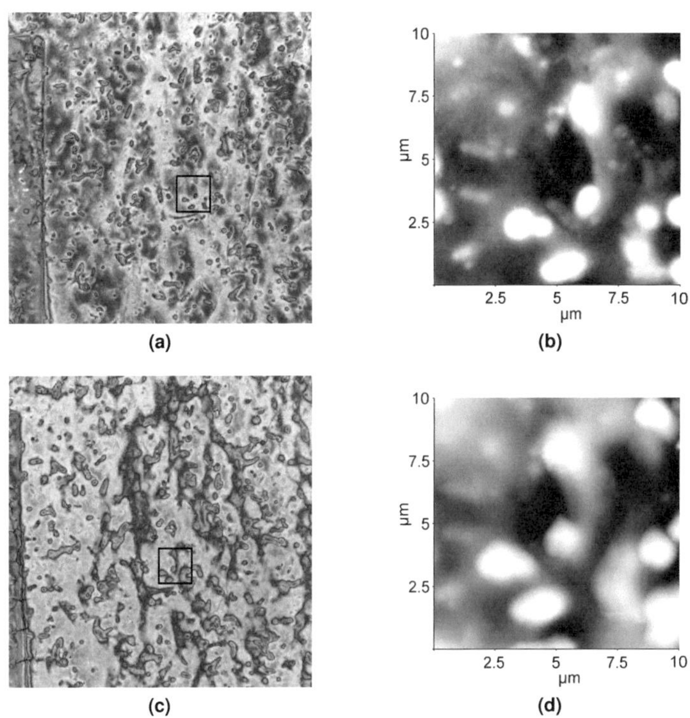

Abb. 3.42: Lasermikroskopische und AFM-Aufnahmen der Überdeckung des Buckypapers mit Ta$_2$O$_5$ nach 5- (a, b) bzw. 15-maligem Dip-Coating (c, d).

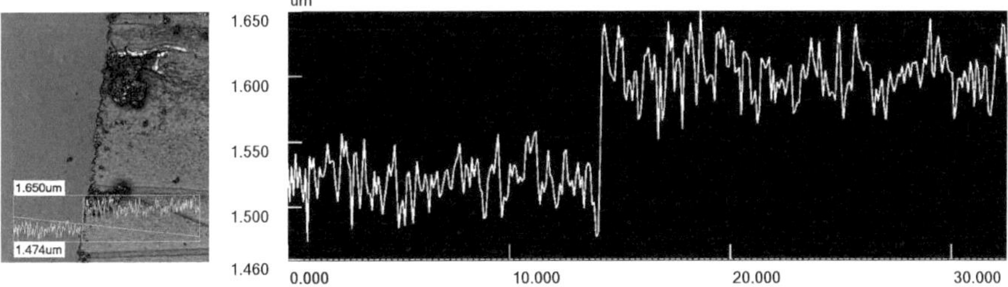

Abb. 3.43: Abschätzung der Dicke aus LSM-Aufnahmen an einer Ta$_2$O$_5$ -Schichtkante.

Um AFM-Messungen der Schichtdicke zu ermöglichen, wurden Kratzversuche an den Ta_2O_5-Schichten vorgenommen, um eine scharfe Kante zu erzeugen. Dabei zeigte sich, dass die Ta_2O_5-Schichten, im Gegensatz zu den Sputterschichten, äußerst kratzfest sind.

Als weiterer Vorteil wird die Aufbringungsmethode der Tauchbeschichtung angesehen, denn durch das Abscheiden aus der Flüssigkeit durchdringt das Ta_2O_5 das Buckypaper und überdeckt es wesentlich dichter als es die Sputterschichten auf dem rauhen Untergrund - dem Buckypaper - können.

Da zur Schonung des CNT-Netzwerks auf ein Ausglühen der Schicht verzichtet wurde, ist eine unterstöchiometrische Schichtbildung möglich. Dennoch wurde die Bildung der korrekten Stöchiometrie von Ta_2O_5 in XPS-Messungen am IMF III nachgewiesen (Abb. 3.44).

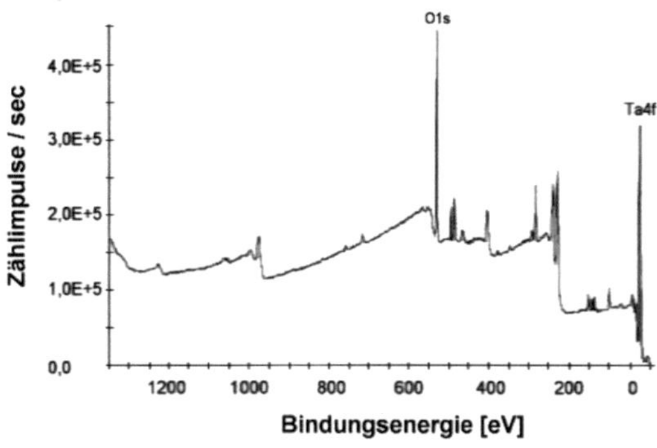

Abb. 3.44: XPS-Übersichtsspektrum eines Ta_2O_5-beschichteten Silizium-Chips zur Ta_2O_5-Analyse: Der Ta4f-Peak bei 26,7 eV bezieht sich nach [196] auf Ta^{5+} des Ta_2O_5.

3.4.3 Kombinierte Schichten Ta_2O_5 + Al_2O_3

Aufgrund der vor den XPS-Messungen zunächst nicht gesicherten Stöchiometrie von Ta_2O_5 und der ungewöhnlichen Aufbringung per Tauchbeschichtung wurden zudem Proben untersucht, die mit einer Kombination von Al_2O_3 und

Ta_2O_5 beschichtet wurden. Die Tauchbeschichtung sollte dabei die Dichtigkeit garantieren, während die pH-Selektivität durch eine Al_2O_3 -Sputterschicht gewährleistet werden sollte.

Die per Dip-Coating aufgebrachte Schicht zeichnet sich vor allem dadurch aus, dass sie sowohl sehr dünn als auch dicht und fest ist und zudem unebenen Untergrund ausgleicht. Da das entstehende Ta_2O_5 gegen Ethanol und andere Lösungsmittel beständig ist, bietet die Ta_2O_5-Beschichtung den großen Vorteil, dass die Proben vor dem Sputtern besser gereinigt werden können als unbeschichtete CNT-Netzwerke. Damit sollte die Haftung der Sputterschicht deutlich verbessert werden. Andererseits bleibt der Nachteil erhalten, dass die Sputterschicht nicht dicht ist bzw. aufgrund der unterschiedlichen Ausdehnungskoeffizienten teilweise delaminieren kann. Die CNTs sind dann dennoch durch die Dip-Coating-Schicht gegen die Pufferlösung isoliert.

3.5 Optimierte Prozesskette

Für die bisherigen Untersuchungen wurden Proben von 500 μl, 250 μl, 100 μl und 25 μl Filtervolumen hergestellt und belichtet. Aus dem in Anhang A.9 beschriebenen Volumeneffekt im Schaltverhalten ergibt sich eine Tendenz zu möglichst dünnen Buckypapern. Auch das Herauslösen des Filtermaterials ist bei dünnneren Buckypapern bis zu einem bestimmten Grad leichter. Zudem ist der Einfluss durch die Belichtung an der Oberfläche am größten und daher ein großen Verhältnis von CNT-Netzwerk-Oberfläche zu -Volumen wünschenswert. Allerdings nimmt bei sehr dünnen CNT-Netzwerken die Schwierigkeit zu, das CNT-Netzwerk zu handhaben. Aufgrund dieser Überlegungen sowie des Vergleichs der ohmschen Widerstände zwischen den Elektroden sowie der Form der Transistorkurven, gemessen im direkten Kontakt mit dem Messmedium, wurde das weitere Vorgehen festgelegt (Abb. 3.45).

Aufgrund der erhaltenen Ergebnisse für die einzelnen Teilprozesse wurde die in Abb. 3.45 dargestellte optimierte Prozesskette festgelegt. Die Schritte Suspendierungs-, Reinigungs und Separationsprozess fallen dabei durch den Einsatz der vorseparierten IsoNanotubes-S weg (vgl. Abb. 3.1).

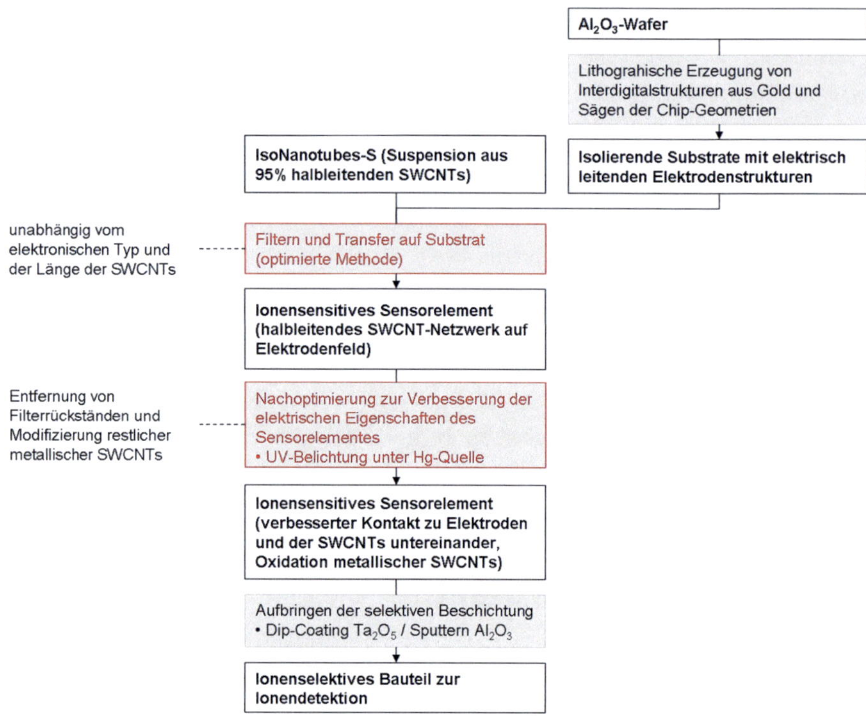

Abb. 3.45: Nach Entscheidungsprozess optimierte Prozesskette.

CNT-Netzwerke von je 100 μl Filtervolumen wurden hergestellt und mit der neu entwickelten Methode per Aceton-Trocknen auf die Elektrodenstrukturen transferiert. Die CNT-Netzwerke wurden anschließend zwei Stunden mit der Quecksilber-Lampe bestrahlt. Die so hergestellten Sensorelemente wurden entweder unbeschichtet getestet oder mit Ta_2O_5 tauchbeschichtet, mit Al_2O_3 besputtert bzw. mit einer kombinierten Schicht isoliert.

Zur Charakterisierung der Proben wurden sie in den in Kapitel 4 beschriebenen Messaufbau integriert und nach einem Versuchsablauf getestet, der anhand der Erfahrungswerte aus mehreren Vorversuchen festgelegt wurde.

4 Messaufbau und Messverfahren

4.1 Messaufbau

Das Substrat mit den Interdigitalstrukturen (Abb. 3.2) und dem halbleitenden SWCNT-Netzwerk wird auf die aufnehmende Platine geklebt und durch angelötete Drähte an den Zuleitungen der Goldelektroden mit den Pins verbunden (Abb. 4.1a). Der Sensor auf der Platine wird mit dem Elektrodenfeld nach innen zeigend über einer Bohrung an einer Seite eines Vierkantglases angebracht, so dass das CNT-Netzwerk in Kontakt mit den eingefüllten Medien steht (Abb. 4.1b, 4.1c).

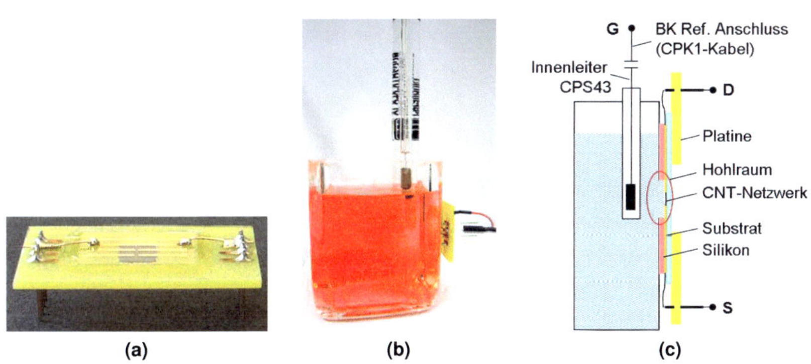

Abb. 4.1: Saphir-Substrat (a) aufgeklebt auf einer Platine und (b, c) im Liquid-Gate-Messaufbau.

Die Elektroden der Interdigitalstruktur werden als Source und Drain betrieben. Als Liquid Gate-Elektrode wird im Messmedium eine Referenzelektrode CeraLiquid CPS43 von Endress+Hauser, Waldheim, Deutschland, verwendet. Über den BK-Ref.-Anschluss des CPK1-Anschlusskabels (Endress+Hauser) wird der Innenleiter der Referenzelektrode kapazitiv an die Spannungsquelle angeschlossen. Eine Elektrolyse zwischen Drain und Gate wird dadurch vermieden.

Durch das Anbringen des Sensors an der Bohrung ergibt sich ein Hohlraum (Abb. 4.1c) mit einer Tiefe, die sich aus der Dicke des Vierkantglases und der Höhe der Pins auf der Platine zusammensetzt. In dem Hohlraum sammelt sich während des Messung Elektrolytmaterial, das nach der Messung sorgfältig mit destilliertem Wasser ausgespült werden muss.

4.2 Definition von sensorrelevanten Kennlinien

Über das Keithley Sourcemeter 2812 werden die Spannungen V_{SD} und V_G angesteuert und der Messstrom I_{SD} gemessen. Die Messung von I_G erfolgt nur zur Beobachtung eventueller Fehlerströme.

Das Messprotokoll in Labview (Anhang A.5) wurde so angelegt, dass beide Spannungskanäle parallel oder kaskadisch angesteuert werden können. Für V_G und V_{SD} werden Anfangswerte voreingestellt. Anschließend wird die Spannung V_G abhängig von den voreingestellten Werten, mit einer vorgegebenen Anzahl an Messpunkten zwischen Maximum und Minimum, in einer vorgegebenen Messdauer zwischen den Messpunkten (Abtastintervall) und mit einer vorgegebenen Zahl an Wiederholungen geändert. Dabei wird I_{SD} als Messwert ausgegeben. V_{SD} bleibt während der gesamten Messung konstant. Bei kaskadischer Ansteuerung springt V_{SD} nach Abarbeiten der ersten Schleife auf einen nächsten Wert und die Schleife wird erneut durchlaufen. Änderungen der Anzahl der Messpunkte oder der Wiederholungen müssen allerdings manuell eingegeben werden.

Für die in der vorliegenden Arbeit gezeigten Messungen wurde V_{SD} konstant gehalten. Die Kanäle wurden daher immer parallel angesteuert, mit der Einstellung „statisch" für V_{SD}. Die Einstellungen für die aufeinanderfolgenden Messkurven des Messprotokolls wie Einlaufkurve, Kennlinienmessung etc. wurden manuell vorgenommen.

4.2.1 Einlaufkurve $I_{SD}(t)$

Zur Beobachtung zeitlicher Veränderungen von I_{SD} bei konstanten V_{SD} und V_G wurden Einlaufkurven $I_{SD}(t)$ aufgenommen (Abb. 4.2). $I_{SD}(t)$ steigt bis zum Erreichen einer Sättigung. Das Ansteigen weist auf den Aufbau einer Ladungsschicht an der Grenzfläche von Buckypaper bzw. ionenselektiver Schicht zum Analyten hin. In Abschnitt 4.3.1 werden dieser Theorie entsprechende Beobachtungen während der Messung der Einlaufkurve beschrieben.

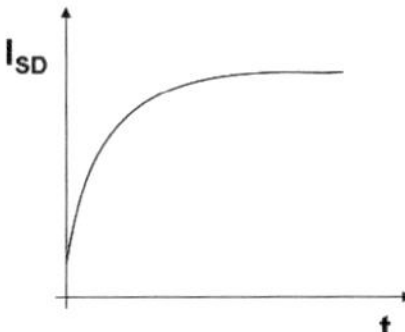

Abb. 4.2: Skizze der Einlaufkurve $I_{SD}(t)$.

4.2.2 Kennlinie $I_{SD}(V_G)$

Die Transistor-Kennlinie stellt $I_{SD}(V_G)$ bei konstantem V_{SD} dar, während V_G zwischen einem Minimal- und einem Maximalwert zyklisch variiert wird (Abb. 4.3a). Das Verfahren von V_G von Minimum zu Maximum und zurück wird als eine einzelne Messschleife definiert.

Die bereits eingeführte Einlaufkurve $I_{SD}(t)$ muss vor der Kennlinie durchlaufen werden, da sonst zeitliche Effekte den Einfluss durch die Gate-Elektrode überdecken (Abschnitt 4.3.1). Solange keine klare V_G-Abhängigkeit beobachtet werden kann, ist eine Auswertung der Kennlinien sowohl nach Absolutwert als auch nach Steigung gegenstandslos.

Bei den Messungen in Elektrolyten wurde festgestellt, dass die Hysterese wesentlich schmaler wird oder ganz verschwindet, wenn relativ langsam gemessen wird (Abschnitt 4.3.2). Das verlangsamte Ansprechen wird auf den Liquid Gate-Aufbau zurückgeführt, da hier die effektive Gate-Spannung durch den

Ladungsaufbau in der Grenzschicht und damit durch ein Verschieben der Ladungsträger im Elektrolyten bestimmt wird.

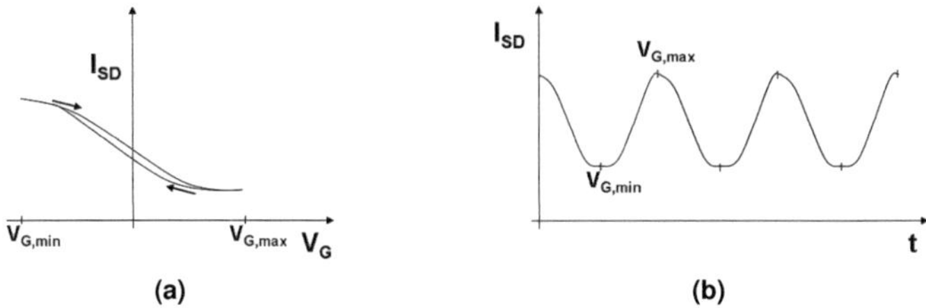

Abb. 4.3: Schematische Darstellung (a) der $I_{SD}(V_G)$ Kennlinie und (b) der zeitlichen Auswertung der Kennlinie $I_{SD}(V_G,t)$, drei Messschleifen.

4.2.3 Zeitliche Kennlinienbetrachtung $I_{SD}(V_G,t)$

Zur Beobachtung von überlagerten zeitabhängigen Effekten werden die $I_{SD}(V_G)$-Kennlinien über der Zeit t dargestellt (Abb. 4.3b). Durch das Verändern der Gate-Spannung sollte sich ein zickzack- oder wellenförmiger Verlauf ergeben. Anderenfalls war die Einlaufkurve noch nicht abgeschlossen oder das Buckypaper verändert sich während des Messens. In beiden Fällen ist die Abhängigkeit von V_G nicht gegeben und die Kurve kann nicht ausgewertet werden.

4.2.4 Zeitliche Gesamtauswertung

Zur Beobachtung einer Drift über den gesamten Messzyklus bzw. zur Beobachtung von irreversiblen Veränderungen der I_{SD}-Werte werden sämtliche I_{SD}-Kurven in ihrer zeitlichen Reihenfolge hintereinander über die gesamte Messzeit dargestellt (Abb. 4.4). Zunächst werden die $I_{SD}(t)$-Einlaufkurven in Wasser gezeigt, dann die $I_{SD}(t)$-Einlaufkurven in einem Elektrolyt, anschließend die $I_{SD}(V_G)$-Kennlinien. Danach folgen die I_{SD}-Kurven in H_2O oder im nächsten Puffer.

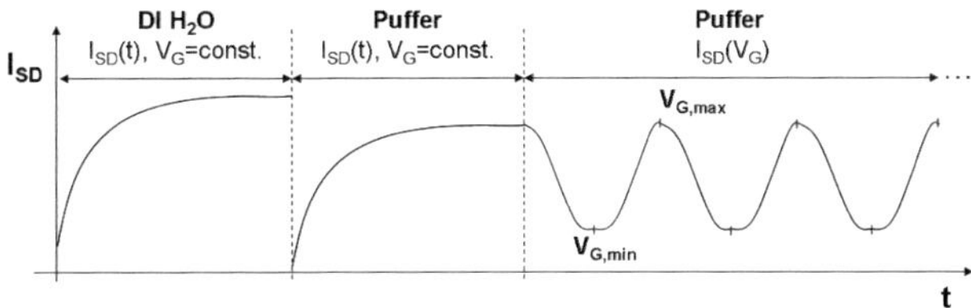

Abb. 4.4: Schematische Darstellung der zeitlichen Gesamtauswertung sämtlicher Messkurven eines Tests, hier beispielhaft nur für einen Puffer gezeigt.

4.3 Zeiteffekte

4.3.1 Einlaufkennlinie

Bei direkter Messung von $I_{SD}(V_G)$ zeigt die Kurve eine rein zeitabhängige Steigung (Abb. 4.5a). Der Zeiteffekt sticht besonders deutlich heraus, wenn $I_{SD}(V_G)$ über die Messzeit aufgetragen wird (Abb. 4.5b). Sonst müsste sich am Umkehrpunkt bei $V_{G,max}$ eine Steigungsänderung ergeben (vgl. Abb. 4.3). Im Idealfall wären Hin- und Rückweg, linke und rechte Seite vom Umkehrpunkt, genau spiegelbildlich.

In den gezeigten drei aufeinander folgenden Messkurve zeigt sich jedoch statt der erwarteten Transistorkennlinie oder Hysterese ein monotoner Anstieg des Stromes unabhängig von V_G. Insbesondere in Abb. 4.5b zeigt sich deutlich, dass der Anstieg nur von der Messzeit abhängt. Der Anstieg wird jedoch mit jeder Messung schwächer.

Zur genaueren Untersuchung des beobachteten Zeiteffektes wurde der Test an einer zweiten Probe wiederholt (Abb. 4.6), nun mit 15-facher Wiederholung der Messung, um den weiteren Verlauf des Stromanstiegs zu untersuchen. Auch hier zeigt sich eine deutliche Überdeckung der V_G-Beeinflussung durch den Zeiteffekt. Am Umkehrpunkt zeigt sich jedoch von der ersten Messung an eine Steigungsänderung von Hin- zu Rückweg. Von Messung zu Messung steigt der Mittelwert, während sich die Steigung von Hin- und Rückweg mit der Zeit angleicht.

Die Änderung der Kurvenform bezieht sich hauptsächlich auf die abfallende Flanke (Abb. 4.6b und Abb. 4.7b). Dieses Verhalten führt dazu, dass von einer anfänglich monoton ansteigenden Kennlinie die Hysterese zwischen ab- und ansteigender Flanke langsam geschlossen wird (Abb. 4.6a).

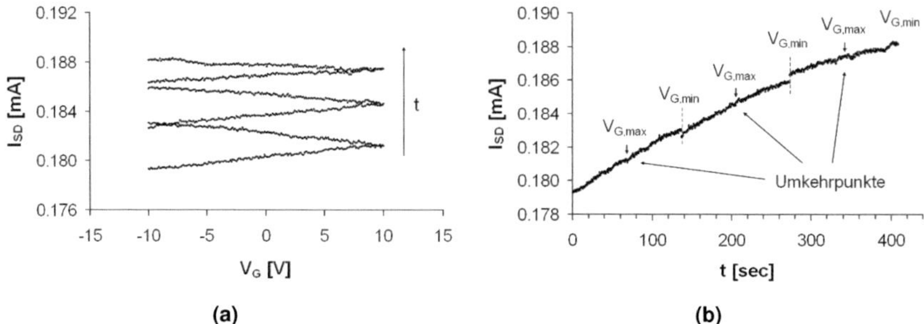

Abb. 4.5: Dreimalige Messung einer Messschleife. Die Kennlinien (a) $I_{SD}(V_G)$ der drei Messungen steigen rein zeitabhängig an. Insbesondere die zeitliche Auswertung der Kennlinien (b) $I_{SD}(V_G, t)$ zeigt, dass der Strom monoton steigt, ohne eine Beeinflussung durch V_G zu zeigen.

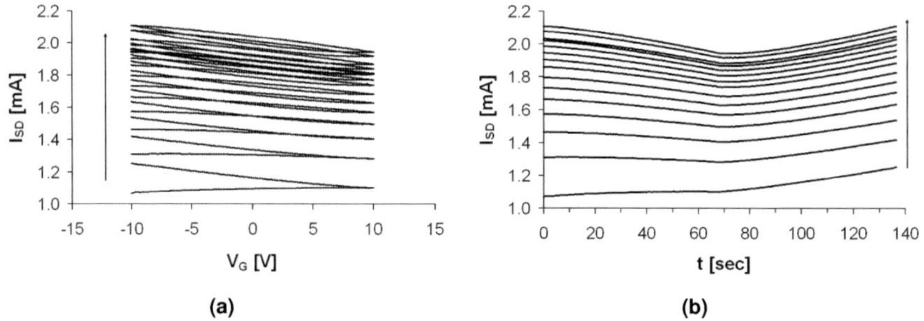

Abb. 4.6: Wiederholung der mehrmaligen Messung einer Messschleife. (a) $I_{SD}(V_G)$ und (b) $I_{SD}(V_G,t)$ zeigen, dass der Zeiteffekt nach mehreren Messungen langsam abnimmt. Die Hysterese schließt sich. Zu beachten ist, dass zur leichteren Darstellung der Steigungsänderung der Flanken in (b) die einzelnen Kurven übereinander und nicht in ihrer zeitlichen Reihenfolge dargestellt sind.

Je geringer die zeitabhängige Änderung des Mittelwertes ist und je enger die Kennlinien beieinander liegen, desto deutlicher wird der Einfluss der Gate-Spannung sichtbar.

Aus den beschriebenen Beobachtungen wurde geschlossen, dass jede Testreihe zunächst von einem Zeiteffekt dominiert wird, der abklingen muss, bevor eine eindeutige V_G-Abhängigkeit beobachtet werden kann. Die bisherigen Versuche

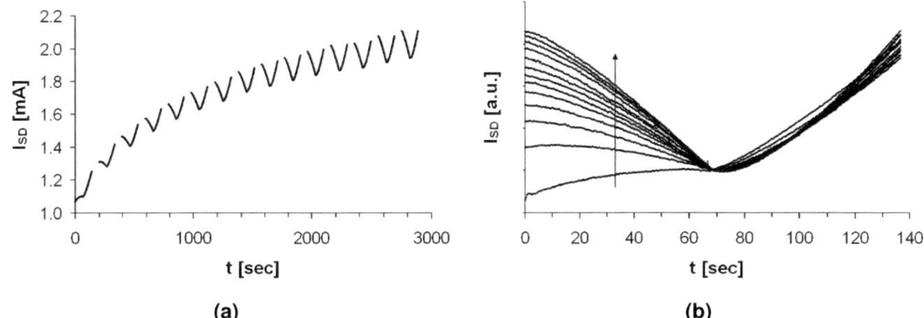

Abb. 4.7: Zeitliche Auswertung (a) von Abb. 4.6a und (b) auf den Umkehrpunkt normierte $I_{SD}(V_G,t)$-Kurven. (a) zeigt einen Anstieg der Stromwerte, die eine gesättigte Exponentialkurve vermuten lässt. (b) verdeutlicht, dass das Abklingen des Zeiteffektes sich vor allem in einer Änderung der absteigenden Flanke äußert.

lassen ein beschränktes Wachstum des Stromes während der Einlaufphase vermuten.

Zur Bestätigung wurden $I_{SD}(t)$-Messungen bei konstantem V_{SD} und V_G aufgenommen (Abb. 4.8). Bei mehreren kurzzeitigen Messungen (Abb. 4.8a) zeigen sich zusätzlich zum generellen Anstieg des I_{SD} am Anfang jeder Messung Überschwinger, die als Effekte durch das Ein- und Ausschalten der V_{SD}-Spannung identifiziert wurden. Da die Effekte eine teilweise deutliche Stromüberhöhung darstellen, wurde das häufige Ein- und Ausschalten des V_{SD} als Belastungsfaktor eingestuft, der möglichst vermieden werden soll.

Eine langfristige $I_{SD}(t)$-Messung (Abb. 4.8b) zeigt das erwartete Verhalten von beschränktem Wachstum. Die Zeit bis zur Sättigung der Stromkurve (typischerweise über 30 Minuten) wird im Weiteren als Einstellzeit bezeichnet.

Es ist zu beachten, dass die hier beschriebene Einstellzeit nicht mit der in der ISFET-Literatur oft beschriebenen (Langzeit-)Drift gleichzusetzen ist. Die Drift bezieht sich auf die langfristige Verschiebung des Messsignals, d.h. nach einer Kalibrierung des Sensors kann direkt gemessen werden. Die hier beschriebene Einstellzeit ist dagegen vor jeder Messung abzuwarten, um aussagekräftige Ergebnisse zu erzielen.

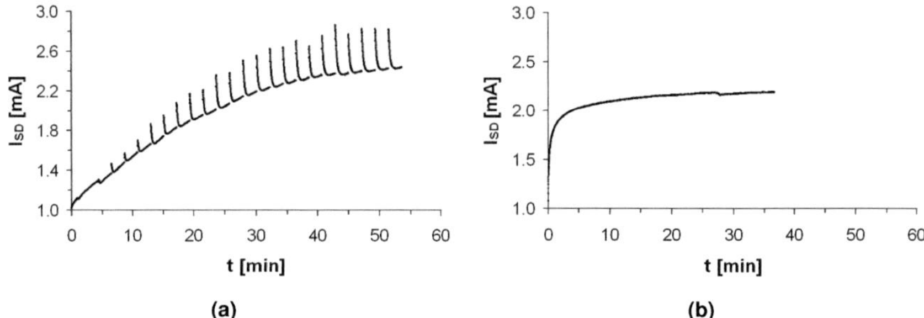

Abb. 4.8: Mehrere kurzzeitige, hintereinander aufgenommene Messungen (a) von $I_{SD}(t)$ einer Probe sind mit V_{SD}-Ein-/Aus-Effekten (Überschwinger) behaftet. Die Endpunkte der kurzzeitigen Messungen deuten wieder auf eine gesättigte Exponentialkurve hin. Durch eine längerfristige Messung (ca. 38 min) einer anderen Probe (b) zeigt sich die Einlaufkurve in erwarteter Form.

$I_{SD}(t)$ steigt also bis zum Erreichen einer Sättigung. Dabei kann durch Aufwirbeln des Elektrolyts an der Grenzfläche zwischen Elektrolyt und Buckypaper, z.B. durch Zuführen von frischem Elektrolyt mittels Pipette, die Einlaufkurve unterbrochen werden (Abb. 4.9). I_{SD} sackt zunächst steil ab, steigt dann jedoch wieder mit der gleichen Schnelligkeit weiter an. Das weist zusammen mit der Sättigung, die I_{SD} nach einiger Zeit erreicht, auf ein sich ausbildendes elektrolytisches Gleichgewicht im Grenzbereich hin. Die Einlaufkurve beruht somit auf dem Aufbau der Ladungsschicht an der Grenzfläche von Elektrolyt und Buckypaper.

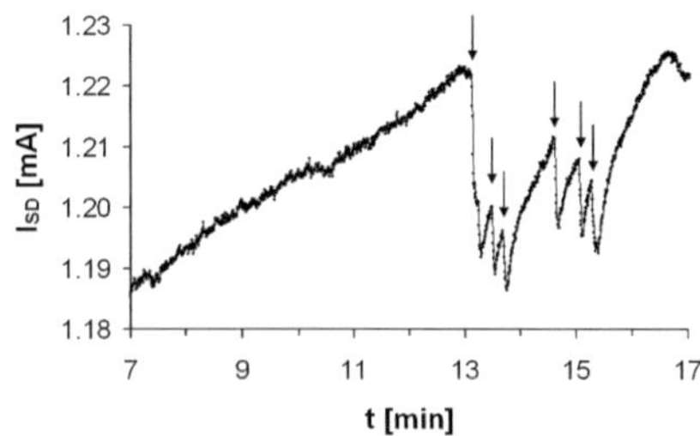

Abb. 4.9: Durch das direkte Zuführen von frischem Puffer mit einer Pipette (Pfeile) kann der Aufbau der Doppelschicht durch die erzeugte Strömung gestört werden.

Das bedeutet für den bereits besprochenen Zeiteffekt bei den $I_{SD}(V_G)$-Messungen in Abb. 4.5 und 4.6, dass der Zeiteffekt auftritt, solange das elektrolytische Gleichgewicht an der Elektrolyt-Buckypaper-Grenzfläche noch nicht erreicht ist. Da die durch V_G-Änderungen hervorgerufene I_{SD}-Beeinflussung wesentlich kleiner ist als die zeitabhängige Änderung durch den Aufbau der Doppelschicht, wird für die folgenden Messungen festgelegt, vor der Kennlinie immer eine Einlaufkurve bei konstantem V_G und V_{SD} zu messen.

Nach mehreren Messungen in Pufferlösungen und in deionisiertem Wasser hat sich zudem gezeigt, dass die Einstellkurven nicht, wie zunächst angenommen, allein vom Analyten bzw. den darin enthaltenen Ionen abhängig ist. Vielmehr hat die Vorgeschichte der Proben einen deutlichen Einfluss auf die Kurven (Abschnitt 5.1.2).

4.3.2 Hysterese

Unbeschichtete Sensorelemente wurden im Liquid Gate Aufbau untersucht. Es zeigte sich, dass die Einlaufzeit deutlich kürzer ist als bei beschichteten Proben, was damit zusammen hängt, dass die Gate-Isolationsschicht, hier durch die elektrolytische Doppelschicht verkörpert, viel dünner ist als die aufgebrachten Sputter- oder Dip-Coating-Schichten.

Die Kennlinien zeigen auf einem I_{SD}-Niveau liegende Messschleifen ohne überlagerten Zeiteffekt, jedoch mit einer deutlichen Hysterese. In Erwartung, in einem größeren Messbereich deutliche I_{ON} bzw. I_{OFF}-Ströme zu erkennen, wurde der Messbereich ausgehend von -10 V $< V_G <$ +10 V erweitert. Bei konstanter Anzahl der Messpunkte (200 Messpunkte pro Flanke) ergibt sich durch die Erweiterung des Messbereichs eine Vergrößerung der V_G-Änderung pro Abtastintervall: Bei einem Messbereich -20 V $< V_G <$ +20 V (Abb. 4.10a) beträgt die V_G-Änderung pro Messpunkt 0,2 $^V/_{MP}$. Mit einem Abtastintervall von 0,3 Sekunden ergibt sich daraus eine Messgeschwindigkeit $v_{mess} = 0,66$ $^V/_{sec}$. Die Kurvenform ändert sich jedoch durch die Vergrößerung des Messbereiches nicht maßgeblich (Abb. 4.10).

Bei Liquid-Gate-FETs sind Diffusionsvorgänge im Analyt für die effektive Gate-Spannung verantwortlich. Durch die extern angelegte Gate-Spannung werden

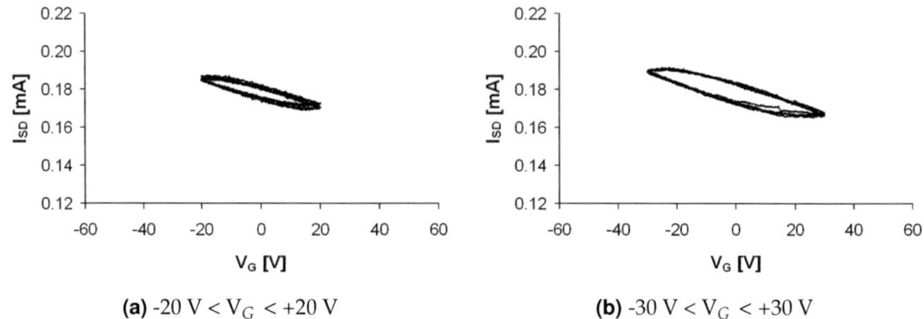

Abb. 4.10: Bei einem Abtastintervall von 0,3 Sekunden bewirkt eine Vergrößerung des V_G-Messbereiches keine Änderung der Kurvenform. Die Anzahl der Messpunkte bleibt dabei konstant. Die Messgeschwindigkeit beträgt (a) 0,66 $^V/_{sec}$ bzw. (b) 1 $^V/_{sec}$.

Ionen an die Oberfläche der CNT-Netzwerke gezogen, das Abstoßen der Ladungsträger beim Umkehren der Spannung erfolgt jedoch nicht zwangsläufig mit der gleichen Geschwindigkeit [197; 198], zudem können an der Nanoröhre oder am Substrat adsorbierte Wassermoleküle als Ladungsträgerfallen wirken [199; 200]. Entsprechend dieser Überlegung reagieren Liquid-Gate-FETs wesentlich langsamer als Solid-Gate-FETs und weisen die beobachtete Hysterese auf. Daher wurde das Abtastintervall zwischen den einzelnen Messpunkten von 0,3 Sekunden auf 2,1 Sekunden erhöht (Abb. 4.11). Dadurch wird natürlich auch die gesamte Messdauer um Faktor 7 verlängert. Die Hysterese verschwindet. Sowohl für Adsorption als auch Desorption der Ionen ist die Messdauer pro Messpunkt ausreichend.

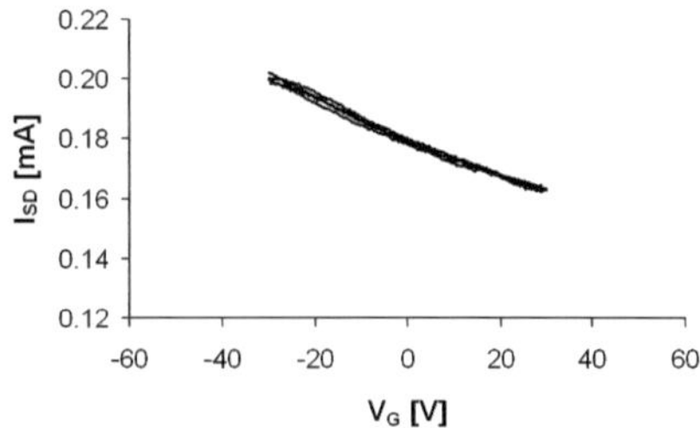

Abb. 4.11: Bei langsamerer Messung, d.h. bei einer Vergrößerung des Abtastintervalls auf 2,1 Sekunden, verschwindet die Hysterese (-30 V < V_G < +30 V). v_{mess} beträgt 0,14 $^V/_{sec}$

Bei einer zweiten Probe wurde der Messbereich bis zu -120 V < V_G < +120 V vergrößert (Abb. 4.12). Auch hier zeigt sich bei -50 V < V_G < 50 V bei langsamem Messen keine Hysterese. Bei weiterhin gleichbleibend 200 Messpunkten pro Flanke und einem Abtastintervall von 2,1 Sekunden beträgt die Messgeschwindigkeit v_{mess} = 0,24 $^V/_{sec}$ für einen Messbereich von 100 V (-50 V < V_G < +50 V). Bei einer Vergrößerung des Messbereiches auf -70 V < V_G < +70 V (v_{mess} = 0,33 $^V/_{sec}$) bzw. -120 V < V_G < +120 V (v_{mess} = 0,57 $^V/_{sec}$) zeigt sich zwar wieder eine Hysterese, sie ist jedoch sehr schmal. Zusätzlich zeigt sich eine mit jeder Vergrößerung des Messbereiches deutlicher sichtbare Krümmung der Kurven, die die Niveaus von I_{ON} bzw. I_{OFF} andeutet.

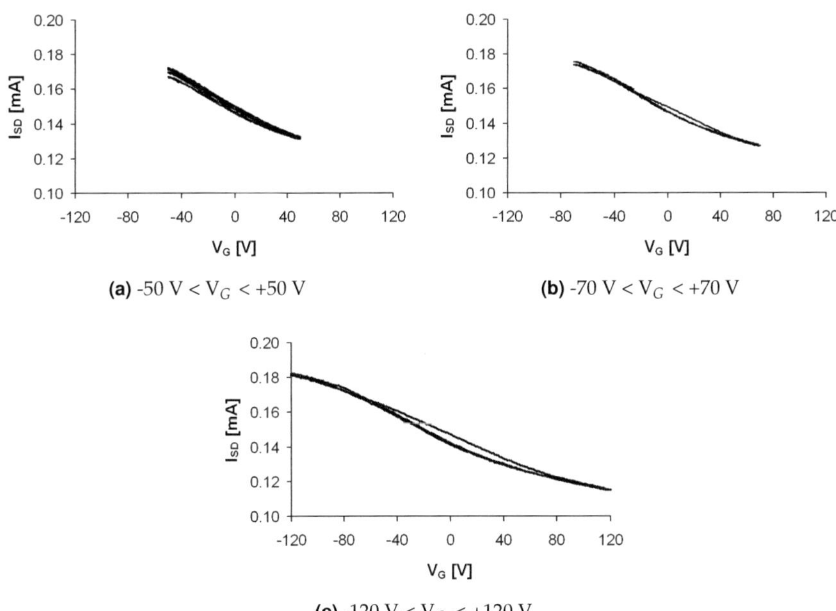

Abb. 4.12: Messung mit verlängerter Messdauer pro Messpunkt (Abtastintervall 2,1 Sekunden). (a) zeigt keine Hysterese, Hin- und Rückweg der Messschleifen liegen sehr nah beieinander. Bei einer Vergrößerung des Messbereiches (b, c) zeigt sich eine Krümmung der Kurven, die auf I_{ON} und I_{OFF} deutet. Gleichzeitig zeigt sich wieder eine leichte Hysterese, da die Messgeschwindigkeit v_{mess} mit der Messbereichsvergrößerung steigt.

Die Versuche zeigen, dass die typische Transistor-Kurvenform bei FETs mit gefilterten CNT-Netzwerken vorhanden ist. Es konnte gezeigt werden, dass die Hysterese durch langsames Messen vermieden werden kann. Allerdings erstreckt sich die Steigung zwischen I_{ON} und I_{OFF} über einen sehr großen Bereich, was auf die große Anzahl an CNTs zurückzuführen ist, die sich beim Filtern abscheiden lassen (Anhang A.9).

Um I_{ON} und I_{OFF} dennoch erfassen zu können, wurde der Messbereich auf -150 V < V_G < +150 V erhöht. Zudem wurde das Abtastintervall auf 2 Sekunden festgelegt. Bei dieser Messgeschwindigkeit ist zwar mit einer Hysterese zu rechnen, sie sollte jedoch hinreichend schmal sein.

4.4 Störende Einflüsse im Versuchsablauf

Während der Versuchsreihen wurden einige Teilprozesse im Messprotokoll als Belastungsfaktoren identifiziert, die bei der Festlegung des endgültigen Messprotokolls vermieden werden sollen. Die Belastungsfaktoren können dabei chemisch, mechanisch oder elektrisch sein. Durch die Belastungen werden die CNT-Netzwerke oder die Beschichtungen teilweise irreversibel verändert bzw. geschädigt. Das Abplatzen größerer Bereiche der Sputterschicht inklusive des CNT-Netzwerkes durch mechanische Belastungen oder das Verbrennen der Elektroden durch überhöhten Strom sind leicht optisch zu erkennen. Andere Effekte zeigen sich während der I_{SD}-Messungen durch Rauschen oder plötzlichen Abfall des Stromes.

Bereits das Einwirken saurer oder basischer Medien auf die CNTs oder auf die Beschichtung kann als chemische Belastung angesehen werden. Da dies jedoch der gefragte Parameter ist, kann dieser Belastungsfaktor nicht vermieden werden. Dagegen wurde das Spülen mit Ethanol zum gründlichen Entfernen von Pufferrückständen aus dem Messvorgehen gestrichen, da die Messkurven danach deutlich verrauschter waren als vorher.

Mechanische Belastungen wie das Abspülen der Probe mit deionisiertem Wasser, Abblasen und Trocknen mit Stickstoff wurden ebenfalls weggelassen.

Zu hoher oder zu lange andauernder Stromfluss durch das CNT-Netzwerk schädigt die Proben deutlich, was sich in einem plötzlichen Abfall von I_{SD} zeigt.

Das Trocknen an Luft (Anhang A.6) stellt ebenfalls eine Belastung für die Proben dar, zudem ist es ein Zustand, in dem keine andauernde Messung möglich ist, da kein Liquid Gate anliegen kann. Die Messungen wurden daher „nass in nass" durchgeführt (Anhang A.6).

Zunächst wurde ein Puffer direkt gegen den nächsten ausgetauscht, es zeigte sich jedoch, dass ein zwischenzeitliches Einwirken von deionisiertem Wasser notwendig ist, um Pufferrückständen im CNT-Netzwerk oder in der Beschichtung, die die folgende Messung verfälschen können, die Möglichkeit zu geben auszudiffundieren. Auch ein Startdelay ohne Aufzeichnung der Daten wurde gestrichen und stattdessen durch eine $I_{SD}(t)$-Messung bei konstantem V_{SD} und V_G ersetzt. Schließlich wurde die gesamte Testreihe unter anliegender V_{SD}-Spannung durchgeführt (Abschnitt 4.5, Anhang A.6), um erstens die Effekte, die sich durch An- und Abschalten von V_{SD} ergeben, zu vermeiden und zweitens sämtliche Effekte während der Messung beobachten zu können.

4.5 Versuchsablauf

Auf Grundlage der vorigen Betrachtungen (Abschnitt 4.3 und Abschnitt 4.4) wird im Folgenden der Ablauf der Messungen zur Charakterisierung der Sensorelemente bzw. der beschichteten Sensoren festgelegt.

Während der Tests wurde bei allen Proben ein deutliches Einlaufverhalten beobachtet, das hauptsächlich von der Zeit, der Vorgeschichte der Probe und dem umgebenden Analyten abhängt. Vor dem Messen von V_G-abhängigen Kennlinien wird daher der Source-Drain-Strom I_{SD} im jeweiligen Medium zunächst einige Zeit aufgezeichnet, bis sich eine Sättigung absehen lässt. Anschließend wird I_{SD} unter zyklischer Variation von V_G gemessen. Auf Startdelays wurde verzichtet und stattdessen durch Messung von I_{SD} bei konstantem V_G ersetzt, um sämtliche Änderungen von I_{SD} zu dokumentieren.

Als Referenz wird zu Beginn jeweils eine $I_{SD}(t)$-Kurve bei $V_G = 0\,V$ in deionisiertem Wasser gemessen. Während andauernder Messung von $I_{SD}(t)$ wird das deionisierte Wasser gegen einen pH-Puffer ausgetauscht, es folgen weitere $I_{SD}(t)$- und $I_{SD}(V_G)$-Messungen. Die Reihenfolge der Pufferlösungen pH 4, pH 7, pH 9 wird von

Testreihe zu Testreihe variiert, um beispielsweise zeitliche Effekte von den Effekten durch das Erhöhen oder Senken des pH-Wertes unterscheiden zu können.

Um ins CNT-Netzwerk eingedrungene Pufferrückstände wieder zu entfernen, folgt nach der Puffermessung ein Spülschritt, d.h. der Puffer wird gegen deionisiertes Wasser ausgetauscht. Der Austausch geschieht nicht durch direktes Abspülen der Proben, sondern durch Einfüllen von deionisiertem Wasser und Ausdiffundieren der Rückstände und dauert daher einige Zeit. Die Messungen werden nass in nass durchgeführt ohne Trockenphasen, also mit direktem Austausch von DI H_2O gegen Puffer A, wiederum gefolgt von DI H_2O, Puffer B, DI H_2O, etc.

Da durch An- und Abschalten der Source-Drain-Spannung der Strom deutlich beeinflusst wird und andere Effekte dadurch überdeckt werden, liegt V_{SD} = 1 V während des gesamten Tests dauerhaft an. Dadurch können Änderungen durch Medienwechsel oder Zuschalten der Gate-Spannung leichter interpretiert werden.

Der Versuchsablauf und das Diagramm der zeitlichen Gesamtauswertung (Abb. 4.13) sehen somit folgendermaßen aus:

- Messung der Einlaufkurve I_{SD} (t) in DI H_2O, V_G = 0 V

- Austausch von DI H_2O gegen Puffer A, währenddessen Messung von I_{SD} (t), V_G = 0 V

- Messung der Einlaufkurve I_{SD} (t) in Puffer A, V_G = 0 V

- Messung der Einlaufkurve I_{SD} (t) in Puffer A, V_G = -50 V

- Messung der Einlaufkurve I_{SD} (t) in Puffer A, V_G = -150 V

- Messung der Kennlinie I_{SD} (V_G) in Puffer A, -150 V < V_G < +150 V

- Austausch von Puffer A gegen DI H_2O, währenddessen Messung von I_{SD} (t), V_G = 0 V

- Austausch von DI H_2O gegen Puffer B, währenddessen Messung von I_{SD} (t), V_G = 0 V

- Etc.

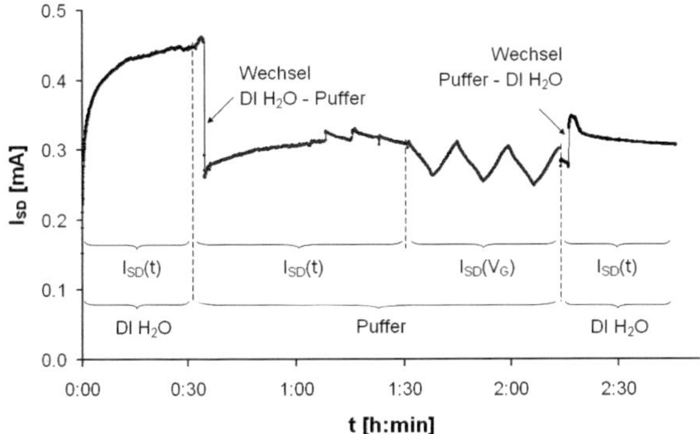

Abb. 4.13: Beispieldiagramm des Ablaufs des festglegten Messprotokolls.

Nach dem dargestellten Messprotokoll wurden die in Abschnitt 3.5 beschriebenen Proben getestet. Anhand der erhaltenen Messergebnisse wurde die im Folgenden beschriebene Charakterisierung vorgenommen (Kapitel 5).

5 Sensor-Charakterisierung

Die während der Prozesskettenentwicklung hergestellten Proben (unbeschichtete Sensorelemente, Al_2O_3 -besputterte, Ta_2O_5 -beschichtete und kombibeschichtete Sensoren) wurden elektrochemisch im Messaufbau nach Kapitel 4 getestet und charakterisiert, um die Auswirkung einzelner Prozessschritte auf die Kennlinien der Proben zu analysieren und daraus das weitere Vorgehen bezüglich des Gesamtprozesses festzulegen. Der Gate-Strom I_G durch den Elektrolyten wurde bei jeder Messung mit aufgezeichnet, um parasitären Stromfluss ausschließen zu können. I_G lag bei allen Messungen im Liquid-Gate-Messaufbau unter 10 nA. Referenzelektrode und Elektrolyt stellen damit gemeinsam ein gut isoliertes Gate dar.

Ebenso wurden die nach der in Abschnitt 3.5 festgelegten Prozesskette hergestellten Proben, sowohl unbeschichtete Sensorelemente als auch beschichtete Sensoren, in dem Messaufbau elektrochemisch getestet, um die pH-abhängigen Parameter der Messkurven eruieren und so die Funktionalität des Sensors nachweisen zu können.

5.1 Charakterisierung: Unbeschichtetes Sensorelement

5.1.1 Charakterisierung von UV-belichteten Sensorelementen

Der Einfluss der UV-Belichtung aus Abschnitt 3.3.2.2 wurde anhand eines Vergleichs von unbelichteten, Xe- und Hg-belichteten Buckypapern untersucht (Abb. 5.1). Dafür wurden die Proben im Liquid Gate-Aufbau in Kontakt mit dem Puffer pH 9 gemessen.

Es zeigte sich, dass sich bei den Hg-belichteten Proben im Gegensatz zu den unbelichteten oder Xe-belichteten Buckypapern eine deutliche Verbesserung der

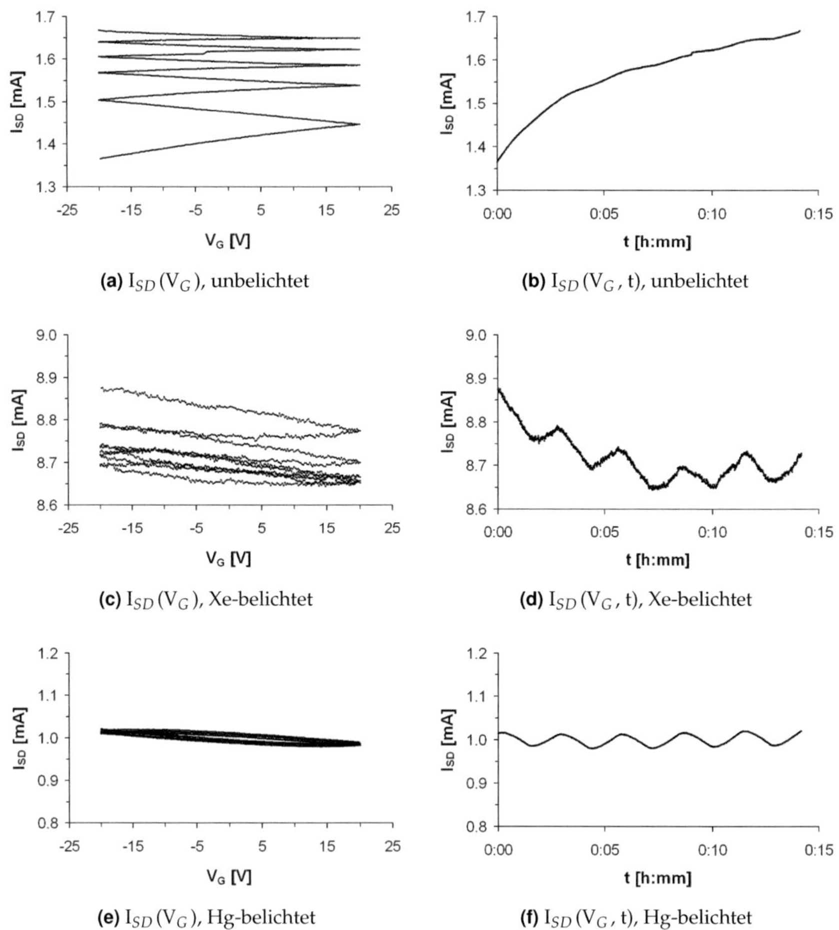

(a) $I_{SD}(V_G)$, unbelichtet

(b) $I_{SD}(V_G, t)$, unbelichtet

(c) $I_{SD}(V_G)$, Xe-belichtet

(d) $I_{SD}(V_G, t)$, Xe-belichtet

(e) $I_{SD}(V_G)$, Hg-belichtet

(f) $I_{SD}(V_G, t)$, Hg-belichtet

Abb. 5.1: Vergleich der Kennlinien $I_{SD}(V_G)$ und ihrer zeitlichen Auswertung $I_{SD}(V_G, t)$ von je fünf Messschleifen eines (a, b) unbelichteten Netzwerkes, eines (c, d) Xe- und eines (e, f) eines Hg-belichteten Netzwerkes in pH 9. Bei den Kennlinien des Hg-belichteten Netzwerkes ist der Zeiteffekt deutlich minimiert, die Messschleifen liegen übereinander.

Kurvenform einstellt. Der Zeiteffekt der Kennlinie ist vor allem gegenüber der unbelichteten Probe deutlich minimiert, die Hysterese ist geschlossen. Daher wurde für die weitere Probenherstellung (Abschnitt 3.3.2.2) der Einsatz von Hg-Belichtung weiter übernommen.

5.1.2 pH-abhängige Steigung der Kennlinie

Die pH-Abhängigkeit von unbeschichteten Sensorelementen wurden nach dem Messprotokoll aus Abschnitt 4.5 getestet. Anhand der Messkurven einer Probe soll hier exemplarisch die Auswertung beschrieben werden.

Das Sensorelement wurde am ersten Tag in drei verschiedenen Pufferlösungen getestet (Abb. 5.2). Jeweils vor und nach jedem Puffertest wird das Vierkantglas mit sterilem Wasser befüllt: Davor, um vor dem eigentlichen Test mit Standardpuffern eine Bezugsmessung in Wasser durchzuführen, und danach, um Pufferrückständen im Buckypaper die Möglichkeit zum Ausdiffundieren zu geben.

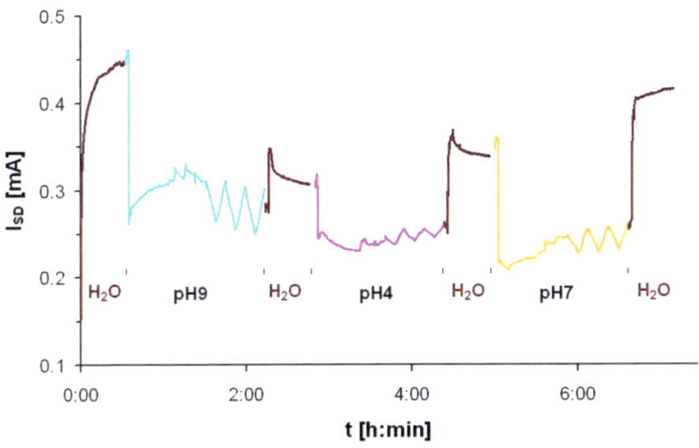

Abb. 5.2: Gesamtmessung des ersten Tages eines unbeschichteten, Hg-belichteten Sensorelementes. Die Messung folgte dem Messprotokoll aus Abschnitt 4.5. Die Puffer wurden in der Reihenfolge pH 9, pH 4, pH 7 getestet, jeweils getrennt durch Messungen von deionisiertem, sterilem Wasser.

Auffällig ist, dass die I_{SD}-Kurven in Wasser nach den Puffertests nicht die Form bzw. das Absolutniveau der ersten Wasserkurve erreichen. Die I_{SD}-Absolutwerte in verschiedenen Puffern direkt zu vergleichen, ist daher fragwürdig, denn das Nicht-Erreichen des Ausgangswertes in Wasser weist auf eine Änderung des Buckypapers hin, beispielsweise durch Adsorption von Ionen.

Zur genaueren Überprüfung der Stromänderung durch Messung in Puffer wurden Tagesmessungen angehängt, dabei wurde je ein Puffer pro Tag im Wechsel mit sterilem Wasser untersucht (Abb. A.6): pH 9 am zweiten, pH 7 am dritten und pH 4 am vierten Tag.

Bei längerem Einwirken von pH 7 am dritten Tag steigen die Messwerte auffällig an. Auch Einlegen in Wasser über Nacht macht den Effekt von pH 7 nicht rückgängig. Alle am folgenden Tag 4 gemessenen Kurven wirken gedehnt, auch die als Referenz gedachte Messkurve in destilliertem Wasser (Abb. 5.3d). Während die Referenz-Wasserkurven der ersten drei Tage in 30 Minuten um ca. 0,3 mA steigen, steigt I_{SD} in Wasser am vierten Tag um mehr als das Vierfache.

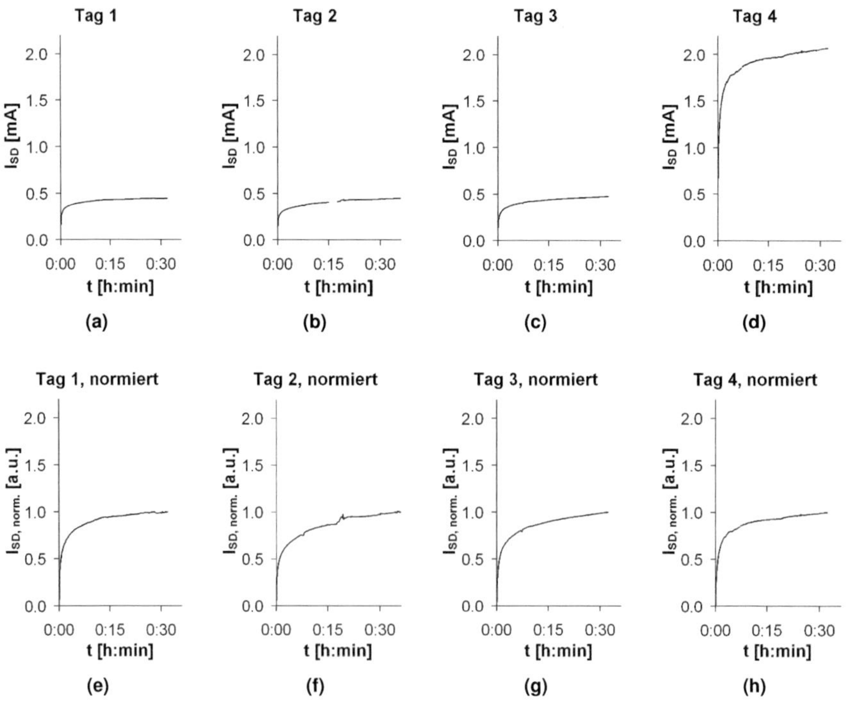

Abb. 5.3: Die Referenz-Wasserkurven des ersten bis vierten Tages (a - d), normiert auf die Länge 1 (e - h).

Vor den ersten Wasserkurven (Referenz-Wasserkurven) eines Tages war die Probe entweder unbenutzt oder über mindestens 16-Stunden in Kontakt mit Wasser. Der 16 stündige Kontakt der CNT-Netzwerke mit Wasser ohne anliegende Spannung sollte das Ausdiffundieren sämtlicher Pufferrückstände gewährleisten. Daher sollten die jeweils ersten Messungen des Tages in sterilem Wasser vergleichbar sein, d.h. Änderungen dieser Kurve lassen auf eine Änderung des Messsystems schließen, die zur Vergleichbarkeit aus der Messung eliminiert werden müssen. Daher wurden die Wasserkurven als Bezugskurven für alle weiteren Messkurven des Tages gewählt und auf die Höhe 1 normiert (Abb. 5.3e - 5.3h, vgl. Anhang A.7):

$$I_{SD,norm.} = \frac{I_{SD} - I_{SD,MP1}}{I_{SD,MP901} - I_{SD,MP1}}$$

mit $I_{SD,norm.}$: auf Referenz-Wasserkurve bezogener Strom I_{SD};

      $I_{SD,MP1}$: Anfangswert der Referenzkurve, Messpunkt 1;

      $I_{SD,MP901}$: Endwert der Referenzkurve, Messpunkt 901.

Die anschließenden Messkurven desselben Tages werden mit derselben Funktion behandelt (Abb. A.8). Es ergibt sich ein Angleichen der Kennliniensteigungen desselben pH-Wertes.

Den Kennlinien $I_{SD}(V_G)$ wird eine gemittelte Kurve 3. Ordnung als Trendlinie angepasst, um aus den drei Messschleifen jeder Kennlinienmessung einen Steigungswert ablesen zu können (Abb. 5.4a). Aufgrund des Abfalls der gesamten Kurve liegt das Bestimmtheitsmaß R^2 (Quadrat des Pearsonschen Korrelationskoeffizient R) bei 80,4 %.

An der zeitlichen Darstellung der Kennlinie in Abb. 5.4b kann der Abfall der Kurve während der Messung durch eine lineare Trendlinie dargestellt werden. Werden die Kennlinien $I_{SD}(V_G, t)$ durch Abzug der linearen Trendlinie zusätzlich gerade gerichtet („geflattet") (Abb. 5.4d), kann das Bestimmtheitsmaß R^2 der $I_{SD}(V_G)$-Trendlinie auf 97,3 % erhöht werden (Abb. 5.4c).

Bis auf das Beziehen aller Kurven eines Tages auf die jeweilige Wasserkurve und das Geraderichten der Kennlinien wurde an den Kurven nichts verändert, so dass die Vorgeschichte der Probe immer mit eingeht. Da die Information über das Absinken der Kennlinien in den einzelnen Messschleifen liegt, wird durch das „Flatten" nichts an der normierten Steigung geändert. Die Trendlinien können dadurch jedoch deutlich besser angepasst werden.

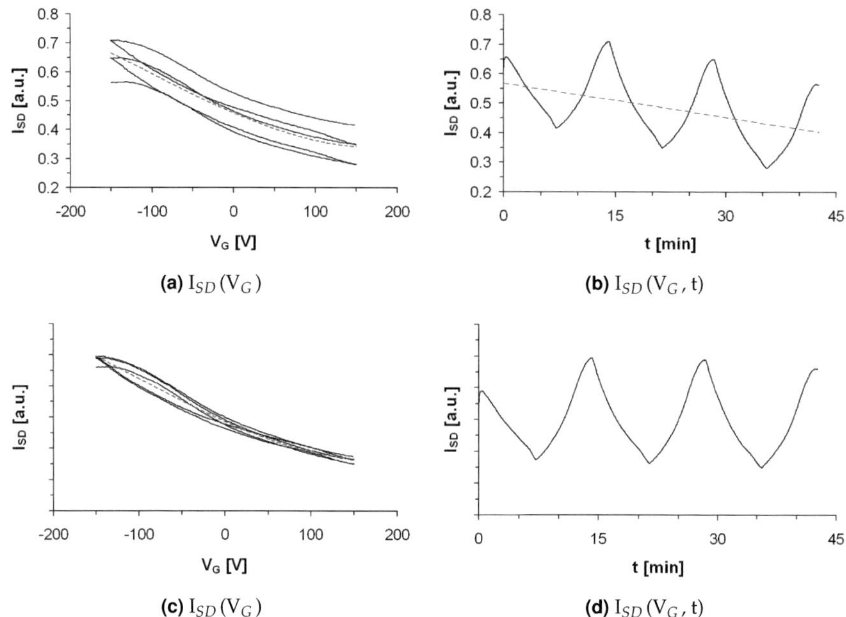

(a) $I_{SD}(V_G)$

(b) $I_{SD}(V_G, t)$

(c) $I_{SD}(V_G)$

(d) $I_{SD}(V_G, t)$

Abb. 5.4: $I_{SD}(V_G)$ und $I_{SD}(V_G, t)$ der Messung von pH 9 am zweiten Tag, normiert auf die Referenz-Wasserkurve (a, b) und zusätzlich gerade gerichtet (Drifteliminierung) zur Erhöhung des Bestimmtheitsmaßes (c, d).

Aus dem Vergleich der Trendliniensteigung der Puffermessungen pro V_G-Differenz (ΔV_G = 300 V) ergibt sich eine mit dem pH-Wert wachsende Steigung der Kennlinien. Zur Überprüfung wurden Daten von zwei anderen Proben gleichermaßen normiert und zum Vergleich in das Diagramm eingefügt. Dabei passen sich die Steigungen der beiden anderen Proben gut in das Diagramm ein. Abb. 5.6 zeigt jeweils den Mittelwert der insgesamt fünf Messkurven (drei Messkurven des beschriebenen Sensorelementes und je eine Kurve von zwei weiteren unbeschichteten Sensorelemtenten).

Es ist zu beachten, dass neben den pH- und V_G-abhängigen I_{SD}-Änderungen offensichtlich noch Effekte auftreten, die sich z.B. im Absinken der Messkurven wie in Abb. 5.4 oder im durch pH 7 verursachten Anstieg zeigen. Diese Effekte sind nicht abschließend geklärt. Da Quereinflüsse durch direktes Abspülen mit

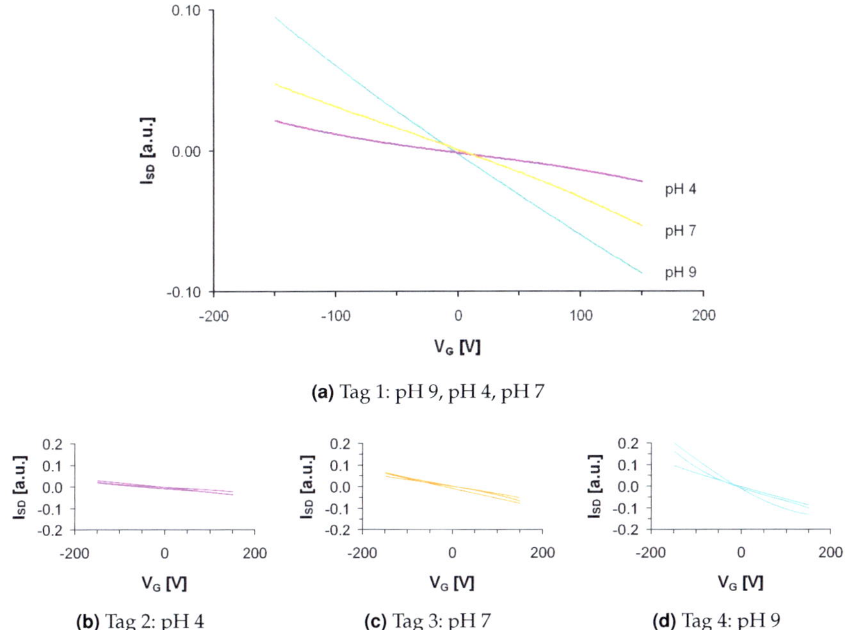

(a) Tag 1: pH 9, pH 4, pH 7

(b) Tag 2: pH 4   **(c)** Tag 3: pH 7   **(d)** Tag 4: pH 9

Abb. 5.5: Trendlinien der pH-Kurven (a) des ersten Tages und des zweiten bis vierten Tages (b - d) zeigen eine pH-abhängige Änderung der Steigung (pH 9 (blau), pH 7 (gelb) und pH 4 (magenta)).

einer Pipette, Spülen mit Lösungsmitteln wie Ethanol oder Trocknungseffekte bereits durch den angepassten Prozessablauf ausgeschlossen wurden, müssen sich die hier noch beobachteten Effekte aus dem Kontakt mit den Puffern erklären lassen. Mögliche Theorien sind zum Beispiel Adsorption von Ionen oder sogar das Anheften von Carboxyl-Gruppen an die CNTs.

Bewertung

Die Änderung des pH-Wertes führt bei einem unbeschichteten Sensorelement zu einer Beeinflussung der Stromkurven. Der Parameter, in dem sich die pH-Änderung zeigt, ist die Steigung der Kennlinien, die mit steigendem pH-Wert steiler wird.

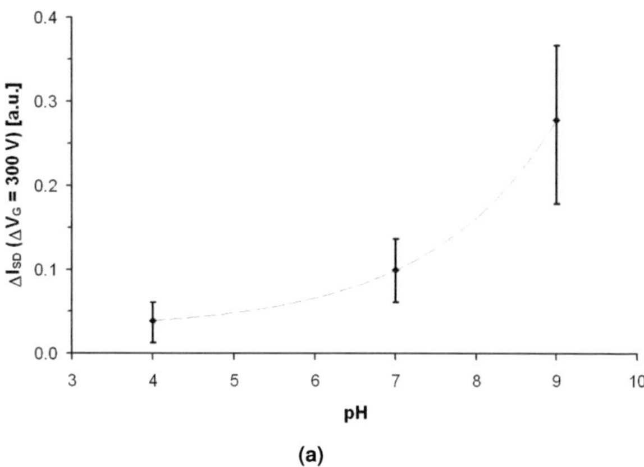

Abb. 5.6: Diagramm der Steigung der normierten Kennlinien ΔI_{SD} pro ΔV_G (300 V) des bisher beschriebenen Sensorelementes und zwei weiterer Proben. Es sind jeweils die Mittelwerte der Steigung von insgesamt fünf Messkurven pro pH-Wert sowie die maximalen Abweichungen aufgezeichnet.

Ursprünglich wurde in der vorliegenden Arbeit davon ausgegangen, dass der Mechanismus an unbeschichteten Netzwerken gleich dem Mechanismus an beschichteten Netzwerken sein sollte. Dabei wird das Sensorelement mit unbeschichteten und in direktem Kontakt mit den Messlösungen stehenden CNT-Netzwerken als Transistor mit sehr dünnem Gate-Isolator in Form des Elektrolyten und der elektrolytischen Doppelschicht betrachtet (Abschnitt 1.2.1.4). Sowohl bei den unbeschichteten als auch bei den beschichteten Proben wird demnach eine Oberflächenladung gemäß der vorhandenen Ladungen im Messmedium aufgebaut, die über einen Gate-Isolator hinweg - entweder dargestellt durch die elektrolytische Doppelschicht oder durch die Beschichtung - Einfluss auf die Elektronenstruktur der CNTs nimmt. Bei dieser Idee bleibt jedoch eine direkte Einflussnahme der Messlösung auf die SWCNTs unberücksichtigt.

Statt auf einen reinen Feldeffekt deuten die Messergebnisse jedoch analog zu [60] auf eine Streuung der Ladungsträger in den Nanoröhren durch die Ionen der Messlösung hin. Dadurch wird eine Minderung der Ladungsträger-Mobilität bei steigender Protonierung bewirkt und damit ein Senken des Stromflusses.

Das Sensorelement stellt somit ein ionensensitives Bauteil dar. Aufgrund des direkten Kontaktes des CNT-Netzwerks mit dem Messmedium hängt der elektrochemische Effekt jedoch nicht allein von der H^+-Konzentration ab, sondern kann von anderen im Analyten vorhandenen Ionen quer-beeinflusst werden. Zudem sind sogar irreversible Änderungen am ungeschützten CNT-Netzwerk wie z.B. eine Oxidation der CNTs nicht auszuschließen.

5.2 Charakterisierung: Beschichtete Sensorelemente

Nachdem die grundsätzliche Funktion des Sensorelementes bereits gezeigt wurde, wurden die beschichteten Proben untersucht. Gründe für das Aufbringen von als pH-selektiv bekannten Schichten über den CNT-Netzwerken waren dabei erstens der Schutz der CNTs vor Umgebungseinflüssen - sowohl vor z.B. Anlagerung von Sauerstoff an Luft als auch vor direktem Kontakt mit Messmedien und zweitens die Selektivität gegenüber Fremdionen, die unbeschichtete Netzwerke nicht gewährleisten können.

Proben mit einer Sputterschicht Al_2O_3 und Proben mit einer Kombinationsschicht, also zuerst mit Ta_2O_5 tauchbeschichtete Proben, über die Al_2O_3 gesputtert wurde, wurden hergestellt. Weiterhin wurden auch rein tauchbeschichtete Proben mit Ta_2O_5 hergestellt. Die Methode der Aufbringung sowie das Schichtmaterial haben deutlichen Einfluss auf die Eigenschaften der Proben. Im Folgenden sollen die Schichten mikroskopisch sowie, wenn möglich, elektrochemisch charakterisiert werden.

5.2.1 Sputterschicht Al_2O_3 und Kombinationsschicht $Ta_2O_5 + Al_2O_3$

Mechanische Eigenschaften

Durch den Sputterprozess steigen bei freiliegenden SWCNTs die Widerstände zwischen Source und Drain bis zu Faktor 20, im Mittel um Faktor 13. Daraus ist zu schließen, dass mindestens die oberen Lagen des Buckypapers durch den Beschuss mit hochenergetischen Molekülen geschädigt werden, das Buckypaper ist jedoch dennoch funktionstüchtig. Dabei ist ein wichtiger Punkt, dass im Sputterprozess auf das zusätzliche Einschleusen von reaktivem Sauerstoff verzichtet wurde. Allerdings ist im Fall von Sputterschichten die Sinnhaftigkeit des UV-Belichtungsschrittes zu überdenken, da gerade die oberen modifizierten Bereiche durch das Sputtern beschädigt werden.

LSM-Aufnahmen haben gezeigt, dass es bei einer Schichtdicke von 500 nm durch die Erhitzung während des Sputterprozesses Delaminationen vor allem im Bereich der Elektroden gibt, was auf die unterschiedlichen Ausdehnungskoeffizienten von den Goldelektroden und der Sputterschicht zurückzuführen ist (Abb. 5.7). Bei Sputterschichten mit Dicken von 300 nm ist die Delamination auf den Elektroden reduziert, im Bereich der Zuleitungen gibt es noch vereinzelt Delaminationen.

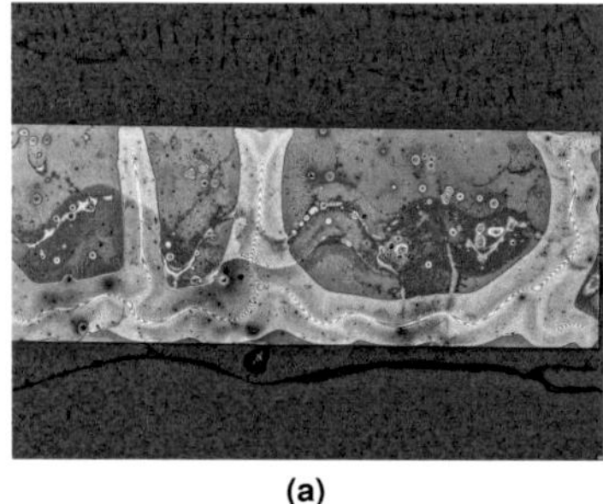 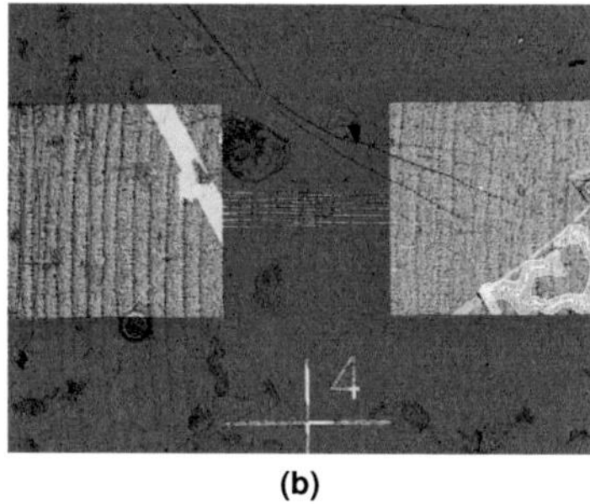

(a)   (b)

Abb. 5.7: Delamination durch Erhitzen im Sputterprozess einer (a) 500nm Sputterschicht Al_2O_3 auf der Zuleitung. Bei einer dünneren Sputterschicht von 300 nm Al_2O_3 (b) ist diese Art der Delamination deutlich geringer.

Nach Test in Kontakt mit Puffermedien weiten sich die Delaminationseffekte aus bzw. treten nun auch bei den dünneren Schichten auf. Vermutlich sind die aufgesputterten Al_2O_3-Schichten nicht genügend dicht und durch die Tests dringt Flüssigkeit in die Pinholes und stört den Kontakt zwischen Substrat und Schicht. Da der Effekt ganzflächig auftritt, handelt es sich mit großer Wahrscheinlichkeit nicht um durch strombedingte Hitze hervorgerufene Delamination, da in dem Fall nur der Bereich um das strombeaufschlagte Elektrodenfeld betroffen ist.

Während bei vorbeschichteten Proben keine begrenzte Delamination auf den Elektroden stattfindet, die durch das Erhitzen der Probe im Sputtern erklärt werden kann, verändert sich die ionensensitive Schicht durch das Beaufschlagen

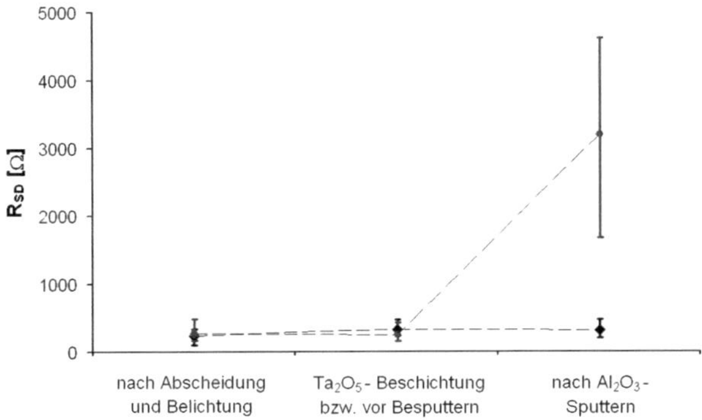

Abb. 5.8: Aufzeichnung der R_{SD} -Werte nach den Prozessschritten Belichten, Beschichten und Besputtern: Nach der UV-Belichtung liegen die Widerstände aller CNT-Netzwerke bei ca. 250 Ω, die Tauchbeschichtung ändert R_{SD} nicht wesentlich (schwarz). Der Sputterprozess jedoch hat einen deutlich unterschiedlichen Einfluss auf den Widerstand R_{SD} von unbeschichteter Proben (blau) und zuvor tauchbeschichteter Proben (schwarz).

des Elektrodenfeldes mit Strom und in Kontakt mit den Puffern. Nach dem Messen zeigen sich Delaminierungseffekte (Abb. 5.9). Dabei ist bisher nicht geklärt, ob die Delamination zwischen dem Buckypaper und dem Schichtverbund oder zwischen der Ta$_2$O$_5$ und der Sputterschicht Al$_2$O$_3$ geschieht. Allerdings ist keine Delamination von reinem Ta$_2$O$_5$ von den Proben beobachtet worden, daher wird vermutet, dass der Kontakt zwischen Ta$_2$O$_5$ und Al$_2$O$_3$ betroffen ist.

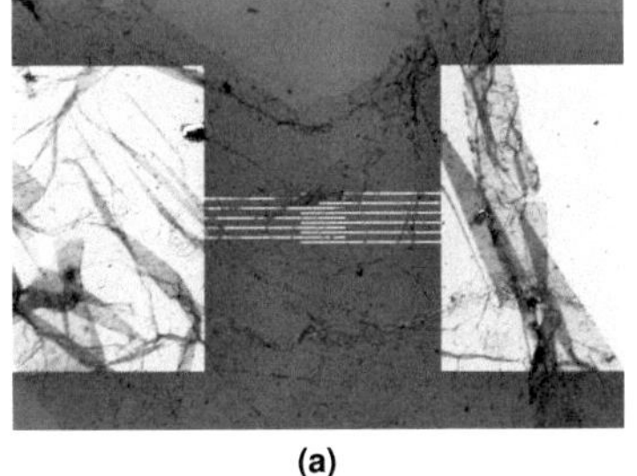
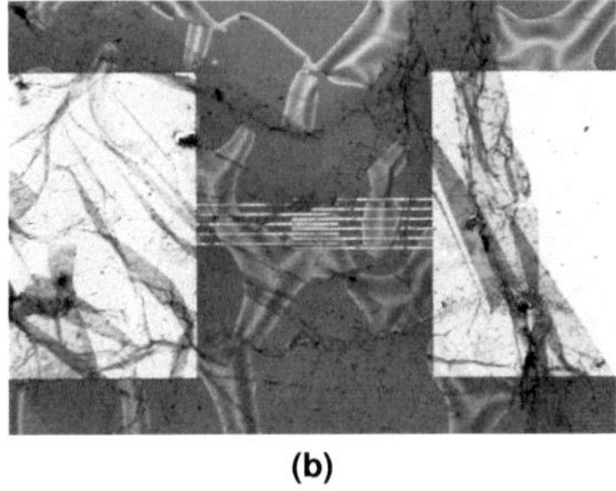

(a)   (b)

Abb. 5.9: Probe mit kombinierter Schicht (a) nach dem Sputterprozess und (b) nach Tests im Liquid Gate-Aufbau: Durch die Tests in Kontakt mit den Puffermedien ergeben sich deutliche ganzflächige Delaminierungserscheinungen.

Elektrische Eigenschaften

An besputterten Proben, sowohl an rein besputterten als auch an kombibeschichteten Proben, konnte kein Parameter eruiert werden, der eine eindeutige pH-Abhängigkeit der Messkurven zeigt. Teilweise zeigen die Kennlinien deutliche Hysterese, was an dem vergrößerten Abstand zwischen der Ladungsschicht und dem CNT-Netzwerk liegen kann. Die Messkurven von Al_2O_3 beschichteten Proben liegen verglichen mit den kombibeschichteten Proben auf einem niedrigen Stromniveau, was auf den durch den Sputterprozess erhöhten Widerstand zwischen Source und Drain zurückgeführt werden kann.

Da durch das Messen und die währenddessen entstehenden Delaminationen das Messsystem an sich verändert wird, können die Messkurven der Puffer wohl gar nicht miteinander verglichen und ausgewertet werden. Selbst wenn nur von Blasenbildung ohne Riss ausgegangen wird, stellt das erstens eine Vergrößerung des Abstandes der Ladungsschicht an der Grenzfläche der ionenselektiven Schicht zum Buckypaper dar und zweitens eine Änderung des Gate-Isolator-Mediums, wenn Luft oder Flüssigkeit in die delaminierten Bereiche eindringen.

5.2.2 Tauchbeschichtung Ta$_2$O$_5$

Die Beschichtung mit Ta_2O_5 hat keine nennenswerte Auswirkung auf den elektrischen Widerstand der Netzwerke. Die etwa 80 nm hohen Schichten sind dicht, dabei durchdringt und überdeckt Ta_2O_5 das CNT-Netz. Da eine deutliche Photosensitivität von Ta_2O_5 bekannt ist [120], wurden alle Messungen in abgedunkelter Umgebung durchgeführt.

Durch die Beschichtung ergab sich eine deutlich verlängerte Haltbarkeit der Proben. Einerseits blieben Effekte, wie die UV-belichtungsbedingte Erhöhung des R_{SD} durch die Beschichtung erhalten, während bei unbeschichteten Proben der Widerstand nach einigen Tage sank, sogar bis unter die Widerstandswerte von unbelichteten Proben. Andererseits war an den Messkurven unbeschichteter Proben nach einigen Wochen deutliches Rauschen zu beobachten, teilweise so stark, dass die Messungen abgebrochen wurden. Dagegen zeigten beschichtete Proben gleichbleibend unverrauschte Messkurven.

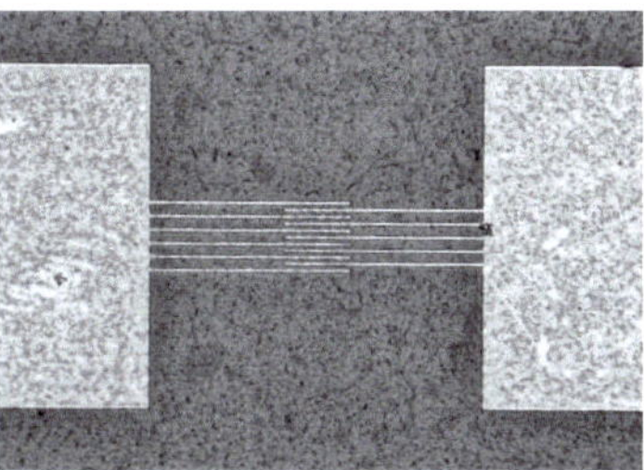

Abb. 5.10: An Ta_2O_5 Schichten wurden weder vor noch nach Puffer-Tests Ablösungscheinungen beobachtet.

Im Gegensatz zu den Messungen an unbeschichteten Netzwerken zeigten sich an Ta_2O_5-beschichteten Proben keine Steigungsänderung. Vielmehr zeigte sich die pH-Abhängigkeit in der Änderung des Absolutstromes (Abb. 5.11).

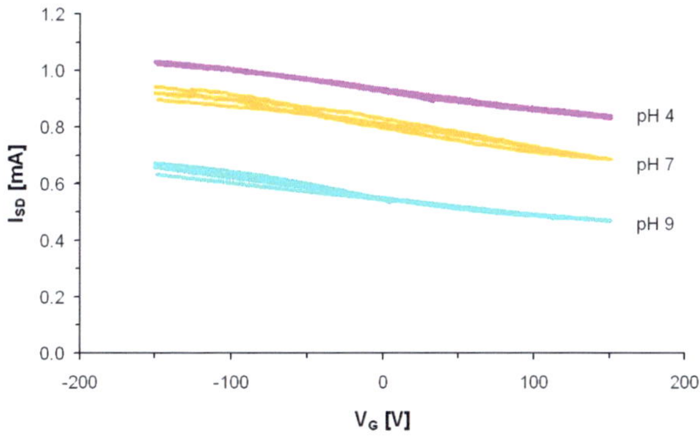

Abb. 5.11: $I_{SD}(V_G)$ Kennlinien einer Ta_2O_5-beschichteten Probe zeigen ein pH-abhängiges Sinken des Stromniveaus.

Die Erhöhung des pH-Wertes senkt den I_{SD}-Strom. Da die Absolutniveaus der Stromkurven mehrerer Proben aufgrund der herstellungsbedingten R_{SD}-Werte schwanken, wird die Absenkung des I_{SD} prozentual dargestellt, jeweils bezogen auf den I_{SD}(pH 4). Abb. 5.12 stellt die prozentuale Änderung des Stromes für drei Proben dar.

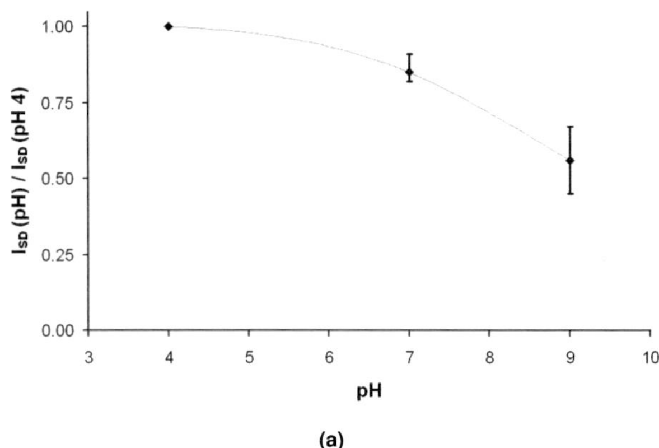

(a)

Abb. 5.12: Prozentuales Absinken der Absolutwerte dreier Proben jeweils bezogen auf I_{SD} (pH 4), Darstellung als Mittelwert mit Fehlerbalken.

Bewertung

Bei den Sputterschichten konnte keine eindeutige pH-Abhängigkeit festgestellt werden, was auf die Delamination der Schichten während der elektrochemischen Messungen zurückgeführt wurde sowie auf die Dicke der Sputterschichten von 300 bis 500 nm. Dagegen wurden bei tauchbeschichteten Proben deutlich bessere Ergebnisse erzielt.

Verglichen mit den unbeschichteten Netzwerken ist hier der auftretende Effekt ein deutlich anderer. An der Kennliniensteigung konnte abhängig vom pH-Wert keine deutliche Änderung beobachtet werden, stattdessen zeigte sich die Änderung des Absolutstromes als pH-abhängig.

Bei mit Ta_2O_5 tauchbeschichteten Netzwerken sind die Kohlenstoffnanoröhren vom Messmedium abgeschirmt, so dass eine direkte Anlagerung von Ionen aus der Lösung und die Streuung der Ladungsträger in den CNTs nicht stattfinden kann. Daher tritt hier statt einer Steigungsänderung durch Mobilitätsminderung tatsächlich ein Feldeffekt auf, der durch die Oberflächenladung an der Ta_2O_5 - Messlösungs-Grenzschicht bestimmt wird. Das Absenken der Kennlinien kann auch als Verschiebung der Schwellspannung V_{th} (engl. threshold) interpretiert werden (Abb. 5.13), die durch die Abschirmung der Gate-Spannung durch die Ta_2O_5-Schicht auf eine effektive Gate-Spannung bewirkt wird.

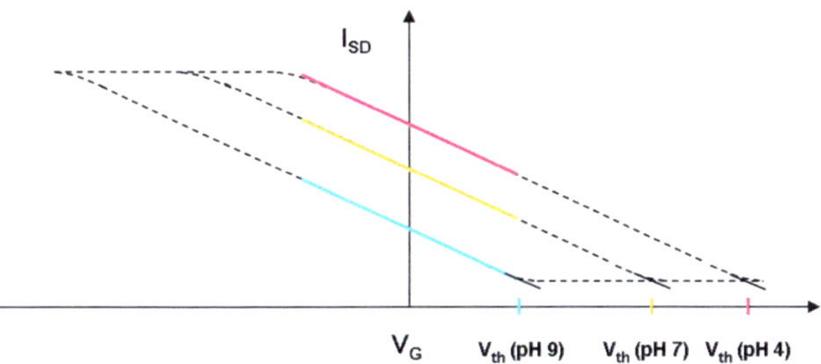

Abb. 5.13: Hypothese: Durch Abschirmung der Gate-Spannung durch die Oberflächenladung an der Ta_2O_5 -Grenzschicht kommt es zu einer pH-abhängigen Verschiebung der Schwellspannung.

Der Interpretationsansatz passt auch zu den Messungen der in Anhang A.8.2 beschriebenen Al_2O_3 beschichteten Sensorelemente, wobei wenige dielektrophoretisch abgeschiedene CNT-Bündel statt eines CNT-Netzwerkes die Elektroden verbinden. Auch hier wird mit steigendem pH-Wert eine Verschiebung der Schwellspannung ins Negative beobachtet.

Die Beschichtung mit dem als am pH-selektivsten bekannten Material Ta_2O_5 erbrachte außerdem die erwünschte Verlängerung der Haltbarkeit, sowohl bezogen auf den Erhalt der herstellungsbedingten Eigenschaften des CNT-Netzwerkes als auch auf die unverrauscht bleibenden Messkurven.

5.3 Zusammenfassung der Charakterisierung

Sowohl mit unbeschichteten als auch mit Ta_2O_5 -beschichteten Sensorelementen konnten pH-abhängige Messkurven gemessen werden. Dabei zeigt sich die pH-Abhängigkeit auf unterschiedliche Weise. Bei unbeschichteten Netzwerken ändert sich die Kennliniensteigung mit dem pH-Wert, bei beschichteten Netzwerken der Absolutstrom bzw. die Schwellspannung.

Zudem ist bei unbeschichteten Sensorelementen eine Normierung auf eine Referenzkurve notwendig, da das CNT-Netzwerk durch den direkten Kontakt mit dem Messmedium störenden Einflussen unterliegen kann. Die Steigungsänderung der Kennlinien von unbeschichteten CNT-Netzwerken wird auf eine Anlagerung von Ionen zurückgeführt, die durch Streuung der Ladungsträger in den CNTs die Mobilität und dadurch den Stromfluss senkt.

Durch den technisch sehr einfachen Prozess der Tauchbeschichtung mit Ta_2O_5 wird das CNT-Netzwerk vom Analyt isoliert. Die Eigenschaften, wie z.B. die Modifizierung durch UV-Belichtung, bleiben deutlich länger erhalten als bei unbeschichteten Netzwerken. Zudem erbrachte die Beschichtung die erwünschte Verlängerung der Haltbarkeit des Sensors.

Durch die Isolierung des CNT-Netzwerkes kann keine Streuung durch angelagerte Ionen mehr eintreten, stattdessen ergibt sich eine pH-abhängige Änderung des Absolutstromes bzw. eine Verschiebung der Schwellspannung V_{th}. Durch die Beschichtung mit dem aus der ISFET-Literatur bekannten Materialien kann zudem eine gute Selektivität des Bauteils erwartet werden, die noch zu zeigen ist.

6 Zusammenfassung

Die Zielsetzung der vorliegenden Arbeit bestand darin, ein Konzept für die Anwendung der Kohlenstoffnanoröhren für die pH-Sensorik zu entwickeln, sowie Funktionsmuster für einen solchen Sensor herzustellen und damit den Funktionsnachweis für das Konzept zu erbringen. Seit der Entdeckung der einwandigen Nanoröhren wird von ihnen eine deutliche Verbesserung für die Sensorik erwartet aufgrund des hohen Verhältnisses von Oberfläche zu Volumen und des direkten Umgebungskontaktes aller Atome der SWCNT. Trotz großer Fortschritte in dem noch sehr jungen Forschungsgebiet gilt es vor allem für einen technischen Einsatz bei der Verknüpfung der möglichst guten Ausnutzung der intrinsischen Eigenschaften der SWCNTs mit einfacher Prozessführung und Reproduzierbarkeit noch einige Hindernisse zu überwinden.

Im Gegensatz zu anderen veröffentlichten Sensorentwürfen wurde daher in dieser Arbeit ein Sensorkonzept basierend auf einem Netzwerk von Kohlenstoffnano-röhren entwickelt. Das führt durch die Vielzahl an CNTs zu einer Mittelung der Charakteristiken sowohl der Kontakte als auch der intrinsischen Eigenschaften der Nanoröhren. Der Herstellungsprozess wird vereinfacht und außerdem die Reproduzierbarkeit erhöht. Zusätzlich wird das mögliche Stromniveau im Sensor drastisch erhöht und die Messtechnik dadurch vereinfacht.

Für den CNT-basierten pH-Sensor wurde in Kapitel 2 ein Konzept mit zwei unter-schiedlichen Möglichkeiten zur Einbringung von ionenselektiven Eigenschaften entworfen. Dafür wird ein Sensorelement, bestehend aus Elektrodenstruktur und halbleitendem SWCNT-Netzwerk, entweder auf einem ionenselektiven Substrat aufgebracht oder mit einer ionenselektiven Schicht überdeckt. Eine Referenzelektrode dient mit dem jeweiligen Analyten als Liquid-Gate.

Bereits mit dem Sensorelement, d.h. mit frei liegendem SWCNT-Netzwerk in direktem Kontakt mit dem Analyten, können pH-abhängige Messkurven gewonnen werden, allerdings kann keine Selektivität gegenüber Fremdionen gewährleistet werden.

Im Falle des ionenselektiven Substrates steht die Substratunterseite mit dem Analyten in Kontakt, eine sich ausbildende Oberflächenladung bewirkt durch einen Feldeffekt eine Leitfähigkeitsänderung in den SWCNTs. Das Konzept wurde jedoch in Ermangelung eines kommerziell erhältlichen oder in absehbarer Dauer herstellbaren ionenselektiven Substrates nicht weiter verfolgt. Das Konzept wird jedoch weiterhin als lohnend angesehen, sobald plane pH-Gläser von genügend geringer Dicke und definierten pH-Eigenschaften erhältlich sind.

Im Fall einer ionenselektiven Beschichtung steht die Schichtoberfläche in Kontakt mit dem Analyten. Der Messeffekt ergibt sich wiederum aus einem durch eine Oberflächenladung erzeugten Feldeffekt.

Zur Realisierung des Sensor-Konzeptes wurde in Kapitel 3 eine Prozesskette entworfen mit dem Ziel der einfachen Handhabung und Reproduzierbarkeit. Der festgelegte Prozess enthält wenige, einfach durchführbare Prozessschritte, die das Potential zur Skalierbarkeit auf industriellen Maßstab besitzen. Der Prozess besteht aus Suspension und Separation des SWCNT-Rohmaterials, Filtern und Transfer des gefilterten SWCNT-Netzwerkes auf die Elektrodenstruktur, Nachoptimierung und Beschichtung des SWCNT-Netzwerkes.

In der vorliegenden Arbeit wurden die Prozesse der Suspension und Separation durch den Einsatz einer kommerziell erhältlichen, separierten halbleitenden SWCNT-Suspension eingespart, die zudem den Vorteil hat, dass die Funktionalisierung der SWCNTs im Anschluss entfernt werden kann. Kann dieses spezielle Material nicht eingesetzt werden, so ist der Separationsprozess notwendig, der das SWCNT-Rohmaterial nach elektronischen Eigenschaften trennt.

Die SWCNT-Suspension wird vakuumgefiltert, um so ein papierartig faseriges Netzwerk zu erzeugen. Durch Nachfiltern von Isopropanol und deionisiertem, sterilem Wasser werden Tensidmoleküle und -Mizellen aus dem Netzwerk entfernt. Für den Transfer des Netzwerkes auf die Elektrodenstruktur wurde eine neue Methode entwickelt, die einfache Handhabbarkeit mit Reproduzierbarkeit und gutem Adhäsionskontakt zwischen SWCNT-Netzwerk und Elektrodenstruktur verbindet. Der Filter wird mit dem gefilterten SWCNT-Netzwerk nach unten auf ein mit Aceton benetztes Substrat aufgelegt, wodurch das Filtermaterial an der Grenze zwischen Netzwerk und Filter angelöst wird. Die SWCNTs werden gleichzeitig durch das Verdunsten des Aceton auf das Substrat gezogen. Das restliche Filtermaterial wird anschließend in mehreren Aceton- und Methanol-Bädern aufgelöst.

Anschließend wird das SWCNT-Netzwerk mit einer Hg-Lichtquelle UV bestrahlt mit dem Ziel, restliche Tensidmoleküle sowie Filterrückstände zu entfernen und restliche metallische SWCNTs durch Lokalisierung der π-Elektroden in halbleitende SWCNTs zu modifizieren. Die vollständige Entfernung von Filter-rückständen sowie die oberflächliche Modifizierung des CNT-Netzwerkes wurde sowohl durch Raman- als auch XPS-Messungen nachgewiesen.

Eine dünne Schicht von Ta_2O_5 , das in der Literatur als eines der besten als pH-selektiv bekannten Materialien beschrieben ist, wird in einem einfachen Tauchbeschichtungsprozess auf das Netzwerk aufgebracht. Die Schicht, die sich als äußerst kratzfest erwies, bietet den Vorteil, dass durch eine wiederholte Tauchbeschichtung die Dicke einfach und in Stufen von ca. 4 nm variiert werden kann. Auf eine anschließende Hitzebehandlung der Ta_2O_5 -Schicht wurde zum Schutz der SWCNTs verzichtet. Trotzdem wurde die korrekte Stöchiometrie von Ta_2O_5 durch XPS bestätigt. Die Beschichtung übernimmt nicht nur die Funktion zum Einbringen der Selektivität und Haltbarkeit sondern garantiert auch die umweltverträgliche Verkapselung der als toxisch einzustufenden Nanoröhren.

Die Proben wurden in einen in Kapitel 4 konzipierten Messaufbau integriert und unter Verwendung der Endress+Hauser Standardpuffer getestet. In Kapitel 5 wurden Charakterisierungstests sowohl an Sensorelement-Proben als auch an beschichteten Proben durchgeführt.

Die pH-Abhängigkeit der unbeschichteten Sensorelemente zeigt sich in einer mit dem pH-Wert proportional steigenden Kennliniensteigung. Das wird auf einen vom Analyten abhängigen Streueffekt durch angelagerte Ionen zurückgeführt, durch den die Mobilität der Ladungsträger in den SWCNTs beeinflusst wird. Die be-schichteten Proben reagieren auf pH-Änderungen mit einer Änderung des Abso-lutstromes durch die Nanoröhren, was auf eine Verschiebung der Schwellspannung durch die Oberflächenladung, die die an der Referenzelektrode angelegte Gate-Spannung auf ein effektives Gate-Potential abschirmt, zurückgeführt werden kann.

Die wesentlichen Ergebnisse dieser Dissertation sind:

1. Entwicklung eines Konzeptes zur Messung des pH-Wertes einer Messlösung analog ISFETs mittels

    a) eines Sensorelementes, bestehend aus Kohlenstoffnanoröhren-Netzwerk und Elektrodenstruktur auf einem isolierenden Substrat. Das SWCNT-Netzwerk steht dabei in direktem Kontakt mit der Messlösung.

    b) eines Sensorelementes mit zusätzlicher ionenselektiver Beschichtung, die einerseits mit der Messlösung in Kontakt steht und andererseits das SWCNT-Netzwerk von der Messlösung abschirmt (isoliert).

    c) eines Sensorelementes auf einem ionenselektiven Substrat, das mit der Messlösung in Kontakt steht.

2. Entwurf einer Prozesskette zum Aufbau der Funktionsmuster ausgehend vom CNT-Rohmaterial.

3. Vergleich von Optimierungsmöglichkeiten der Separation zweier CNT-Rohmaterialien nach elektronischen Eigenschaften zur Erhöhung der Ausbeute.

4. Entwicklung einer neuen Methode für den Transfer eines gefilterten Buckypapers auf ein Substrat, wobei eine gute Handhabbarkeit mit starker Adhäsionskraft sowie guter Reproduzierbarkeit verbunden wird, ohne Einschränkungen in Bezug auf die Dicke des Buckypapers vorzugeben.

5. Ableitung einer Methode zur Modifizierung der SWCNTs in oberflächennahen Bereichen eines Buckypapers und zur vollständigen Entfernung von Tensid- und Filterrückständen aus dem Buckypaper durch UV-Belichtung mit einer Hg-Quelle und Verifizierung der Belichtungsmethode mittels Raman und XPS.

6. Charakterisierung von SWCNT-Netzwerken anhand der Sensor-Kennlinien abhängig von Herstellungsparametern wie der Netzwerk-Dicke, der Abscheidungsmethode oder der Nachbearbeitung durch zwei unterschiedliche Belichtungsvarianten sowie Parametern des Messprotokolls wie Trocknungsphasen und Spülvorgänge, Gate-Spannungsbereiche und Geschwindigkeit der Messkurven-Abrasterung.

7. Herstellung von Funktionsmustern mit verschiedenen Abscheidungsverfahren, sowohl unbeschichtet als auch mit verschiedenen als ionenselektiv bekannten Beschichtungen.

8. Definition von Versuchsreihen und Aufbau einer Messumgebung zur Charakterisierung der Modellsensoren.

9. Charakterisierung der hergestellten Modellsensoren hinsichtlich der Stabilität der Messkurven sowie der pH-Abhängigkeit.

10. Nachweis der pH-Abhängigkeit der Steigung der normierten I_{SD} (V_G)-Kennlinie der Sensorelemente mit direktem Kontakt der SWCNTs zur Messlösung.

11. Nachweis der pH-Abhängigkeit des Absolutwertes der I_{SD} (V_G)-Kennlinie des Sensors mit ionenselektiver Ta_2O_5-Schicht.

Neben einem angestrebten Verzicht auf die Referenzelektrode sollten sich künftige Arbeiten um die weitere Optimierung der ionenselektiven Schicht drehen wie z.B. eine Variation der Schichtdicke im Zusammenhang mit der Sensitivität und die Überprüfung der Langzeitstabilität. Das SWCNT-Netz kann zudem im Hinblick auf die Wiedergewinnung der exzellenten Schalteigenschaften einzelner SWCNTs optimiert werden, wobei die durch die Verwendung von SWCNT-Netzwerken gewonnene einfache Handhabung und Reproduzierbarkeit der vorgestellten Prozesse beibehalten werden sollte.

Anhang

A.1 Versuchsprotokolle

A.1.1 Separation per Dichtegradienten-Ultrazentrifugation

Der Separationsprozess wurde nach dem Prinzip von [150] durchgeführt:

Es wurden zunächst wässrige SDS- und SC- Lösungen mit einer Konzentration von 20 $^g/_l$ hergestellt, sowie eine SDS-SC-Lösung der gleichen Tensid-Konzentration mit einem Verhältnis SDS:SC von 1:4. Für den Dichtegradienten wurden wässrige Lösungen eines Dichtegradientenmediums Iodixanol, bezogen von Sigma-Aldrich als OptiPrep$^©$ (600 $^g/_l$ Iodixanol), hergestellt, jeweils mit derselben Tensidkonzentration und -verhältnis.

Die SDS-SC-H_2O-Lösung entspricht dem Over-Layer (0 $^g/_l$ Iodixanol), die SDS-SC-Iodixanol-Lösung dem Stop-Layer (600 $^g/_l$ Iodixanol). Aus dem Mischen der beiden Lösungen im Verhältnis 1:1 bzw. 1:3 wurden die Zwischenschichten des Dichtegradienten (300 $^g/_l$ bzw. 150 $^g/_l$ Iodixanol) erstellt.

Für den Gradienten wurden in transparenten Ultrazentrifugen-Röhrchen (UZR) je 2,5 ml der beiden Zwischenschichten übereinander geschichtet. Nach ca. 18 Stunden Diffusion ergibt sich ein linearer Dichtegradient. Mit einer Spritze wird möglichst langsam der Stop-Layer (1,5 ml) am Boden des UZR eingespritzt und der Over-Layer (2,5 ml) als oberste Schicht.

Das SWCNT-Rohmaterial wurde mit einer Konzentration von 1 $^g/_l$ in einer SC-H_2O-Lösung mit Ultraschall suspendiert. Die Ultraschallbehandlung wurde mit einer in die CNT-SC-Suspension (~20 ml) eintauchenden Ultraschallspitze (Microtip) bei 100 % der maximalen Amplitude (Bandelin GM70, 60 W, 20 kHz, am IBG) durchgeführt. Während der zwei- bis vierstündigen Ultraschallbehandlung wurde die Suspension in Eis gekühlt, um ein Erhitzen der Probe durch den Ultraschall zu vermeiden. Anschließend folgte, um große Verunreinigungen zu entfernen, ein Reinigungsschritt der CNT-SC-Suspension mittels Ultrazentrifugation bei 37000 $/_{min}$ für 38 Minuten[1] in einem SW41 Ti Rotor (Beckman-Coulter L7-55).

Der Überstand der vorzentrifugierten CNT-SC-Lösung wurde abpipettiert und im Verhältnis 1:4 mit der SDS-H$_2$O-Lösung gemischt. Nach [150] wurde die CNT-SDS-SC-Lösung mit der SDS-SC-Iodixanol-Lösung gemischt, so dass sich eine Iodixanol-Konzentration von 275 $^g/_l$ (CNT-Layer) ergibt.

0,9 ml des CNT-Layers wurden bei ca. $^1/_3$ der UZR-Höhe vom Boden eingespritzt. Nach dem Austarieren der UZR mit der SDS-SC-H$_2$O-Lösung wurden die Proben für 21 Stunden bei 31000 $/_{min}$ (Beckman-Coulter, SW41Ti) ultrazentrifugiert.

A.1.2 Dielektrophorese

Die Dielektrophorese wurde entweder an einem CNT-Suspensionstropfen oder an einem wesentlich größeren Volumen in einem Kanal durchgeführt. Die Einstellungen am Frequenzgenerator wurden dabei variiert: 500 kHz - 15 MHz, 10 V$_{p-p}$, 5 - 30 min.

Die hauptsächlichen Unterschiede der beiden DEP-Verfahren bestehen darin, dass die DEP am CNT-Suspensionstropfen (10 μl) an Luft stattfand und der Tropfen währenddessen auch etwas eintrocknen konnte. Um die Elektrodenfelder nach der DEP-Abscheidung von Tensiden zu reinigen und geregelt zu spülen, wurde die Probe in eine Kanalstruktur eingebaut. Der Einbau und das notwendige Abdichten des Kanals dauerte ca. 10 Minuten, in denen die Suspension weiter eintrocknen konnte. Anschließend wurde mit deionisiertem Wasser 12 Minuten lang (2 $^{ml}/_{min}$) gespült.

Bei der DEP an einem bereits in die Kanalstruktur eingebauten Elektrodenfeld wird der gesamte Prozess „nass in nass" vollzogen. Dafür wurde der Kanal mit ca. 1 ml CNT-Suspension befüllt. Nach der DEP wird der Kanal ebenfalls mit deionisiertem Wasser 12 Minuten lang (2 $^{ml}/_{min}$) gespült.

---

[1]In [150] ist für den Rotor TLA100.3 eine Ultrazentrifugationsdauer von 14 Minuten bei 54000 Umdrehungen pro Minute angegeben. Für die im Rahmen der hier vorhandenen technischen Möglichkeiten maximal mögliche Umdrehungszahl von 37000 ergibt sich für den Rotor SW41Ti eine Dauer von 38 Minuten.

Das beste Ergebnis ergab sich für eine wiederholte 15 minütige Abscheidung bei einer Frequenz von 1 MHz, 10 V_{p-p}.

A.1.3 Filtern und Transfer auf Elektrodenfeld

Die CNT-Netzwerke werden durch Vakuumfiltern von 500 bzw. 100 μl IsoNanotubes-S-Suspension durch einen Cellulosenitrat-Filter mit 0,025 μm Porengröße (Millipore) hergestellt. Für die sehr dünnen Netzwerke mit nur 25 μl gefiltertem Volumen muss die IsoNanotubes-S-Suspension mit DI H_2O im Verhältnis 1:3 verdünnt werden, da die Suspension sonst als Tropfen auf der Filtermembran sitzt, statt die gesamte Oberfläche zu bedecken.

Nach dem Filtern der Suspension wird der Filter zum Trocknen für weitere 30 Minuten unter anliegendem Vakuum im Filteraufbau belassen. Anschließend werden zur Entfernung von Tensiden 2 ml Isopropanol und 20 ml deionisiertes, steriles Wasser nachgefiltert. Der Filter mit dem CNT-Netzwerk wird aus dem Filteraufbau entnommen und trocknet für wenige Minuten auf einem Reinraumpapier.

Transfer aufgrund Wasser-gestützter Adhäsion

Nach [150] wird der Filter mit dem CNT-Netzwerk mit DI H_2O benetzt und mit dem CNT-Netzwerk nach unten auf ein Substrat aufgelegt. Zwischen zwei Glasscheiben werden Filter und Substrat ca. zwei Minuten zusammengepresst. Anschließend werden die beiden Glasscheiben entfernt und der Filter trocknet für mehrere Minuten auf dem Substrat. Anschließend wird das Filtermaterial in mehreren Aceton- und einem abschließenden Methanol-Bad (je 20 Minuten) aufgelöst.

Transfer freischwimmender CNT-Netzwerke

Nach [158] wird das Filtermaterial zunächst in Lösungsmittelbädern entfernt. In der vorliegenden Arbeit wurden dafür mindestens sechs aufeinander folgende Acetonbäder (je 20 Minuten) gewählt, sowie ein Methanolbad, um Acetonreste zu entfernen. Die freischwimmenden CNT-Netzwerke zu handhaben, stellt eine gewisse Schwierigkeit dar, vor allem der Transfer der CNT-Netzwerke von einem Lösungsmittelbad ins nächste ist problematisch, da die CNT-Netzwerke zusammenfallen und im nächste Bad durch Schwenken entfaltet werden müssen.

Es zeigte sich, dass CNT-Netzwerke mit einer kleineren Fläche etwas einfacher zu handhaben sind, ca. ein Viertel des Filters stellt eine günstige Größe dar.

Der Transfer des CNT-Netzwerks auf ein Substrat geschieht im Methanolbad. Das Substrat wird in das Methanol eingetaucht, da hier das CNT-Netzwerk leichter zu handhaben ist und nicht zusammenfällt. An einem Punkt wird das CNT-Netzwerk auf dem Substrat beispielsweise mit einer Pinzette festgehalten und mit dem Substrat aus dem Methanol enthoben. Durch das schnelle Verdampfen des Methanol an Luft legt sich das CNT-Netzwerk sehr dicht an.

Transfer aufgrund Aceton-gestützter Adhäsion

Die in der vorliegenden Arbeit entwickelte Methode besteht aus einer Verknüpfung der beiden bereits beschriebenen Methoden. Das Substrat wird mit Aceton benetzt, wobei überschüssiges Aceton mit einem Reinraumtuch aufgesogen wird, bis nur noch ein sehr dünner Acetonfilm auf dem Substrat liegt. Nun wird der Filter mit dem CNT-Netzwerk nach unten auf das Substrat aufgelegt. Das Aceton löst das Filtermaterial an der Grenzfläche zum Buckypaper an. Durch das Verdunsten des Aceton wird gleichzeitig das CNT-Netzwerk auf das Substrat gezogen.

Nach dem Trocknen des Filters (mindestens 30 Minuten) folgt das Auflösen des restlichen Filtermaterials in mindestens sechs aufeinander folgenden Acetonbädern (je 20 Minuten) sowie einem Methanolbad.

A.2 CNT-Anzahl pro 1 μm^2 CNT-Netzwerk

Der Durchmesserbereich der in der IsoNanotubes-S Suspension wird von NanoIntegris als 1,2 - 1,7 nm angegeben. Die CNT-Länge beträgt 300 nm - 4 μm, nach dem Längenhistogramm des Herstellers beträgt der häufigste Durchmesser ca. 800 nm.

Da es sich in der Suspension um separierte halbleitende SWCNTs handelt, wird die Abschätzung anhand einer zickzack-förmigen (19,0)-SWCNT mit einem Durchmesser d_{CNT} = 1,5084 nm und der Länge l_{CNT} = 800 nm durchgeführt.

Die verwendeten Formeln gelten jeweils für (n,0)-SWCNTs. Nach [13, S.39 - 45] wird die Anzahl der C-Atome pro Nanoröhre berechnet:

$$N_{C-Atome/Unit} \;=\; 2 \cdot N_{Hex/Unit} = 2 \cdot \frac{2 \cdot L^2}{a^2 \cdot d_R}$$

mit $N_{C-Atome/Unit}$: Anzahl C-Atome pro Einheitszelle

      $N_{Hex/Unit}$: Anzahl C-Hexagone pro Einheitszelle

      a: Gitterkonstante

      L: Umfang der CNT, Länge des Chiralitätsvektors C_h

      d_R = n für (n,0)-SWCNTs

$$a \;=\; \sqrt{3}a_{C-C} = 0.249nm$$
$$L \;=\; |C_h| = a\sqrt{n^2 + m^2 + nm} = na$$
$$\Rightarrow N_{C-Atome/Unit} \;=\; 4n = 76$$

Die Betrag des Translationsvektors T entspricht der Länge der Einheitszelle:

$$T \;=\; \sqrt{3}a = 3a_{C-C} = 0,432nm$$

Somit ergibt sich die Anzahl der Einheitszellen pro CNT-Länge l_{CNT} = 800 nm ($N_{Units/l_{CNT}}$) und damit die Anzahl der C-Atome ($N_{C-Atome/l_{CNT}}$) aus:

$$N_{Units/l_{CNT}} \;=\; \frac{l_{CNT}}{T} = 1852$$
$$\Rightarrow N_{C-Atome/l_{CNT}} \;=\; N_{Units/l_{CNT}} \cdot N_{C-Atome/Unit} = 140741$$

Die Masse einer SWCNT lässt sich aus dem Molekulargewicht der C-Atome (12,011 $^g/_{mol}$) berechnen:

$$m_{C-Atom} \;=\; \frac{m_M}{N_A} = 1,99 \cdot 10^{-20}mg$$
$$\Rightarrow m_{CNT} \;=\; m_{C-Atom} \cdot N_{C-Atome/l_{CNT}} = 2,81 \cdot 10^{-15}mg$$

mit N_A: Avogadrozahl

Die Konzentration c_{CNT} in der Suspension beträgt 0,01 $^{mg}/_{ml}$, somit sind in 100 μl gefilterter CNT-Suspension 1 μg CNTs enthalten.

Die Anzahl der SWCNTs pro 1 μg beträgt somit:

$$N_{CNT/1\mu g} = \frac{1\mu g}{m_{CNT}} = 3,56 \cdot 10^{11}$$

Aus dem Suspensionsvolumen werden die CNTs heraus gefiltert und bilden ein CNT-Netzwerk („Buckypaper") mit einem Durchmesser von ~9 mm.

$$N_{CNTs/Buckypaper} = \frac{N_{CNT/1\mu g}}{\pi(4,5mm)^2} = 5,59 \cdot 10^9 / mm^2$$

Daraus ergibt sich eine geschätzte Anzahl von ~5600 SWCNTs pro 1 μm^2.

Analoge Berechnungen für (22,0)- und (16,0)-SWCNTs mit Durchmessern am Rande des Durchmesserbereiches ($d_{(22,0)}$ = 1,75 nm, $d_{(16,0)}$ = 1,27 nm) ergeben bei 100 μl gefilterter Suspension etwa 4800 - 6650 SWCNTs pro 1 μm^2.

A.3 Verwendete Geräte zur Analyse

A.3.1 REM

Die REM-Aufnahmen wurden in Kooperation mit dem IMF III an einem Zeiss Supra 55 Rasterelektronenmikroskop (Carl Zeiss SMT AG, Oberkochen, Deutschland) aufgenommen. Als Elektronenquelle diente eine Schottky Feldemissionsquelle. Die Beschleunigungsspannung wurde auf 7,5 bis 15 keV eingestellt, die Vergrößerung betrug 25 000 bis 100 000.

A.3.2 XPS-Spektrometer

Die XPS-Charakterisierungen wurden in Kooperation mit dem IMF III mit einem K-Alpha XPS-Spektrometer (ThermoFisher Scientific, East Grinstead, UK) durchgeführt. Zur Anregung wurde mikrofokussierte, monochromatisierte AlKα -Röntgenstrahlung benutzt. Die Informationstiefe beträgt je nach Probenmaterial 6 - 10 nm. Die Datenerfassung und Auswertung wurde mit der Thermo Avantage Software durchgeführt [201]. Zur Quantifizierung werden die Transmissionsfunktion des Analysators, die mittleren freien Weglängen der Photoelektronen im Festkörper sowie die Wirkungsquerschnitte für die Photoionisation nach Scofield berücksichtigt [202]. Alle Spektren wurden auf die C1s-Photoelektronenlinie bei 285.0 eV von Kontaminationskohlenstoff bzw. auf 284,5 eV von graphitisch gebundenem Kohlenstoff referenziert. Die experimentelle Unsicherheit beträgt $\pm$ 0.2 eV.

A.3.3 Raman

Die Raman-Spektren wurden in Kooperation mit dem IFG an einem Bruker Senterra Raman-Spektrometer (Bruker Optics, Ettlingen, Deutschland), basiert auf einem Olympus BX-51 Mikroskop (Olympus Co., Tokyo, Japan), aufgenommen. Als Anregungsquelle diente eine Laserdiode mit einer Anregungswellenlänge 785 nm (1,58 eV). Der Anregungsstrahl sowie die Rückstreuung wurden durch ein 20 x Objektiv (numerische Apertur 0,45, Laser-Spot 5 μm) geleitet. Die Raman-Spektren wurden in einem Bereich von 100 - 3000 cm^{-1} bei einer Laserleistung von 50 mW erfasst.

A.3.4 Absorbanz-Spektrometer

Die Absorbanz-Messungen wurden in Kooperation mit dem IFG mit einem CCD-Spektrometer BTC112 (BWtek, Newark, DE, USA) im Wellenlängenbereich 500 - 1200 nm mit einer spektralen Auflösung von 1 nm durchgeführt. Die Spektren wurden bei Raumtemperatur aufgenommen, der CCD-Detektor (2048 Pixel) wurde dabei thermoelektrisch gekühlt.

A.4 Approximation des G-Modes

G^+ und G^- sind jeweils drei einzelnen Moden von Phononen-Eigenvektoren mit A_1, E_1, und E_2 Symmetrien zusammengesetzt (S.37), wobei die A_1- und E_1-Eigenvektoren bei ähnlichen Wellenzahlen auftreten und überlappen können. Daher wurden den G-Moden der Raman-Spektren von S.103 analog [96; 181] fünf Lorentz-Kurven angepasst: 1532, 1555, 1575, 1598 und 1609 cm^{-1} (blau in Abb. A.1).

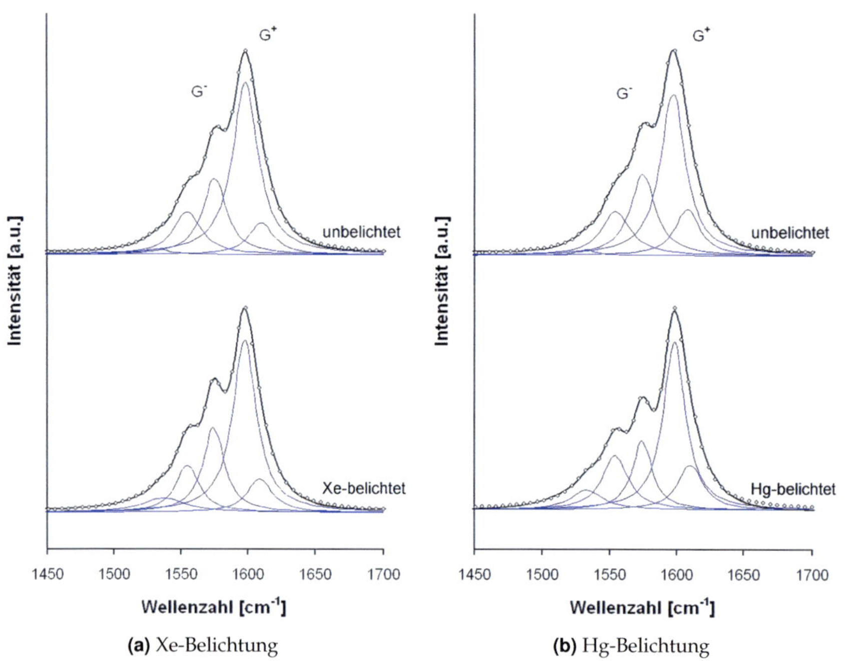

(a) Xe-Belichtung　　　　　**(b)** Hg-Belichtung

Abb. A.1: Darstellung des G-Multipletts. Den gemessenen Spektren (schwarz) wurden je fünf Moden angepasst (blau). Die Summe der angefitteten Moden (weiße Kreise) zeigt die gute Übereinstimmung der Fits mit den gemessenen Werten.

Da die Moden unter dem tangentialen Graphen-Modes bei 1580 cm^{-1} dem G^-- und über 1580 cm^{-1} dem G^+-Mode zugeordnet werden, wurde um die drei niedriger frequenten Moden und um die zwei höher frequenten Moden je eine Einhüllende gebildet (Abb. A.2).

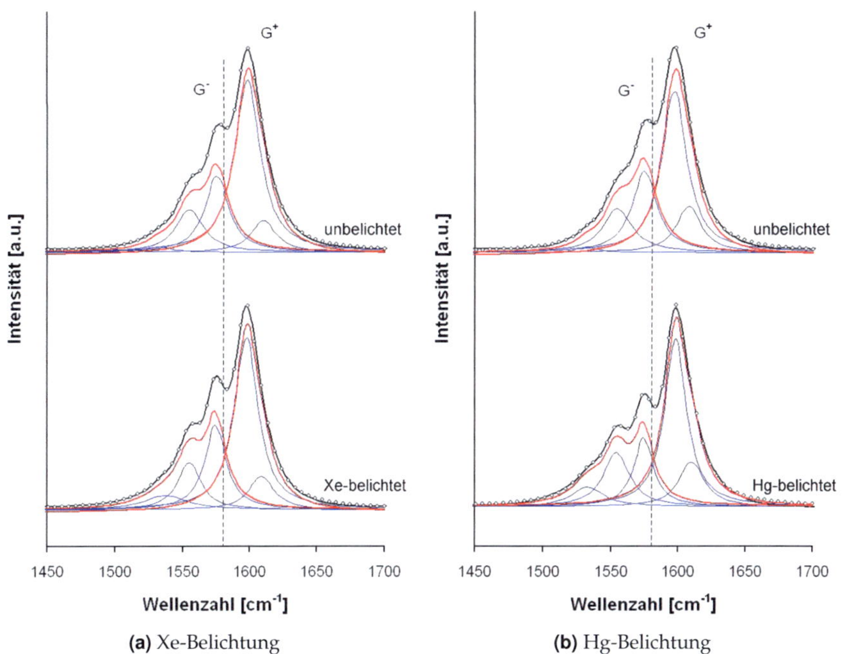

(a) Xe-Belichtung

(b) Hg-Belichtung

Abb. A.2: Um die drei Moden unter 1580 cm^{-1} sowie um die zwei Moden über 1580 cm^{-1} wird je eine Einhüllende gebildet, die G$^+$- bzw. G$^-$-Mode darstellt.

Die Einhüllenden stellen nun den G$^+$- bzw. G$^-$-Mode dar und werden für die Bestimmung des Intensitätsverhältnisses verwendet. Zu beachten ist, dass die höchste Intensität von G$^+$ bzw. G$^-$ bei 1575 cm^{-1} bzw. 1598 cm^{-1} genutzt wird, nicht die Integrale unter den Moden, um analog zu [9; 96] (vgl. S.36) eine Aussage über den elektrischen Charakter des CNT-Netzwerkes treffen zu können.

A.5 Labview-Programm

Das Labview-Programm wurde so aufgebaut, dass sowohl eine kaskadische als auch eine parallele Messung möglich ist (Abb. A.3). Es werden zunächst Anfangswerte ($V_{SD,Beginn}$, $V_{G,Beginn}$) für die beiden Kanäle des Keithley Source-Meters 2812 eingegeben, die eine bestimmte Zeit anliegen kann („Startdelay"). Während dieser Zeit erfolgt keine Messung. Anschließend wird der Startwert von Kanal B (V_{SD}) übernommen und die Spannung von Kanal A (V_G) gemäß den Einstellungen verändert. Nach Ablauf der inneren Schleife in Kanal A (V_G) springt das Programm zurück zu Kanal B (V_{SD}) und stellt den nächsten Wert ein.

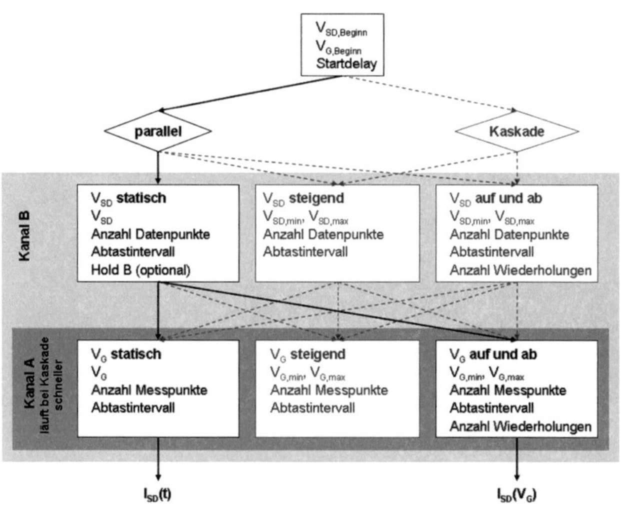

Abb. A.3: Skizze der Labview-Programmierung. Die im Rahmen der vorliegenden Arbeit genutzten Einstellungen zur Messung von $I_{SD}(t)$ und $I_{SD}(V_G)$ sind schwarz dargestellt.

Beide Kanäle können dabei als:

- „statisch" (die Spannung bleibt während der gesamten Messung konstant),
- „steigend" (die Spannung steigt von einem Startwert bis zu einem Zielwert) oder

- „auf und ab" (die Spannung wird bis zu einem Zielwert und auf einen Startwert zurück verfahren)

definiert sein.

Es werden weiterhin für beide Kanäle die Anzahl der Messpunkte pro Messschleife („Länge"), die Anzahl der Messschleifenwiederholungen („Anzahl") sowie die Dauer jedes Messpunktes („Mess-Delay") vorgegeben (Abb. A.4).

In der vorliegenden Arbeit wurden die beiden Kanäle parallel betrieben, entweder mit konstanten Werten für beide Spannungen für I_{SD}(t)-Messungen (beide Kanäle als „statisch" definiert) oder mit konstanten Werten von I_{SD} und variablen Werten von V_G (Kanal B als „statisch" und Kanal A als „auf und ab" definiert). Beispielhaft sind hier die Einstellungen für die I_{SD}(t)-Einlaufkurven, z.B. Referenz-Wasserkurven (Abb. A.4a), sowie für die Kennlinienmessung in Puffermedien dargestellt (Abb. A.4b). Bei der Kennlinienmessung sollte für die Anzahl der Messpunkte pro Messschleife ein Wert (2n+1) eingegeben werden, damit nach n Messpunkten für den Hin- und n Messpunkten für den Rückweg der Startwert wieder erreicht wird.

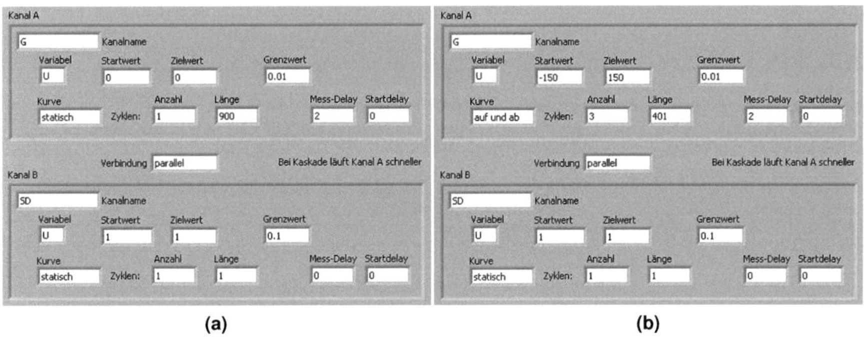

(a)   (b)

Abb. A.4: Einstellungen in der Labview-Maske (a) für die Messung von Einlaufkurven (I_{SD}(t)) und (b) für die Kennlinien-Messung (I_{SD}(V_G)).

A.6 Messprotokolle

Hier sollen zwei Messprotokolle gezeigt werden, die zwischenzeitlich durch das in Abschnitt 4.5 dargestellte Messprotokoll ersetzt werden. Die Reihenfolge der Puffer wurde nicht festgelegt und von Messung zu Messung variiert, um zu vermeiden, dass eine rein zeitabhängige monotone Veränderung des Stromes fälschlicherweise als pH-Abhängigkeit interpretiert wird.

Messprotokoll mit Trockenphasen

- Messung der Einlaufkurve I_{SD} (t) in Puffer A, V_G = -50 V
- Messung der Kennlinie I_{SD} (V_G) in Puffer A, -150 V < V_G < +150 V
- 15 min in DI H_2O, ohne anliegende Spannungen
- (teilweise mit Ethanol ausgespült)
- Trocknen mit N_2
- 30 min Trocknen an Luft
- > 1 h in Puffer B, ohne anliegende Spannungen
- Messung der Einlaufkurve I_{SD} (t) in Puffer B, V_G = -50 V
- Etc.

Zunächst wurden nach den Spülschritten die Proben mit Stickstoff und an Luft getrocknet, um möglichst vollständig den Ausgangszustand wieder herzustellen. Ein Vorteil des Messprotokolls mit Trockenphasen war, dass Parallelmessungen mehrerer Proben ermöglicht wurden. In der Zeit, in der eine Probe in Wasser eingelegt und anschließend getrocknet wurde, konnten an einer anderen Probe Messungen durchgeführt werden.

Es zeigte sich jedoch, dass die Trocknungsphasen einen negativen Einfluss auf die Proben hatten. Zudem zeigte sich, dass eine Einwirkzeit von 15 Minuten von deionisiertem Wasser zu gering war, um die Pufferrückstände ausdiffundieren zu lassen. Weder während der Zeit, in der die Proben in Wasser eingelegt waren, noch während des Trocknens wurde die Änderung des Stromes aufgezeichnet. Die Einflüsse waren dadurch nicht kalkulierbar.

Ein Beispiel für das nicht vollständige Ausdiffundieren eines Puffers aus einer Sputterschicht zeigt Abb. A.5. Nach 15 minütigem Einwirken von Wasser zeigten sich nach einigen Tagen an Luft Salzkristalle, die offensichtlich aus Pinholes in der Oberfläche heraus wachsen.

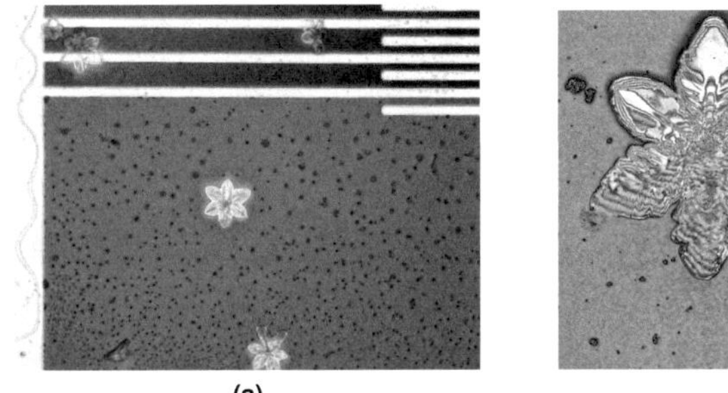
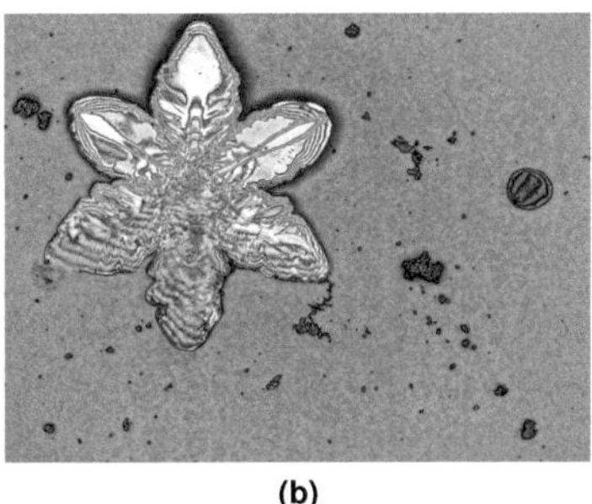

(a)   (b)

Abb. A.5: Bei nicht ausreichendem Spülen bzw. zu kurzzeitigem Einlegen in deionisiertes Wasser bildeten sich nach dem Trocknen der Pufferrückstände Salzkristalle.

Ein zusätzliches Spülen der Oberfläche mit Ethanol bewirkte eine Vergrößerung des Rauschens und somit ebenfalls eine negative Beeinflussung der Proben. Der Ethanol-Reinigungsschritt wurde daher nach wenigen Messungen wieder gestrichen.

Zunächst wurde auf den Trocknungsschritt verzichtet, die weiteren Messungen wurden „nass in nass" durchgeführt. Puffer wurden direkt gegen deionisiertes Wasser ausgetauscht und umgekehrt. Auch das Messprotokoll „nass in nass" sah noch eine parallele Messung mehrerer Proben vor, um die Zeit während des Einwirkens von Wasser, d.h. während des Ausdiffundierens des Puffers auszunutzen.

Messprotokoll „nass in nass"

- Messung der Einlaufkurve $I_{SD}(t)$ in Puffer A, $V_G = 0\,V$
- Messung der Einlaufkurve $I_{SD}(t)$ in Puffer A, $V_G = -50\,V$
- Messung der Kennlinie $I_{SD}(V_G)$ in Puffer A, $-150\,V < V_G < +150\,V$

- 30 min in DI H_2O, ohne anliegende Spannungen

- > 1 h in Puffer B, ohne anliegende Spannungen

- Messung der Einlaufkurve $I_{SD}(t)$ in Puffer B, $V_G = 0$ V

- Etc.

Weiterhin konnten jedoch die Ausgangswerte von R_{SD} der Proben nach den Spülschritten nicht wieder hergestellt werden und die Interpretation wurde zusätzlich erschwert, da die I_{SD}-Änderungen während der Spülschritte nicht dokumentiert wurden. Zudem war bereits bei den Messungen der Einlaufkurve mittels kurzfristiger $I_{SD}(t)$-Messungen (Abb. 4.8) beobachtet worden, dass durch das Ein- und Ausschalten der V_{SD}-Spannung bestimmte Effekte auftreten.

Aus den beschriebenen Gründen wurde das Messprotokoll schließlich so festgelegt, dass V_{SD} dauerhaft anliegt und I_{SD} während aller Medienwechsel gemessen wird. Dazu werden zunächst jeweils 20 Messpunkte (MP) im vorigen Messmedium abgewartet, bevor die Medien ausgetauscht werden.

Messprotokoll „Hold V_{SD}"

$V_{SD} = 1$ V liegt dauerhaft an.

- Messung der Einlaufkurve $I_{SD}(t)$ in DI H_2O, $V_G = 0$ V
  (900 MP, Abtastintervall 2 sec)

- Austausch von DI H_2O gegen Puffer A, währenddessen Messung von $I_{SD}(t)$, $V_G = 0$ V
  (100 MP, Wechsel nach 20 MP, Abtastintervall 2 sec)

- Messung der Einlaufkurve $I_{SD}(t)$ in Puffer A, $V_G = 0$ V
  (900 MP, Abtastintervall 2 sec)

- Messung der Einlaufkurve $I_{SD}(t)$ in Puffer A, $V_G = -50$ V
  (200 MP, Abtastintervall 2 sec)

- Messung der Einlaufkurve $I_{SD}(t)$ in Puffer A, $V_G = -150$ V
  (200 MP, Abtastintervall 2 sec)

- Messung der Kennlinie $I_{SD}(V_G)$ in Puffer A, -150 V $< V_G < +150$ V
  (401 MP, 3 Messschleifen, Abtastintervall 2 sec)

- Austausch von Puffer A gegen DI H_2O, währenddessen Messung von I_{SD} (t),
  $V_G = 0$ V
  (100 MP, Wechsel nach 20 MP, Abtastintervall 2 sec)

- Austausch von H_2O gegen Puffer B, währenddessen Messung von I_{SD} (t),
  $V_G = 0$ V
  (900 MP, Abtastintervall 2 sec)

- Etc.

A.7 Messdaten: Unbeschichtetes Sensorelement

Abb. A.6 zeigt die Gesamtübersicht über die Messungen der vier Tage. An Tag 1 wurden alle drei Puffer getestet, an Tag 2 bis 4 jeweils ein Puffer pro Tag. Dazwischen war die Probe jeweils über Nacht in Wasser eingelegt, so dass Pufferrückstände ausdiffundiert sein sollten. Der Medienwechsel (Wasser - Puffer) zeigt sich jeweils in den Sprüngen in den I_{SD}-Kurven.

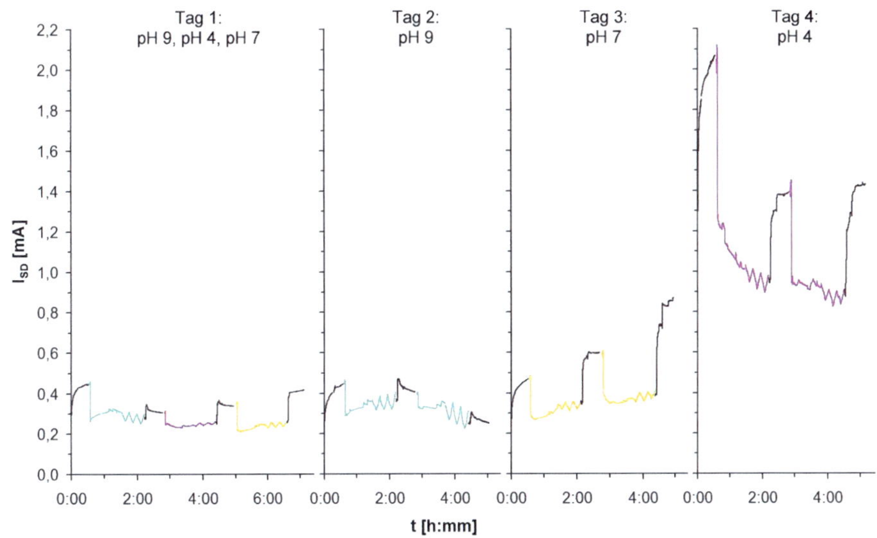

Abb. A.6: Zeitlicher Gesamttest eines unbeschichteten Sensorelementes über vier Tage.

Der Strom in deionisiertem Wasser liegt jeweils auf einem höheren Niveau als in den Puffern. Zudem fällt auf, dass die Einlaufkurven in Wasser abhängig vom zuvor getestenen Puffer sind. Bei pH 9 zeigt die I_{SD} (t)-Messung in Wasser anschließend eine Überschwingung und sinkt dann ab, während bei pH 7 die Einlaufkurve stetig steigt. pH 4 zeigt ebenfalls eine Überschwingung jedoch ist der anschließende Abfall nicht so stark wie bei pH 9.

An den Tagen 2 bis 4 zeigt sich im Grunde dasselbe Verhalten in der Gesamtmessung: Insgesamt fallen die Kurven in pH 9 und in dem dazwischen gemessenen Wasser ab, ebenso bei pH 4, wenn auch schwächer. Dagegen steigt die gesamte Kurve bei pH 7.

Das Einlegen der Proben in deionisiertes, steriles Wasser über Nacht (16 Stunden) sollte dazu dienen, den Ausgangszustand der Probe so weit wie möglich wieder herzustellen, um dann die erste I_{SD} (t)-Messung in Wasser des nächsten Tages vor den jeweiligen Puffer-Tests als Referenz nutzen zu können.

Nach den ersten zwei Tagen wird die Wiederherstellung des Ausgangszustandes auch erreicht, was sich darin zeigt, dass die Referenz-Wasserkurven auf dem gleichen Niveau liegen. Der Einfluss von pH 7 auf das Sensorelement scheint dagegen auch nach dem langfristigen Einwirken von Wasser nicht reversibel zu sein. Da die als Referenz gedachte Wasser-Kurve am vierten Tag viel höher liegt als die Referenzkurven der ersten Tage, kann darauf geschlossen werden, dass sich die Absolutwerte I_{SD} nicht direkt miteinander vergleichen lassen. Gleiches gilt für die Steigung der pH-Kennlinie.

Daher werden die Referenz-Wasserkurven des jeweiligen Tages auf die Länge 1 normiert. D.h. die Kurven werden gleichmäßig um den Anfangswert der I_{SD} (t)-Messung in DI H_2O nach unten versetzt und durch den neuen Endwert geteilt (Abb. A.7):

$$I_{SD,norm.} = \frac{I_{SD} - I_{SD,MP\,1}}{I_{SD,MP\,901} - I_{SD,MP\,1}}$$

mit $I_{SD,norm.}$: auf Referenz-Wasserkurve bezogener Strom I_{SD};

       $I_{SD,MP\,1}$: Anfangswert der Referenzkurve, Messpunkt 1;

       $I_{SD,MP\,901}$: Endwert der Referenzkurve, Messpunkt 901.

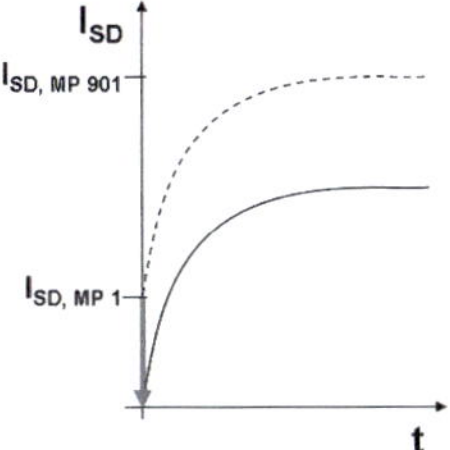

Abb. A.7: Die Referenz-Kurven werden um den Anfangswert ($I_{SD, MP1}$) nach unten versetzt und auf den neuen Endwert ($I_{SD, MP901} - I_{SD, MP1}$) bezogen.

Sämtliche folgenden Messkurven eines Tages werden dann auf die Referenz-Wasserkurve bezogen. Dadurch wird der Einfluss der pH 7-Messung auf die Messung des folgenden Tages eliminiert. Die Steigungen der Kennlinien $I_{SD}(V_G)$ derselben pH-Werte gleichen sich an (Abb. A.8).

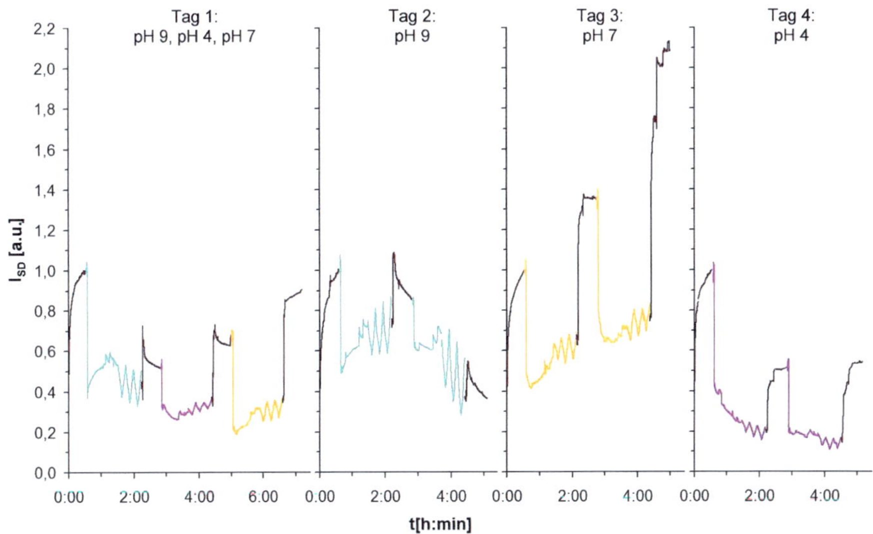

Abb. A.8: Normierte Darstellung des Gesamttest: alle Messkurven sind auf die jeweils erste Wasserkurve des Tages (Refrenzkurve) bezogen.

Der Effekt der pH-Puffer auf den Absolutwert des I_{SD} bleibt erhalten und muss im direkten Kontakt des CNT-Netzwerkes mit den Puffermedien begründet sein. Die pH-Abhängigkeit der Kennlinien zeigt sich in der Dynamik der Kurven, die durch die Streuung der Ladungsträger in der CNT durch angelagerte Ionen des jeweiligen Puffermediums beeinflusst wird.

A.8 Charakterisierung dielektrophoretischer Proben

A.8.1 Unbeschichtete DEP-Probe

Bei ersten Versuchen wurde statt eines Liquid Gates ein metallisches Back Gate eingesetzt. Unbeschichtete Proben mit dielektrophoretisch abgeschiedenen CNTs standen in direktem Kontakt mit den Puffern, während die Backgate-Elektrode auf der Außenseite des Substrates angepresst wurde.

Da die Gate-Spannung somit durch eine Saphirschicht von 450 μm (Substratdicke) wirken muss, wurde die Gate-Spannung V_G über einen Bereich von -200 bis +200V variiert. Die Puffer wurden in der Reihenfolge pH 4, pH 7, pH 9 untersucht, in jedem Puffer wurden je drei einzelne $I_{SD}(V_G)$-Messschleifen aufgenommen (Abb. A.9).

Vor und zwischen den Messungen in Pufferlösung wurde die Oberfläche der Proben mit destilliertem Wasser abgespült und mit Stickstoff vorsichtig abgeblasen, die Oberfläche war also trocken oder allenfalls noch mit einer dünnen Wasserschicht bedeckt. In diesem Zustand wurden ebenfalls je drei $I_{SD}(V_G)$-Messkurven aufgenommen.

Die Stromwerte im Trockenen vor der Messung bzw. am folgenden Tag liegen ebenso wie die Messungen im gespülten und mit Stickstoff abgeblasenen, wahrscheinlich leichten feuchten Zustand weitgehend auf dem gleichen Niveau. Dagegen zeigen die Stromwerte bei den Messungen mit Pufferlösungen einen deutlichen Anstieg mit dem pH-Wert.

Jede der einzelnen Messungen zeigt die bereits bekannte Erscheinung eines „Ein-/Aus-Effektes" durch An- und Abschalten der Source-Drain-Spannung. Eine deutliche V_G-abhängige Steigung der Kurven konnte nicht beobachtet werden.

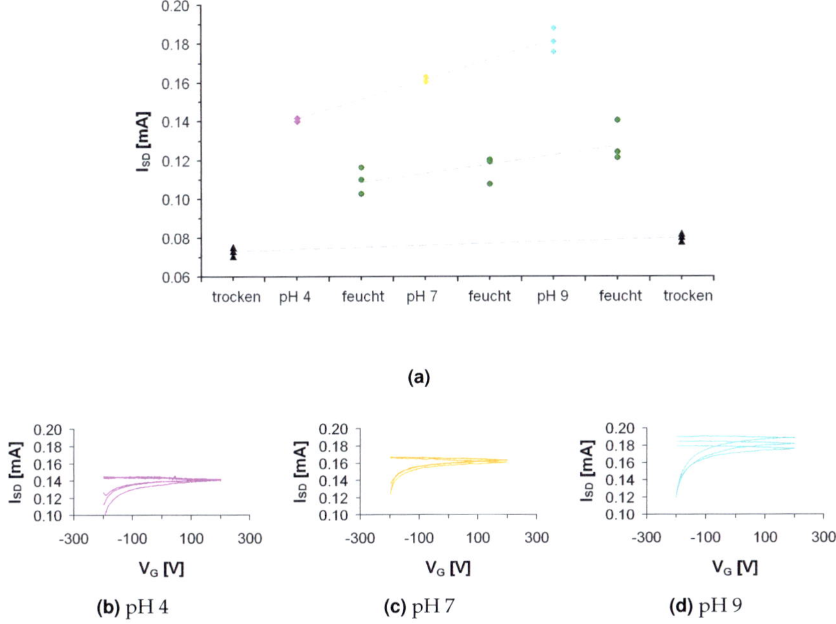

(b) pH 4   **(c)** pH 7   **(d)** pH 9

Abb. A.9: I_{SD} (ΔV_G = 200 V) der DEP-Probe liegt in Kontakt mit wässrigen Medien (pH 4 (magenta), pH 7 (gelb), pH 9 (blau)) auf einem höheren Niveau als im trockenen (schwarz) oder leicht feuchten (grün) Zustand (a). Mit steigendem pH-Wert wird zudem ein Anstieg des Stromes beobachtet (b - d).

Der größte Nachteil der unisolierten DEP-Elektrodenfelder ist allerdings, dass die Messungen nicht reproduzierbar waren. Da die CNTs weder auf den Elektroden noch auf dem Substrat fixiert und direkt dem Medium ausgesetzt sind und die Tenside an dielektrophoretisch abgeschiedenen CNTs nur ungenügend entfernt werden können, ist die Haltbarkeit des Systems drastisch reduziert.

Im Puffer und während der Spülprozesse beim Pufferwechsel wird ein Großteil der CNTs weg gespült. AFM-Aufnahmen vor und nach dem Versuch in wässrigen Medien bestätigen den Verlust von CNTs (Abb. A.10).

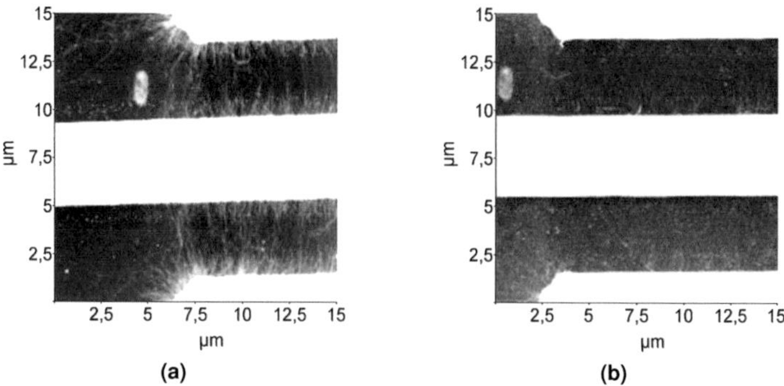

Abb. A.10: AFM-Bilder (a) einer unbeschichteten DEP-Probe nach DEP-Abscheidung der CNTs und (b) nach Messungen in Kontakt mit pH-Puffern. Die Anzahl von CNTs ist deutlich gemindert.

A.8.2 Al$_2$O$_3$ -besputterte DEP-Probe

An einer mit 500 nm Al$_2$O$_3$ besputterten DEP-Probe wurden im Liquid-Gate-Messaufbau je Puffer drei einzelne kurzzeitige Kennlinien aufgenommen (Abb. A.11). Hier war ein Startdelay von 30 Sekunden eingestellt, so dass die „Ein-/Aus-Effekte" durch das An- und Abschalten von V$_{SD}$ nicht aufgezeichnet wurden.

Zunächst zeigt sich deutlich ein I$_{SD}$-Anstieg bei steigenden pH-Werten (Abb. A.11a). Die Kurven von pH 9 und pH 7 zeigen die typische Kennlinienform mit sehr schmalem Schalt-Bereich. Bei pH 9 sind die Übergänge von I$_{ON}$ zum Schalt-Bereich (S) und auch von S zu I$_{OFF}$ (V$_{th}$) deutlich zu erkennen. Bei pH 7 liegt nur der Übergang von I$_{ON}$ zu S im V$_G$-Messbereich. Da bei pH 4 keine Transistor-Kennlinienform zu erkennen ist, sondern die Kurven rein zeitabhängig ansteigen, werden die Messungen für die weitere Auswertung hier nicht weiter betrachtet.

In Abb. A.11b sind jeweils Mittelwertskurven der drei Messschleifen von pH 9 und pH 7 dargestellt. Durch die Schnittpunkte von I$_{ON}$ und S angepassten Geraden werden die Übergänge von I$_{ON}$ zu S dargestellt. Es zeigt sich, dass bei zunehmender Protonierung der Übergang zu höheren V$_G$-Werten verschoben wird. Daraus kann geschlossen werden, dass sich auch V$_{th}$ in gleicher Weise verschiebt.

Eine Verschiebung von V$_{th}$ zu positiveren Werten, wie sie hier beobachtet wird, deckt sich mit der Hypothese aus Abschnitt 5.2.2.

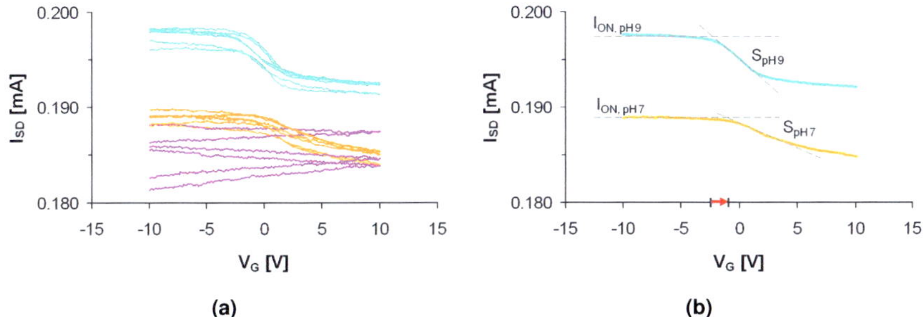

Abb. A.11: Kennlinien einer Al_2O_3 beschichtete DEP-Probe in Kontakt mit Puffern (a). Bei zunehmender Protonierung verschiebt sich die Schwellspannung zu positiveren V_G - Werten (b).

Zudem ändert sich mit dem pH-Wert aber auch die Steigung (bzw. $\Delta^{I_{ON}}/_{I_{OFF}}$): Mit steigendem pH-Wert vergrößert sich die Steigung und zeigt somit das gleiche Verhalten, das für die unbeschichteten Sensorelemente in Abschnitt 5.1.2 beobachtet wurde.

Aufgrund der bereits beschriebenen schlechten Reproduzierbarkeit der dielektrophoretischen Abscheidung in dieser Arbeit, sowie aufgrund der Probleme mit den Sputterschichten konnten die beschriebenen Ergebnisse jedoch nicht wieder reproduziert werden, sie stellen Einzelergebnisse dar.

A.9 Kennlinien-Abhängigkeit von der CNT-Netzwerk-Dicke

Transistorkurven, wie sie in vielen Veröffentlichungen für Single-Tube-FETs und in der vorliegenden Arbeit auch für dielektrophoretisch hergestellte Proben gezeigt wurden (Abb. A.11), zeigen gegenüber den hier hauptsächlich untersuchten gefilterten CNT-Netzwerk-Proben wesentlich schnelleres Schaltverhalten (Abb. A.12).

Durch einen Volumeneffekt in einem vergleichsweise dicken CNT-Netzwerk werden die Kennlinien verbreitert. Das kann auf mehrere Effekte zurückgeführt werden: Zum einen liegen im CNT-Netzwerk CNTs von unterschiedlichem

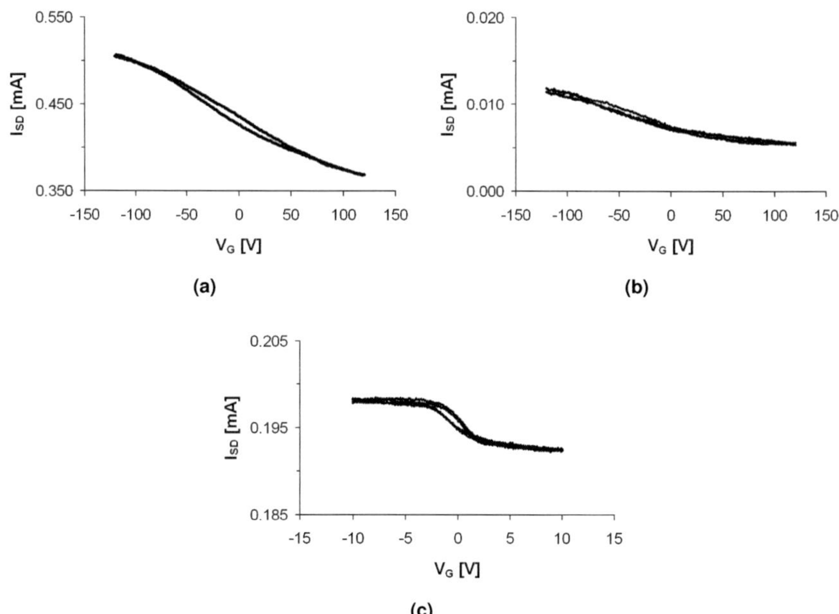

Abb. A.12: V_G -abhängige Bereiche der Kennlinien gefilterter Netzwerke (a, b) sind gegenüber denen dielektrophoretisch abgeschiedener Netzwerke (c) deutlich über einen großen V_G - Bereich gestreckt.

Durchmesser und damit Bandlücke vor, was das Schaltverhalten jeder einzelnen CNT bestimmt. Die einzelnen Schaltvorgänge werden überlagert [41]. Zum anderen kann sich auch durch den Abstand der geladenen Doppelschicht zu den CNTs eine unterschiedliche Beeinflussung der CNTs an der CNT-Netzwerk-Oberfläche gegenüber den CNTs an der CNT-Netzwerk-Substrat-Grenzfläche ergeben.

Zudem ist es bekannt, dass bei Liquid-Gate-Messungen Diffusionsvorgänge im Elektrolyt für die effektive Gate-Spannung verantwortlich sind [158] und daher Liquid-Gate-FETs langsamer reagieren als Solid-Gate-FETs, die in den Publikationen beschrieben werden.

Im Vergleich von dielektrophoretisch abgeschiedenen CNTs (Abb. A.12c) und gefilterten CNT-Netzwerken (Abb. A.12a) ist deutlich zu sehen, dass mit steigender

Anzahl an CNTs und damit steigender Zahl der verschiedenen Chiralitäten, Längen und Kontaktstellen der Schaltbereich der Kennlinie gedehnt wird [173; 174].

Aus dieser Überlegung geht hervor, dass eine größere Anzahl an CNTs zwar die leichte Handhabung sichert und auch die Messung vereinfacht, da ein höherer Stromfluss übertragen wird, andererseits ist hinsichtlich des Schaltverhaltens ein möglichst dünnes CNT-Netzwerk wünschenswert. Nachträgliche Optimierung wie UV-Belichtung greift vor allem an der Oberfläche des CNT-Netzwerks an, daher ist auch für die Modifikation durch UV-Belichtung ein möglichst dünnes Netzwerk von Vorteil. Da die dielektrophoretische Abscheidung von halbleitenden CNTs wie bereits erwähnt eine geringe Reproduzierbarkeit zeigte, wurde untersucht, welche Verbesserungen durch eine Minimierung der Dicke der gefilterten Netzwerke zu erreichen sind (Abschnitt 3.3.1.3).

Es wurden Untersuchungen an sehr dünnen CNT-Netzwerken von 25 μl gefiltertem Suspensionsvolumen vorgenommen (Abb. A.12b). Gegenüber einem 100 μl-Netzwerk zeigte sich jedoch kein deutliches Zusammenziehen der Kennlinie, allerdings trat nach der zweiten Messschleife verstärkt Rauschen auf und die Kurve fiel deutlich ab, was auf eine Schädigung des Netzwerkes hindeutet. Daher und wegen der erwähnten leichteren Handhabung dickerer CNT-Netzwerke wurde für die weitere Probenherstellung ein Volumen von 100 μl gewählt.

Literaturverzeichnis

[1] H. W. Kroto, J. R. Heath, S. C. O'Brien, R. F. Curl und R. E. Smalley: C_{60}: *Buckminsterfullerene*. Letters to Nature, 318: 162 – 163, 1985.

[2] S. Iijima: *Helical microtubules of graphitic carbon*. Nature, 354: 56 – 58, 1991.

[3] L. V. Radushkevich und V. M. Lukyanovich: *O strukture ugleroda, obrazujucegosja pri termiceskom razlozenii okisi ugleroda na zeleznom kontakte (engl.: About the structure of carbon formed by thermal decomposition of carbon monoxide on iron substrate)*. Zhurnal Fizcheskoi Khimii, 26: 88 – 95, 1952.

[4] C. Journet, W. K. Maser, P. Bernier, A. Loiseau, M. Lamy de la Chapelle, S. Lefrant, P. Deniard, R. Lee und J. E. Fischer: *Large-scale production of single-walled carbon nanotubes by the electric-arc technique*. Nature, 388: 756 – 758, 1997.

[5] J. W. Mintmire, B. I. Dunlap und C. T. White: *Are fullerene tubules metallic?* Physical Review Letters, 68: 631 – 634, 1992.

[6] S. Iijima und T. Ichihashi: *Single-shell carbon nanotubes of 1-nm diameter*. Nature, 363: 603 – 605, 1993.

[7] D. S. Bethune, C. H. Klang, M. S. de Vries, G. Gorman, R. Savoy, J. Vazquez und R. Beyers: *Cobalt-catalysed growth of carbon nanotubes with single-atomic-layer walls*. Nature, 363: 605 – 607, 1993.

[8] U. Vohrer und N. Zschoerper: *Kohlenstoff-Nanoröhren – Phönix aus der Asche*. WILEY Vakuum in Forschung und Praxis 19, 2: 22 – 30, 2007.

[9] M. Kaempgen und S. Roth: *Transparent and flexible carbon nanotube/polyaniline pH sensors*. Electroanalytical Chemistry, 586: 72 – 76, 2006.

[10] L. C. Qin, X. Zhao, K. Hirahara, Y. Miyamoto, Y. Ando und S. Iijima: *The smallest carbon nanotube*. Nature, 408: 50, 2000.

[11] K. Balasubramanian und M. Burghard: *Chemically Functionalized Carbon Nanotubes*. Small, 1: 180 – 192, 2005.

[12] K. Hata, D. N. Futaba, K. Mizuno, T. Namai, M. Yumura und S. Iijima: *Water-assisted highly efficient synthesis of impurity-free single-walled carbon nanotubes*. Science, 306: 1362 – 1364, 2004.

[13] R. Saito, G. Dresselhaus und M. S. Dresselhaus: *Physical properties of carbon nanotubes*. Imperial College Press, 1998.

[14] M. J. O'Connel (Herausgeber): *Carbon nanotubes: Properties and applications*. Taylor & Francis, 1. Auflage, 2006.

[15] G. Tschulena: *Kohle veredeln – der Weg zu Carbon-Nanotubes und deren Nutzung*. Sensor Magazin, 2: 36 – 38, 2008.

[16] A. Jorio, M. S. Dresselhaus und G. Dresselhaus (Herausgeber): *Topics in Applied Physics 111: Carbon Nanotubes*. Springer, 1. Auflage, 2008.

[17] M. Burghard: *Electronic and vibrational properties of chemically modified single-wall carbon nanotubes*. Surface Science Reports, 58: 1 – 109, 2005.

[18] A. Krishnan, E. Dujardin, T. W. Ebbesen, P. N. Yianilos und M. M. J. Treacy: *Young's modulus of single-walled nanotubes*. Physical Review B, 58: 14013 – 14019, 1998.

[19] H. Dai: *Carbon nanotubes: Opportunities and challenges*. Surface Science, 500: 218 – 241, 2002.

[20] M. F. Yu, B. S. Files, S. Arepalli und R. S. Ruoff: *Tensile loading of ropes of singlewall carbon nanotubes and their mechanical properties*. Physical Review Letters, 84: 5552 – 5555, 2000.

[21] S. Berber, Y. K. Kwon und D. Tománek: *Unusually high thermal conductivity of carbon nanotubes*. Physical Review Letters, 84: 4613 – 4616, 2000.

[22] N. Guisinger und M. S. Arnold: *Beyond silicon: Carbon-based nanotechnology*. MRS Bulletin, 35: 273 – 279, 2010.

[23] T. Dürkop, S. A. Getty, E. Cobas und M. S. Fuhrer: *Extraordinary mobility in semiconducting carbon nanotubes*. Nano Letters, 4: 35 – 39, 2004.

[24] P. L. McEuen, M. S. Fuhrer und H. Park: *Single-walled carbon nanotube electronics*. IEEE Transactions on Nanotechnology, 1: 78 – 85, 2002.

[25] H. C. d'Honincthun, S. Galdin-Retailleau, J. Sée und P. Dollfus: *Electron-phonon scattering and ballistic behavior in semiconducting carbon nanotubes*. Applied Physics Letters, 87:172112–1 – 172112–3, 2005.

[26] X. Zhou, J. Y. Park, S. Huang, J. Liu und P. L. McEuen: *Band structure, phonon scattering and the performance limit of single-walled carbon nanotube transistors*. Physical Review Letters, 95: 146805–1 – 146805–4, 2005.

[27] Z. Yao, C. L. Kane und C. Dekker: *High-field electrocal transport in single-wall carbon nanotubes*. Physical Review Letters, 84: 2941 – 2944, 2000.

[28] P. Avouris, R. Martel, V. Derycke und J. Appenzeller: *Carbon nanotube transistors and logic circuits*. Physica B, 323: 6 – 14, 2002.

[29] S. V. Rotkin und S. Subramoney (Herausgeber): *Applied physics of carbon nanotubes: Fundamentals of theory, optics and transport devices*. Springer, 1. Auflage, 2005.

[30] R. V. Seidel: *Carbon Nanotube Devices*. Dissertation, Technische Universität Dresden, 2004.

[31] P. Dollfus: *Post-CMOS generation*. In: *Sinano Workshop 2005*, heruntergeladen 15.11.2007. `http://www.sinano.org/index/public/17/workshop2005.html`.

[32] H. H. Back und M. Shim: *pH-dependent Electron-Transport Properties of Carbon Nanotubes*. Journal of Physical Chemistry B, 110: 23736 – 23741, 2006.

[33] A. Hirsch: *Funktionalisierung von einwandigen Kohlenstoffnanoröhren*. Angewandte Chemie International Edition, 41: 1933 – 1939, 2002.

[34] K. Seeger: *Semiconductor physics: An introduction*. Springer, 9. Auflage, 2004.

[35] K. Besteman, J. Lee, F. G. M. Wiertz, H. A. Heering und C. Dekker: *Enzyme-coated carbon nanotubes as single-molecule biosensors*. Nano Letters, 3(6): 727 – 730, 2003.

[36] M. S. Strano, C. B. Huffman, V. C. Moore, M. J. O'Connell, E. H. Haroz, J. Hubbard, M. Miller, K. Rialon, C. Kittrell, S. Ramesh, R. H. Hauge und R. E. Smalley: *Reversible, band-gap-selective protonation of single-walled carbon nanotubes in solution*. Journal of Physical Chemistry B, 107: 6979 – 6985, 2003.

[37] C. Ewels, heruntergeladen 02.09.2010. `http://www.ewels.info`.

[38] M. S. Dresselhaus, G. Dresselhaus und P. Avouris (Herausgeber): *Carbon nanotubes: Synthesis, structure, properties and applications*. Springer, 1. Auflage, 2001.

[39] A. Hagen: *Ladungsträgerdynamik in Kohlenstoff-Nanoröhren*. Dissertation, Freie Universität Berlin, 2005.

[40] P. R. Bandaru, C. Daraio, S. Jin und A. M. Rao: *Novel electrical switching behaviors and logic in carbon nanotube Y-junctions.* Nature Materials, 4: 663 – 666, 2005.

[41] P. Avouris und R. Martel: *Progress in carbon nanotube electronics and Photonics.* MRS Bulletin, 35: 306 – 313, 2010.

[42] M. Terrones: *Carbon nanotubes: Synthesis and properties, electronic devices and other emerging applications.* International Materials Reviews, 49: 325 – 377, 2004.

[43] J. Gavillet, A. Loiseau, C. Journet, F. Willaime, F. Ducastelle und J. C. Charlier: *Root-groeth mechanism for single-wall carbon nanotubes.* Physical Review Letters, 87: 275504–1 – 275504–3, 2001.

[44] V. N. Popov: *Carbon nanotubes: Properties and application.* Materials Science and Engineering R, 43: 61 – 102, 2004.

[45] F. Kokai, K. Takahashi, M. Yudasaka und S. Iijima: *Emission imaging spectroscopic and shadowgraphic studies on the growth dynamics of graphitic carbon particles synthesized by CO_2 laser vaporization.* Journal of Physical Chemistry B, 103: 8686 – 8693, 1999.

[46] W. K. Maser, E. Munoz, A. M. Benito, M. T. Martinez, G. F. de la Fuente, Y. Maniette, E. Anglaret und J. L. Sauvajol: *Production of high-density single-walled nanotube material by a simple laser-ablation method.* Chemical Physics Letters, 292: 587 – 593, 1998.

[47] E. Munoz, W. K. Maser, A. M. Benito, M. T. Martinez, G. F. de la Fuente, Y. Maniette, A. Righi, E. Anglaret und J. L. Sauvajol: *Gas and pressure effects on the production of single-walled carbon nanotubes by laser ablation.* Carbon, 38: 1445 – 1451, 2000.

[48] T. Guo, P. Nikolaev, A. G. Rinzler, D. Tomanek, D. T. Colbert und R. E. Smalley: *Self-assembly of tubular fullerenes.* Journal of Physical Chemistry, 99: 10694 – 10697, 1995.

[49] W. K. Maser, A. M. Benito und M.T. Martinez: *Production of carbon nanotubes: the light approach.* Carbon, 40: 1685 – 1695, 2002.

[50] H. Kanzow und A. Ding: *Formation mechanism of single-wall carbon nanotubes on liquid-metal particles.* Physical Review B, 60: 11180 – 11186, 1999.

[51] M. J. Bronikowski, P. A. Willis, D. T. Colbert, K. A. Smith und R. E. Smalley: *Gas-phase production of carbon single-walled nanotubes from carbon monoxide via the HiPco process: A parametric study.* Journal of Vacuum Science and Technology A, 19: 1800 – 1805, 2001.

[52] R. B. Weisman und S. M. Bachilo: *Dependence of optical transition energies on structure for single-walled carbon nanotubes in aqueous suspension: An empirical Kataura plot.* Nano Letters, 3: 1235 – 1238, 2003.

[53] X. Liu, T. Pichler, M. Knupfer, M. S. Golden, J. Fink, H. Kataura und Y. Achiba: *Detailed analysis of the mean diameter and diameter distribution of single-wall nanotubes from their optical response.* Physical Review B, 66: 045411–1 – 045411–8, 2002.

[54] J. W. Mintmire und C. T. White: *Electronic and structural properties of carbon nanotubes.* Carbon, 33: 893 – 902, 1995.

[55] S. Reich, C. Thomsen und J. Maultzsch: *Carbon nanotubes: Basic concepts and physical properties.* Wiley-VCH, 2004.

[56] S. Maruyama: *1D DOS*, heruntergeladen 20.05.2010. `http://www.photon.t.u-tokyo.ac.jp/~maruyama/kataura/1D_Click.html`.

[57] S. J. Tans, A. R. M. Verschueren und C. Dekker: *Room-temperature transistor based on a single carbon nanotube.* Nature, 393: 49 – 52, 1998.

[58] R. Martel, T. Schmidt, H. R. Shea, T. Hertel und Ph. Avouris: *Single- and multi-wall carbon nanotube field-effect transistors.* Applied Physics Letters, 73: 2447 – 2449, 1998.

[59] H. Ibach und H. Lüth: *Festkörperphysik.* Springer, 5. Auflage, 2002.

[60] G. Gruner: *Carbon nanotube transistors for biosensing applications.* Analytical and Bioanalytical Chemistry, 384: 322 – 335, 2006.

[61] A. Star, J. P. Gabriel, K. Bradley und G. Gruener: *Electronic detection of specific protein binding using nanotube FET devices.* Nano Letters, 3: 459 – 463, 2003.

[62] J. Kong und H. Dai: *Full and modulated chemical gating of individual carbon nanotubes by organic amine compounds.* Journal of Physical Chemisty B, 105: 2890 – 2893, 2001.

[63] S. J. Wind, J. Appenzeller, R. Martel, V. Derycke und Ph. Avouris: *Vertical scaling of carbon nanotube field-effect transistors using top gate electrodes.* Applied Physics Letters, 80: 3817 – 3819, 2002.

[64] A. Javey, J. Guo, Q. Wang, M. Lundstrom und H. Dai: *Ballistic carbon nanotube field-effect transistors.* Nature, 424: 654 – 657, 2003.

[65] A. Javey, J. Guo, D. B. Farmer, Q. Wang, D. Wang, R. G. Gordon, M. Lundstrom und H. Dai: *Carbon nanotube field-effect transistors with integrated ohmic contacts and high-k gate dielectrics.* Nano Letters, 4: 447 – 450, 2004.

[66] S. Rosenblatt, Y. Yaish, J. Park, J. Gore, V. Sazonova und P. L. McEulen: *High performance electrolyte gated carbon nanotube transistors.* Nano Letters, 2: 869 – 872, 2002.

[67] D. Lee und T. Cui: *pH-dependent conductance behaviors of layer-by-layer self-assembled carboxylated carbon nanotube mutlilayer thin-film sensors.* Journal of Vacuum Science and Technology B, 27: 842 – 848, 2009.

[68] M. Krüger, M. R. Buitelaar, T. Nussbaumer und C. Schöneberger: *Electrochemical carbon nanotube field-effect transistor.* Applied Physics Letters, 78: 1291 – 1293, 2001.

[69] C. Schönenberger: *Charge and spin transport in carbon nanotubes.* Semiconductor Science and Technology, 21: S1 – S9, 2006.

[70] H. Shimotani, T. Kanbara, Y. Iwasa, K. Tsukagoshi, Y. Aoyagi und H. Kataura: *Gate capacitance in electrochemical transistor of single-walled carbon nanotube.* Applied Physics Letters, 88: 073104–1 – 073104–3, 2006.

[71] C. H. Hamann und W. Vielstich: *Elektrochemie.* Wiley-VCH, 4. vollst. überarb. u. aktualis. auflage Auflage, 2005, ISBN 978-3527310685.

[72] A. P. Graham, G. S. Duesberg, W. Hoenlein, F. Kreupl, M. Liebau, R. Martin, B. Rajasekharan, W. Pamler, R. Seidel, W. Steinhoegl und E. Unger: *How do carbon nanotubes fit into the semiconductor roadmap?* Applied Physics A, 80: 1141 – 1151, 2005.

[73] J. Appenzeller, J. Knoch, V. Derycke, R. Martel, S. Wind und Ph. Avouris: *Field-Modulated Carrier Transport in Carbon Nanotube Transistors.* Physical Review Letters, 89: 126801–1 – 126801–4, 2002.

[74] M. P. Anantram und F. Léonard: *Physics of carbon nanotube electronic devices.* Reports on Progress in Physics, 69: 507 – 561, 2006.

[75] S. Hunklinger: *Festkörperphysik.* Oldenburg Wissenschaftsverlag, 2007.

[76] S. Taeger: *Selbstorganisation von Kohlenstoffnanoröhren zu Feldeffekttransistoren.* Dissertation, Technische Universität Dresden, 2007.

[77] S. J. Wind, J. Appenzeller und P. Avouris: *Lateral scaling in carbon nanotubes field-effect transistors.* Physical Review Letters, 91: 058301–1 – 058301–4, 2003.

[78] Y. Yaish, J. Y. Park, S. Rosenblatt, V. Sazonova, M. Brink und P. L. McEuen: *Electrical nanoprobing of semiconducting carbon nanotubes using an atomic force microscope*. Physical Review Letters, 92: 046401–1 – 046401–4, 2004.

[79] S. Frank, P. Poncharal, Z. L. Wang und W. A. de Heer: *Carbon nanotube quantum resistors*. Science, 280: 1744 – 1746, 1998.

[80] V. Derycke, R. Martel, J. Appenzeller und P. Avouris: *Controlling doping and carrier injection in carbon nanotube transistors*. Applied Physics Letters, 80: 2773 – 2775, 2002.

[81] S. Heinze, J. Tersoff, R. Martel, V. Derycke, J. Appenzeller und Ph. Avouris: *Carbon nanotubes as Schottky barrier transistors*. Physical Review Letters, 89: 106801–1 – 106801–4, 2002.

[82] J. Kong, N. R. Franklin, C. Zhou, M. G. Chapline, S. Peng, K. Cho und H. Dai: *Nanotube molecular wires as chemical sensors*. Science, 287: 622 – 625, 2000.

[83] C. Zhou, J. King, E. Yenilmez und H. Dai: *Modulated chemical doping of indicidual carbon nanotubes*. Science, 290: 1552 – 1555, 2000.

[84] M. Daenen, R. D. de Fouw, B. Hamers, P. G. A. Janssen, K. Schouteden und M. A. J. Veld: *The Wondrous World of Carbon Nanotubes*. Research Review, Eindhoven University of Technology, 2003.

[85] T. Dürkop, B. M. Kim und M. S. Fuhrer: *Properties and applications of high-mobility semiconducting nanotubes*. Journal of Physics: Condensed Matter, 16: R533 – R580, 2004.

[86] P. Y. Bruice, heruntergeladen 2009. `http://wps.prenhall.com/wps/media/objects/724/741576/Instructor_Resources/Chapter_01/Text_Images/FG01_15.JPG`.

[87] D. Schanzenbach: *Orbitale*. Vorlesung Organische Chemie an der Universität Potsdam 2004, heruntergeladen 2009. `http://mannose.chem.uni-potsdam.de/GPOC/semfol19_28.pdf`.

[88] K. Kopitzki und P. Herzog: *Einführung in die Festkörperphysik*. Teubner, 4. Auflage, 2002.

[89] S. Niyogi, M. A. Hamon, H. Hu, B. Zhao, P. Bhowmik, R. Sen, M. E. Itkis und R. C. Haddon: *Chemistry of single-walled carbon nanotubes*. Accounts of Chemical Research, 35: 1105 – 1113, 2002.

[90] L. Gomez, A. Kumar, Y. Zhang, K. Ryu, A. Badmaev und C. Zhou: *Scalable light-induced metal to semiconductor conversion of carbon nanotubes.* Nano Letters, 9: 3592 – 3598, 2009.

[91] R. Krajcik: *Funktionalisierte Kohlenstoffnanoröhren als neuartiges Transfektionsmittel für effizientes gene silencing in Rattenkardiomyozyten.* Dissertation, Friedrich-Alexander-Universität Erlangen-Nürnberg, 2008.

[92] M. Prato, K. Kostarelos und A. Bianco: *Functionalized carbon nanotubes in drug design and discovery.* Accounts of Chemical Research, 41: 60 – 68, 2008.

[93] A. Jorio, M. A. Pimenta, A. G. Souza Filho, R. Saito, G. Dresselhaus und M. S. Dresselhaus: *Characterizing carbon nanotube samples with resonance Raman scattering.* New Journal of Physics, 5: 139.1 – 139.17, 2003.

[94] M. S. Dresselhaus, G. Dresselhaus, R. Saito und A. Jorio: *Raman spectroscopy of carbon nanotubes.* Physics Reports, 409: 47 – 99, 2005.

[95] M. Milnera, J. Kürti, M. Hulman und H. Kuzmany: *Periodic resonance excitation and intertube intraction from quasicontinuous distributed helicities in single-wann carbon nanotubes.* Physical Review Letters, 84: 1324 – 1327, 2000.

[96] A. Jorio, M. A. Pimenta, A. G. Souza Filho, G. Samsonidze, A. K. Swan, M. S. Ünlü, B. B. Goldberg, R. Saito, G. Dresselhaus und M. S. Dresselhaus: *Resonance Raman spectra of carbon nanotubes by cross-polarized light.* Physical Review Letters, 90: 107403–1 – 107403–4, 2003.

[97] P. A. Pimenta, A. Marucci, S. D. M. Brown, M. J. Matthews, A. M. Rao, P. C. Eklundand R. E. Smalley, G. Dresselhaus und M. S. Dresselhaus: *Resonant Raman effect in single-wall carbon nanotubes.* Journal of Materials Research, 13: 2396 – 2404, 1998.

[98] A. Jorio, A. G. Souza Filho, G. Dresselhaus, M. S. Dresselhaus, A. K. Swan, M. S. Ünlü, B. B. Goldberg, M. A. Pimenta, J. H. Hafner, C. M. Lieber und R. Saito: *G-band resonant Raman study of 62 isolated single-wall carbon nanotubes.* Physical Review B, 65: 155412–1 – 155412–9, 2002.

[99] S. D. M. Brown, A. Jorio, P. Corio, M. S. Dresselhaus, G. Dresselhaus, R. Saito und K. Kneipp: *Origin of the Breit-Wigner-Fano lineshape of the tangential G-band feature of metallic carbon nanotubes.* Physical Review B, 63: 155414–1 – 155414–8, 2001.

[100] S. Reich, C. Thomsen und P. Ordejón: *Phonon eigenvectors of chiral nanotubes.* Physical Review B, 64: 195416–1 – 195416–7, 2001.

[101] J. Kürti, V. Zolyomi A. Grüneis und H. Kuzmany: *Double resonant Raman phenomena enhanced by van Hove singularities in single-wall carbon nanotubes*. Physical Review B, 65: 165433–1 – 165433–9, 2002.

[102] J. Maultzsch, S. Reich und C. Thomsen: *Chirality-selective Raman scattering of the D mode in carbon nanotubes*. Physical Review B, 64: 121407–1 – 121407–4, 2001.

[103] M. S. Dresselhaus und P. C. Eklund: *Phonons in carbon nanotubes*. Advances in Physics, 49: 705 – 814, 2000.

[104] M. A. Pimenta, E. B. Hanlon, A. Marucci, P. Corio, S. D. M. Brown, S. A. Empedocles, M. G. Bawendi, G. Dresselhaus und M. S. Dresselhaus: *The anomalous dispersion of the disorder-induced and the second-order Raman bands in carbon nanotubes*. Brazilian Journal of Physics, 30: 423 – 427, 2000.

[105] A. G. Souza Filho, A. Jorio, G. Dresselhaus, M. S. Dresselhaus, R. Saito, A. K. Swan, M. S. Ünlü B. B. Goldberg, J. H. Hafner, C. M. Lieber und M. A. Pimenta: *Effect of quantized electronic states an the dispersive Raman features in individual single-wall carbon nanotubes*. Physical Review B, 65: 035404–1 – 035404–6, 2001.

[106] A. G. Souza Filho, A. Jorio, Ge. G. Samsonidze, G. Dresselhaus, M. A. Pimenta, M. S. Dresselhaus, A. K. Swan, M. S. Ünlü, B. B. Goldberg und R. Saito: *Competing spring constant versus double resonance effects on the properties of dispersive modes in isolated single-wall carbon nanotubes*. Physical Review B, 67: 035427–1 – 035427–7, 2003.

[107] M. S. Dresselhaus, G. Dresselhaus, A. Jorio, A. G. Souza Filho und R. Saito: *Raman spectroscopy on isolated single wall carbon nanotubes*. Carbon, 40: 2043 – 2061, 2002.

[108] J. Maultzsch, S. Reich, C. Thomsen, S. Webster, R. Czerw, D. L. Carroll, S. M. C. Vieira, P. R. Birkett und C. A. Rego: *Raman characterisation of boron-doped multiwalled carbon nanotubes*. Applied Physics Letters, 81: 2647 – 2649, 2002.

[109] K. Schwabe: *pH-Messtechnik*. Theodor Steinkopff, 1976.

[110] H. Czichos (Herausgeber): *Hütte - Die Grundlagen der Ingenieurwissenschaften*. Springer, 30. Auflage, 1996.

[111] H. Galster: *pH Measurement: Fundamentals, Methods, Application, Instrumentation*. VCH, 1991.

[112] *Wissenswertes über die pH-Messung*. Insfosammlung Schott Instruments GmbH, heruntergeladen 28.07.2006. `http://www.si-analytics.com/fileadmin/`

upload//Informationen/Wissenswertes/Elektrochemie/GER/Fibel_ pH-Messung_30-MB_PDF-German.pdf.

[113] H. Kaden, W. Vonau, J. Jentzsch und H. G. Samm: *Glaselektrode für elektrochemische Messungen*, 1987.

[114] P. Bergveld: *Developments of ion-sensitive solid-state device for neuro-physiological measurements*. IEEE Transactions on Biomedical Engineering, BME-17: 70 – 71, 1970.

[115] P. Bergveld: *Thirty years of ISFETology - What happened in the past 30 years and what may happen in the next 30 years*. Sensors and Actuators B, 88: 1 – 20, 2003.

[116] J. Yates: *Site-binding model of the electrical double layer at the oxide/water interface*. Journal of the Chemical Society: Faraday Transactions 1, 70: 1807 – 1818, 1974.

[117] Y. G. Vlasov, Y. A. Tarantov und P. V. Bobrov: *Analytical characteristics and sensitivity mechanisms of electrolyte-insulator-semiconductor system-based chemical sensors - a critical review*. Analytical and Bioanalytical Chemistry, 376: 788 – 796, 2003.

[118] W. Goepel, J. Hesse und J. N. Zemel (Herausgeber): *Sensors: A comprehensive survey*. VCH, 1991.

[119] M. Klein und M. Kuisl: *Ionensensitiver Feldeffekttransistor mit Ta_2O_5-Schicht für den Einsatz bei pH-Messungen*. VDI-Berichte, 509: 275 – 279, 1984.

[120] Y. Ito: *Stability of ISFET and its new measurement protocol*. Sensors and Actuators B, 66: 53 – 55, 2000.

[121] I. Heller, J. Kong, K. A. Williams, C. Dekker und S. G. Lemay: *Electrochemistry at single-walled carbon nanotubes: The role of band structure and quantum capacitance*. Journal of the American Chemical Society, 128: 7353 – 7359, 2006.

[122] J. H. Kwon, K. S. Lee, Y. H. Lee und B. K. Ju: *Single-wall carbon nanotube-based pH sensor fabricated by the spray method*. Electrochemical and Solid-State Letters, 9: H85 – H87, 2006.

[123] S. Takeda, M. Nakamura, A. Ishii, A. Subagyo, H. Hosoi, K. Sueoka und K. Mukasa: *A pH sensor based on electric propoerties od nanotubes on a glass substrate*. Nanoscale Resolution Letters, 2: 207 – 212, 2007.

[124] Z. Dong, U. Weijinya, H. Yu und I. H. Elhajj: *Design, fabrication and testing of CNT based ISFET for nano pH sensor application: A preliminary study*. In: *Proceedings of 2009 IEEE Nanotechnology Materials and Devices Conference*, 2009.

[125] Z. Xu, X. Chen, X. Qu, J. Jia und S. Dong: *Single-wall carbon nanotube-based voltammetric sensor and biosensor*. Biosensors and Bioelectronics, 20: 579 – 584, 2004.

[126] I. S. Amlani, G. N. Maracas und L. A. Nagahara: *WO 2008/057121, Carbon nanotube interdigitated sensor*, veröffentlicht 15.05.2008, zurückgenommen 09.01.2009.

[127] I. Besnard, T. Vossmeyer, A. Yasuda, M. Burghard und U. Schlecht: *US 2009/0227059, Chemical sensor*, veröffentlicht 10.09.2009.

[128] W. Huang, E. Fabrizio und B. Timothy: *WO 2010/002554, Method and apparatus for enhancing detection characteristics of a chemical sensor system*, veröffentlicht 27.01.2010.

[129] A. Star, J. C. Gabriel und G. Gruner: *US 2005/0279987, Nanostructure sensor device with polymer recognition layer*, veröffentlicht 22.12.2005.

[130] H. Dai: *US 7318908, Integrated nanotube sensor*, erteilt 15.01.2008.

[131] N. P. Armitage, K. Bradley, J. C. Gabriel und G. Gruner: *US 2005/0184641, Flexible nanostructure electronic devices*, veröffentlicht 25.08.2005.

[132] J. C. Gabriel, G. Gruner und A. Star: *WO 2005/026694, Carbon dioxide nanoelectronic sensor*, veröffentlicht 24.03.2005, zurückgenommen 21.09.2010.

[133] J. Wang: *Carbon-nanotube based electrochemical biosensors: A review*. Electroanalysis, 17: 7 – 14, 2005.

[134] A. Star und G. Gruner: *US 2004/0253741, Analyte detection in liquids with carbon nanotube field effect transistor devices*, veröffentlicht 16.12.2004.

[135] W. Zhao, C. Song und P. E. Pehrsson: *Water-soluble and optically pH-sensitive single-walled carbon nanotubes from surface modification*. Journal of the American Chemical Society, 124: 12418 – 12419, 2002.

[136] M. Zheng, A. Jagota, E. D. Semke, B. A. Diner, R. S. Mclean, S. R. Lustig, R. E. Richardson und N. G. Tassi: *DNA-assisted dispersion and separation of carbon nanotubes*. Nature Materials, 2: 338 – 342, 2003.

[137] M. J. O'Connell, S. M. Bachilo, C. B. Huffman, V. C. Moore, M. S. Strano, E. H. Haroz, K. L. Rialon, P. J. Boul, W. H. Noon, C. Kittrell, J. Ma, R. H. Hauge, R. B. Weisman und R. E. Smalley: *Band gap fluorescence from individual single-walled carbon nanotubes*. Science, 58: 593 – 596, 2002.

[138] D. Tsyboulski, S. M. Bachilo und R. B. Weisman: *New Results on the pH-Quenching of Fluorescence in Aqueous Suspensions of Single-Walled Carbon Nanotubes.* In: Electrochemical Society 205th Meeting, 2004.

[139] C. Y. Shew, G. Gumbs und T. Iwaki: *US 2007/0116628, Charged carbon nanotube for use as sensors,* veröffentlicht 24.03.2007.

[140] E. D. Minot, A. M. Janssens, I. Heller, H. A. Heering, C. Dekker und S. G. Lemay: *Carbon nanotube biosensors: The critical role of the reference electrode.* Applied Physics Letters, 91: 093507-1 – 093507-3, 2007.

[141] S. Ghosh, A. K. Sood und N. Kumar: *Carbon nanotube flow sensors.* Science, 299: 1042 – 1044, 2003.

[142] G. Zhang, P. Qi, X. Wang, Y. Lu, X. Li, R. Tu, S. Bangsaruntip, D. Mann, L. Zhang und H. Dai: *Selective etching of metallic carbon nanotubes by gas-phase reaction.* Science, 314: 974 – 977, 2006.

[143] P. G. Collins, M. S. Arnold und P. Avouris: *Engineering carbon nanotubes and nanotube circuits using electrical breakdown.* Science, 292: 706 – 709, 2001.

[144] A. Hassanien, M. Tokumoto, P. Umek, D. Vrbanic, M. Mozetic, D. Mihailovic, P. Venturini und S. Pejovnik: *Selective etching of metallic single-wall carbon nanotubes with hydrogen plasma.* Nanotechnology, 16: 278 – 281, 2005.

[145] J. L. Zimmermann, R. K. Bradley, C. B. Huffman, R. H. Hauge und J. L. Margrave: *Gas-phase purification of single-walled carbon nanotubes.* Chemistry of Materials, 12: 1361 – 1366, 2000.

[146] I. W. Chiang, B. E. Brinson, A. Y. Huang, P. A. Willis, M. J. Bronikowski, J. L. Margrave, R. E. Smalley und R. H. Hauge: *Purification and characterization of single-walled carbon nanotubes (SWNTs) obtained from the gas-phase decomposition of CO (HiPCO Process).* Journal of Physical Chemistry B, 105: 8297 – 8301, 2001.

[147] J. M. Moon, K. H. An, Y. H. Lee, Y. S. Park, D. J. Bae und G. S. Park: *High-yield purification process of singlewalled carbon nanotubes.* Journal of Physical Chemistry B, 105: 5677 – 5681, 2001.

[148] E. Borowiak-Palen, T. Pichler, X. Liu, M. Knupfer, A. Graff, O. Jost, W. Pompe, R. J. Kalenczuk und J. Fink: *Reduced diameter distribution of single-wall carbon nanotubes by selective oxidation.* Chemical Physics Letters, 363: 567 – 572, 2002.

[149] M. S. Arnold, S. I. Stupp und M. C. Hersam: *Enrichment of Single-Walled Carbon Nanotubes by Diameter in Density Gradients*. Nano Letters, 5: 713 – 718, 2005.

[150] M. S. Arnold, A. A. Green, J. F. Hulvat, S. I. Stupp und M. C. Hersam: *Sorting carbon nanotubes by electronic structure using density differentiation*. Nature Nanotechnology, 1: 60 – 65, 2006.

[151] Z. Cheng, X. Du, M. H. Du, C. D. Rancken, H. P. Cheng und A. G. Rinzler: *Bulk Separative Enrichment in Metallic or Semiconducting Single-Walled Nanotubes*. Nano Letters, 3: 1245 – 1249, 2003.

[152] H. Li, B. Zhou, Y. Lin, L. Gu, W. Wang, K. A. S. Fernando, S. Kumar, L. F. Allard und Y. P. Sun: *Selective interactions of porphyrins with semiconducting single-walled carbon nanotubes*. Journal of the American Chemical Society, 126: 1014 – 1015, 2004.

[153] R. Krupke, F. Hennrich, H. v. Löhneysen und M. M. Kappes: *Separation of metallic from semiconducting single-walled carbon nanotubes*. Science, 301: 344 – 347, 2003.

[154] R. Krupke, F. Hennrich, M. M. Kappes und H. v. Löhneysen: *Surface conductance induced dielectrophoresis of semiconducting single-walled carbon nanotubes*. Nano Letters, 4: 1395 – 1399, 2004.

[155] H. Peng, N. T. Alvarez, C. Kittrell, R. H. Hauge und H. K. Schmidt: *Dielectrophoresis field flow fractionation of single-walled carbon nanotubes*. Journal of the American Chemical Society, 128: 8396 – 8397, 2006.

[156] D. S. Lee, D. W. Kim, H. S. Kin, S. W. Lee, S. H. Jhang, Y. W. Park und E. E. B. Campbell: *Extraction of semiconducting CNTs by repeated dielectrophoretic filtering*. Applied Physics A, 80: 5 – 8, 2005.

[157] R. Sharma, C. Y. Lee, J. H. Choi, K. Chen und M. S. Strano: *Nanometer positioning, parallel alignment, and placement of single anisotropic nanoparticles using hydrodynamic forces in cylindrical droplets*. Nano Letters, 7: 2693 – 2700, 2007.

[158] Z. Wu, Z. Chen, X. Du, J. M. Logan, J. Sippel, M. Nikolou, K. Kamaras, J. R. Reynolds, D. B. Tanner, A. F. Hebar und A. G. Rinzler: *Transparent, conductive carbon nanotube films*. Science, 305: 1273 – 1276, 2004.

[159] Y. Zhang, Y. Zhang, X. Xian, J. Zhang und Z. Liu: *Sorting out semiconducting single-walled carbon nanotube arrays by preferential destruction of metallic tubes using Xenon-lamp irradiation*. Journal of Physical Chemistry C, 112: 3849 – 3856, 2008.

[160] A. Vijayaraghavan, K. Kanzaki, S. Suzuki, Y. Kobayashi, H. Inokawa, Y. Ono, S. Kar und P. M. Ajayan: *Metal-semiconduxting transition in single-walled carbon nanotubes induced by low-energy electron irradiation*. Nano Letters, 5: 1575 – 1579, 2005.

[161] R. Krupke, S. Linden, M. Rapp und F. Hennrich: *Thin films of metallic carbon nanotubes prepared by dielectrophoresis*. Advanced Materials, 18: 1468 – 1470, 2006.

[162] V. A. Davis, L. M. Ericson, A. Nicholas, G. Parra-Vasquez, H. Fan, Y. Wang, V. Prieto, J. A. Longoria, S. Ramesh, R. K. Saini, C. Kittrell, W. E. Billups, W. W. Adams, R. H. Hauge, R. E. Smalley und M. Pasquali: *Phase behavior and rheology of SWNTs in superacids*. Macromolecules, 37: 154 – 160, 2004.

[163] H. Kajiura, S. Tsutsui, H. Huang und Y. Murakami: *High-quality single-walled carbon nanotubes from arc-produced soot*. Chemical Physics Letters, 364: 586 – 592, 2002.

[164] I. W. Chiang, B. E. Brinson, A. Y. Huang, P. A. Willis, M. J. Bronikowski, J. L. Margrave, R. E. Smalley und R. H. Hauge: *Purification and characterization of single-wall carbon nanotubes (SWNTs) obtained from the gas-phase decomposition of CO (HiPco Process)*. Journal of Physical Chemistry B, (105): 8297 – 8301, 2001.

[165] M. T. Martinez, M. A. Callejas, A. M. Benito, M. Cochet, T. Seeger, A. Anson, J. Schreiber, C. Gordon, C. Marhic, O. Chauvet und W. K. Maser: *Modifications of single-wall carbon nanotubes upon oxidative purification tratments*. Institute of Physics: Nanotechnology, 14: 691 – 695, 2003.

[166] T. Koker: *Konzeption und Realisierung einer neuen Prozesskette zur Integration von Kohlenstoff-Nanoröhren über Handhabung in technische Anwendungen*. Dissertation, Technische Universität Karlsruhe (TH), 2006.

[167] G. Richter: *Praktische Biochemie: Grundlagen und Techniken*. Thieme, 2003.

[168] J. Graham: *Biological centrifugation*. BIOS Scientific Publishers, 2001.

[169] T. S. Gspann, A. Kolew, U. Gengenbach und G. Bretthauer: *Chemical separation of SWCNTs by electonic structure*. In: *International meeting on the chemistry of nanotubes: Science and applications - ChemOnTubes*, 2008.

[170] C. Fantini, A. Jorio, M. S. Strano, M. S. Dresselhaus und M. A. Pimenta: *Optical transition energies for carbon nanotubes from resonant Raman spectroscopy: Environment and temperature effects*. Physical Review Letters, 93: 147406–1 – 147406–4, 2004.

[171] M. S. Strano, S. K. Doorn, E. H. Haroz, C. Kittrell, R. H. Hauge, und R. E. Smalley: *Assignment of (n, m) Raman and optical features of metallic single-walled carbon nanotubes.* Nano Letters, 3: 1091 – 1096, 2003.

[172] M. E. Itkis, D. E. Perea, S. Niyogi, S. M. Rickard, M. A. Hamon, H. Hu, B. Zhao und R. C. Haddon: *Purity evaluation of as-prepared single-walled carbon nanotube soot by use of solution-phase near-IR spectroscopy.* Nano Letters, 3: 309 – 314, 2003.

[173] T. S. Gspann, U. Gengenbach, M. Jagiella und G. Bretthauer: *Carbon nanotubes networks in liquid gated devices.* In: *International meeting on the chemistry of nanotubes and graphene - ChemOnTubes*, 2010.

[174] T. Gspann, U. Gengenbach, M. Hanko, M. Jagiella und G. Bretthauer: *New characteristics of carbon nanotube networks in electrolytes.* In: *NT10: 11th international conference on the science and application of nanotubes*, 2010.

[175] P. G. Collins, M. Hersam, M. Arnold, R. Martel und P. Avouris: *Current saturation and electrical breakdown in multiwalled carbon nanotubes.* Physical Review Letters, 86: 3128 – 3131, 2001.

[176] J. Li, Q. Zhang, D. Yang und J. Tian: *Fabrication of carbon nanotube field effect transistors by AC dielectrophoresis method.* Carbon, 42: 2263 – 2267, 2004.

[177] R. V. Seidel, A. P. Graham, B. Rajasekharan, E. Unger, M. Liebau, G. S. Duesberg, F. Kreupl und W. Hoenlein: *Bias dependence and electrical breakdown of small diameter single-walled carbon nanotubes.* Journal of Applied Physics, 96: 6694 – 6699, 2004.

[178] L. An, Q. Fu, C. Lu und J. Liu: *A simple chemical Route to selectively eliminate metallic carbon nanotubes in nanotubes network devices.* Journal of American Chemistry Society, 126: 10520 – 10521, 2004.

[179] U. J. Kim, C. A. Furtado, X. Liu, G. Chen und P. C. Eklund: *Raman and IR spectroscpy of chemically processed single-walled carbon nanotubes.* Journal of American Chemical Society, 127: 15437 – 15445, 2005.

[180] M. Grujicic, G. Cao, A. M. Rao, T. M. Tritt und S. Nayak: *UV-light enhanced oxidation of carbon nanotubes.* Applied Surface Science, 214: 289 – 303, 2003.

[181] A. M. Rao, E. Richter, S. Bandow, B. Chase, P. C. Eklund, K. A. Williams, S. Fang, K. R. Subbaswamy, M. Menon, A. Thess, R. E. Smalley, G. Dresselhaus und M. S. Dresselhaus: *Diameter-selective Raman scattering from vibrational modes in carbon nanotubes.* Science, 275: 187 – 191, 1997.

[182] Y. Xing, L. Li, C. C. Chusuei und R. V. Hull: *Sonochemical oxidation of multiwalled carbon nanotubes.* Langmuir, 21: 4185 – 4190, 2005.

[183] H. Ago, R. Kugler, F. Cacialli, W. R. Salaneck, M. S. P. Shaffer, A. H. Windle und R. H. Friend: *Work functions and surface functional groups of multiwall carbon nanotubes.* Journal of Physical Chemistry B, 103: 8116 – 8121, 1999.

[184] Z. R. Yue, W. Jiang, L. Wang, S. D. Gardner und C. U. Pittman Jr.: *Surface characterization of eectrochemically oxidized carbon fibers.* Carbon, 37: 1785 – 1796, 1999.

[185] N. I. Kovtyukhova, T. E. Mallouk, L. Pan und E. C. Dickey: *Individual single-walled nanotubes and hydrogels made by oxidative exfoliation of carbon nanotube ropes.* Journal of American Chemical Society, 125: 9761 – 9769, 2003.

[186] S. D. Gardner, C. S. K. Singamsetty, G. L. Booth und G. He: *Surface characterization of carbon fibers using angle-resolved XPS and ISS.* Carbon, 33: 587 – 595, 1995.

[187] Y. Xie und P. M. A. Sherwood: *X-ray photoelectron spectroscopic studies of carbon fiber surfaces. 11. Differences in the surface chemistry and bulk structure of different carbon fibers based on poly(acrylonitrile) and pitch and comparison with various graphite samples.* Chemistry of Materials, 2: 293 – 299, 1990.

[188] J. S. Stevens und S. L. M. Schroeder: *Quantitative analysis of saccharides by X-ray photoelectron spectroscopy.* Surface and Interface Analysis, 41: 453 – 462, 2009.

[189] E. H. Lock, D. Y. Petrovykh, P. Mack, T. Carney, R. G. White, S. G. Walton und R. F. Fernsler: *Surface composition, chemistry, and structure of polystyrene modified by electron-beam-generated plasma.* Langmuir, 26: 8857 – 8867, 2010.

[190] V. Datsyuk, M. Kalyva, K. Papagelis, J. Parthenios, D. Tasis, A. Siokou, I. Kallitsis und C. Galiotis: *Chemical oxidation of multiwalled carbon nanotubes.* Carbon, 46: 833 – 840, 2008.

[191] H. T. Fang, C. G. Liu, C. Liu, F. Li, M. Liu und H. M. Cheng: *Purification of single-wall carbon nanotubes by electrochemical oxidation.* Chemistry of Materials, 16: 5744 – 5750, 2004.

[192] A. Felten, C. Bittencourt und J. J. Pireaux: *Gold clusters on oxygen plasma functionalized carbon nanotubes: XPS and TEM studies.* Nanotechnology, 17: 1954 – 1959, 2006.

[193] K. Yoshihara und A. Tanaka: *Interlaboratory study on the degradation of poly(vinylchloride), nitrocellulose and ply(tetrafluoroethylene) by x-rays in XPS.* Surface and Interface Analysis, 33: 2520 – 258, 2002.

[194] R. J. Chen, N. R. Franklin, J. Kong, J. Cao, T. W. Tombler, Y. Zhang und H. Dai: *Molecular photodesorption from single-walled carbon nanotubes.* Applied Physics Letters, 79: 2258 – 2260, 2001.

[195] H. Abe, M. Esashi und T. Matsuo: *ISFETs using inorganic gate thin films.* IEEE Transactions on Electron Devices, 26:1939 – 1944, 1979.

[196] K. Yamada, K. Yamamoto, T. Sonoda, H. Yamane, S. Matsushima, H. Nakamura und A. Nakamura: *Effect of plasma CVD treatment of TiO_2 particles on its photocatalytic activity under visible light.* In: *19th International Symposium on Plasma Chemistry*, 2009.

[197] K. Bradley, J. Cumings, A. Star, J. C. P. Gabriel und G. Gruner: *Influence of mobile ions on nanotube based FET devices.* Nano Letters, 3: 639 – 641, 2003.

[198] M. S. Fuhrer, B. M. Kim, T. Dürkop und T. Brintlinger: *High-mobility nanotube transistor memory.* Nano Letters, 2: 755 – 759, 2002.

[199] P. Hu, C. Zhang, A. Fasoli, V. Scardaci, S. Pisana, T. Hasan, J. Robertson, W. I. Milne und A. C. Ferrari: *Hysteresis suppression in self-assembled single-wall nanotubes field effect transistors.* Physica E, 40: 2278 – 2282, 2008.

[200] W. Kim, A. Javey, O. Vermesh, Q. Wang, Y. Li und H. Dai: *Hysteresis caused by water molecules in carbon nanotube field-effect transistors.* Nano Letters, 3: 193 – 198, 2003.

[201] K. L. Parry, A. G. Shard, R. D. Short, R. D. White, J. D. Whittle und A. Whright: *ARXPS characterisation of plasma polymerised surface chemical gradients.* Surface Interface Analysis, 38: 1497 – 1504, 2006.

[202] J. H. Scofield: *Hartree-Slater subshell photoionization cross-sections at 1254 and 1487 eV.* Journal of Electron Spectroscopy and Related Phenomena, 8: 129 – 137, 1976.

**Bereits veröffentlicht wurden in der Schriftenreihe des
Instituts für Angewandte Informatik / Automatisierungstechnik bei
KIT Scientific Publishing:**

Nr. 1: BECK, S.: Ein Konzept zur automatischen Lösung von Entscheidungsproblemen bei Unsicherheit mittels der Theorie der unscharfen Mengen und der Evidenztheorie, 2005

Nr. 2: MARTIN, J.: Ein Beitrag zur Integration von Sensoren in eine anthropomorphe künstliche Hand mit flexiblen Fluidaktoren, 2004

Nr. 3: TRAICHEL, A.: Neue Verfahren zur Modellierung nichtlinearer thermodynamischer Prozesse in einem Druckbehälter mit siedendem Wasser-Dampf Gemisch bei negativen Drucktransienten, 2005

Nr. 4: LOOSE, T.: Konzept für eine modellgestützte Diagnostik mittels Data Mining am Beispiel der Bewegungsanalyse, 2004

Nr. 5: MATTHES, J.: Eine neue Methode zur Quellenlokalisierung auf der Basis räumlich verteilter, punktweiser Konzentrationsmessungen, 2004

Nr. 6: MIKUT, R.; REISCHL, M.: Proceedings – 14. Workshop Fuzzy-Systeme und Computational Intelligence: Dortmund, 10. - 12. November 2004, 2004

Nr. 7: ZIPSER, S.: Beitrag zur modellbasierten Regelung von Verbrennungsprozessen, 2004

Nr. 8: STADLER, A.: Ein Beitrag zur Ableitung regelbasierter Modelle aus Zeitreihen, 2005

Nr. 9: MIKUT, R.; REISCHL, M.: Proceedings – 15. Workshop Computational Intelligence: Dortmund, 16. - 18. November 2005, 2005

Nr. 10: BÄR, M.: µFEMOS – Mikro-Fertigungstechniken für hybride mikrooptische Sensoren, 2005

Nr. 11: SCHAUDEL, F.: Entropie- und Störungssensitivität als neues Kriterium zum Vergleich verschiedener Entscheidungskalküle, 2006

Nr. 12: SCHABLOWSKI-TRAUTMANN, M.: Konzept zur Analyse der Lokomotion auf dem Laufband bei inkompletter Querschnittlähmung mit Verfahren der nichtlinearen Dynamik, 2006

Nr. 13: REISCHL, M.: Ein Verfahren zum automatischen Entwurf von Mensch-Maschine-Schnittstellen am Beispiel myoelektrischer Handprothesen, 2006

Nr. 14: KOKER, T.: Konzeption und Realisierung einer neuen Prozesskette zur Integration von Kohlenstoff-Nanoröhren über Handhabung in technische Anwendungen, 2007

Nr. 15: MIKUT, R.; REISCHL, M.: Proceedings – 16. Workshop Computational Intelligence: Dortmund, 29. November - 1. Dezember 2006

Nr. 16: LI, S.: Entwicklung eines Verfahrens zur Automatisierung der CAD/CAM-Kette in der Einzelfertigung am Beispiel von Mauerwerksteinen, 2007

Nr. 17: BERGEMANN, M.: Neues mechatronisches System für die Wiederherstellung der Akkommodationsfähigkeit des menschlichen Auges, 2007

Nr. 18: HEINTZ, R.: Neues Verfahren zur invarianten Objekterkennung und -lokalisierung auf der Basis lokaler Merkmale, 2007

Nr. 19: RUCHTER, M.: A New Concept for Mobile Environmental Education, 2007

Nr. 20: MIKUT, R.; REISCHL, M.: Proceedings – 17. Workshop Computational Intelligence: Dortmund, 5. - 7. Dezember 2007

Nr. 21: LEHMANN, A.: Neues Konzept zur Planung, Ausführung und Überwachung von Roboteraufgaben mit hierarchischen Petri-Netzen, 2008

Nr. 22: MIKUT, R.: Data Mining in der Medizin und Medizintechnik, 2008

Nr. 23: KLINK, S.: Neues System zur Erfassung des Akkommodationsbedarfs im menschlichen Auge, 2008

Nr. 24: MIKUT, R.; REISCHL, M.: Proceedings – 18. Workshop Computational Intelligence: Dortmund, 3. - 5. Dezember 2008

Nr. 25: WANG, L.: Virtual environments for grid computing, 2009

Nr. 26: BURMEISTER, O.: Entwicklung von Klassifikatoren zur Analyse und Interpretation zeitvarianter Signale und deren Anwendung auf Biosignale, 2009

Nr. 27: DICKERHOF, M.: Ein neues Konzept für das bedarfsgerechte Informations- und Wissensmanagement in Unternehmenskooperationen der Multimaterial-Mikrosystemtechnik, 2009

Nr. 28: MACK, G.: Eine neue Methodik zur modellbasierten Bestimmung dynamischer Betriebslasten im mechatronischen Fahrwerkentwicklungsprozess, 2009

Nr. 29: HOFFMANN, F.; HÜLLERMEIER, E.: Proceedings – 19. Workshop Computational Intelligence: Dortmund, 2. - 4. Dezember 2009

Nr. 30: GRAUER, M.: Neue Methodik zur Planung globaler Produktionsverbünde unter Berücksichtigung der Einflussgrößen Produktdesign, Prozessgestaltung und Standortentscheidung, 2009

Nr. 31: SCHINDLER, A.: Neue Konzeption und erstmalige Realisierung eines aktiven Fahrwerks mit Preview-Strategie, 2009

Nr. 32: BLUME, C.; JAKOB, W.: GLEAN. General Learning Evolutionary Algorithm and Method: Ein Evolutionärer Algorithmus und seine Anwendungen, 2009

Nr. 33: HOFFMANN, F.; HÜLLERMEIER, E.: Proceedings – 20. Workshop Computational Intelligence: Dortmund, 1. - 3. Dezember 2010

Nr. 34: WERLING, M.: Ein neues Konzept für die Trajektoriengenerierung und -stabilisierung in zeitkritischen Verkehrsszenarien, 2011

Nr. 35: KÖVARI, LARS.: Konzeption und Realisierung eines neuen Systems zur produktbegleitenden virtuellen Inbetriebnahme komplexer Förderanlagen, 2011

Nr. 36: GSPANN, THURID S..: Ein neues Konzept für die Anwendung von einwandigen Kohlenstoffnanoröhren für die pH-Sensorik, 2011

Die Schriften sind als PDF frei verfügbar, eine Nachbestellung der Printversion ist möglich. Nähere Informationen unter www.ksp.kit.edu.